数学まちがい大全集

誰もがみんなしくじっている!

アルフレッド・S・ポザマンティエ／イングマール・レーマン［著］
堀江太郎［訳］

化学同人

MAGNIFICENT MISTAKES IN MATHEMATICS

Amherst, NY: Prometheus Books, 2013.

Authorized translation from the English language edition
published by Prometheus Books.

Japanese translation rights arranged
with Prometheus Books, Inc., New York
through Tuttle-Mori Agency, Inc., Tokyo

謝　辞

オーストリアにあるグラーツ大学の数学教授ベルンド・タラー博士および名誉教授のピーター・シェプフ博士は，原稿に目を通し，貴重なアドバイスをくださった．深く感謝の意を表したい．また，ニューヨーク市立大学シティカレッジ名誉教授のマイケル・エングバー博士からは本全体に対して有益な示唆をいただいた．原稿の一部をていねいに読んでくれたピーター・プールにも深く感謝する．また，本書の制作をうまく進めてくれたキャサリン・ロバート=アベルと，出版のさまざまな段階でたいへんすばらしい編集作業をしてくれたジェイド・ゾラ・シビリアにも御礼を申し上げる．

目次

第3章 代数におけるまちがい ……………………………… 97

第4章 幾何学におけるまちがい ……………………………… 159

はじめに

この本のタイトルは，いろいろな意味にとらえられてよいと思う．数学を学習するとき，われわれすべての者はその途中でまちがいを犯す可能性がある．そのまちがいの原因には，単なる不注意によるもの（ケアレスミス），理解の欠如によるもの，記号の理解不足によるものなど多種多様なものがあり，1 つに決めることはできない．

いくつかのまちがいは，うまく隠れていてそれが一見ミスであるとはわからないような，ほんの少しのミスであることがある．たとえば，イギリスの数学者ウイリアム・シャンクス（1812 〜 1882）は，円周率の計算に 15 年以上の月日をかけ，1874 年に円周率 π の値の計算の小数点以下の桁数の世界記録を更新している．そして 1937 年には，現在ではパリ科学博物館となっている「発見の殿堂」とよばれる建物（フランクリン・D・ルーズベルト通りにある）の丸天井（キューポラ）に，シャンクスによる円周率 π の値が大きな木製の数字を使ってらせん状に飾られた．これは有名な数 π に捧げられるオマージュであったのだが，驚くべきことにそこに誤りがあったのだ．シャンクスの計算には，小数点以下の実に 528 桁目に誤りがあることが発見された．それは 1946 年に，コンピュータの助けを借りて 70 時間の計算を続けた結果にやっと見つかった．飾られた模様に修正が施されたのは 1949 年になってのことである．ちなみに現在では，円周率 π の計算の世界記録は小数点以下 1 兆桁にまで達している[*1]．

公共の目に留まる物についてもう少し話しておく．聖マリエン教会（バルト海に浮かぶドイツのリューゲン島のベルガンという町にある最も古い建造物のひとつ）の塔の頂上に飾られた時計の話である．その時計は 1983 年に襲った嵐で壊れてしまい，1985 年になって工房の職人によって直された．彼らは時計の表面に分目盛りをつけるとき，10 と 11 の間に思いの

へんな時計
写真：Norbert Rösler, sexton of the church St. Marien, Bergen/Rügen（Germany）

ほか大きなスペースがあることに気がついた．そこで，そのスペースに分メモリを1つ余計に入れてしまったのだ．結果として，世界で唯一の1時間が61分からなる時計ができあがってしまった．

ほかには，2つのピラミッドをくっつける問題に関する，非常に興味深く秀逸な話もある．ひとつのピラミッドは4つの正三角形の側面をもち（つまり正四面体），もうひとつのピラミッドは正方形の底面と4つの正三角形（上の正四面体の側面と合同）の側面をもつ．この2つのピラミッドを正三角形の側面どうしをぴったり張り合わせるようにくっつけると，できあがる立体の側面はいくつになるだろうか，という問題だ．これらのピラミッドの面はもともと4＋5＝9面あるが，張り合わせた正三角形の面2つが消滅するから「正しい答え」は7であると誰もが思うだろう．しかし，ある学生がそれは誤った答えであることに気づいて根気強く主張した．彼の主張がやっと正しいと認めてもらうまでに数年の月日を要した．実は，2つの面が平行になって折れ線のない1つの面にまとまって（混ざり合って）しまい，問題の正しい答えはなんと5面になるのだ．詳細は第4章を参照されたい．

この本の目的は，さまざまな誤った結論や考え方が，数学の重要な要素や概念をより深く理解することを助けてきたという歴史を楽しんでもらうことにある．われわれは「まちがい」にもっと注目し，価値あるものとみなしてよいと考えている．いくつかのまちがいは，きわめて興味深くて新しい数学の考え方につながっていった．それゆえ，それらを「重要なまちがい」とみなしたのだ．

この本で紹介するさまざまなまちがいに関する話題を理解するためには，特に高度な数学の知識はまったく必要ない．読者に高等学校程度の数学の知識があることは期待したいが，それ以上の知識はいらない．

ときどきわれわれは，単純なまちがいを犯してしまい，それがきわめておかしな結果を導いてしまうことがある．

正しい等式と正しい等式の両辺どうしを掛け合わせても，結果は正しい等式になることは知っているだろう．たとえば，$x = y$が正しいならば，両辺を 3 倍した $3x = 3y$ ももちろん正しい．しかし，2 ポンド ＝ 32 オンスで $\frac{1}{2}$ ポンド ＝ 8 オンスだから，それを掛け合わせた $2 \times \frac{1}{2}$ ポンド＝ 32 × 8 オンスは正しいだろうか？　1 ポンド＝ 256 オンスになってしまう？もちろん正しいはずはない．どこでまちがいを犯したのだろう．同じように $\frac{1}{4}$ $ ＝ 25 ¢ だから平方根をとって $\sqrt{\frac{1}{4}}$ $ ＝ $\sqrt{25}$ ¢ としてよいのか？$\frac{1}{2}$ $ ＝ 5 ¢ だって？　これもばかげている．どこでまちがいを犯したのだろう．実は，分子どうしを掛けたり，平方根をとったりしたとき，「単位」について同じことをしなかったのが問題なのだ．これをもう少し簡単な例で示すと，200 cm ＝ 2 m，50 cm ＝ 0.5 m だから，単位についても掛け合わせることで 10000 (cm^2) ＝ 1 (m^2)となり，これは正しい！

1 ＝ 0 を証明してしまうこともある．誤った議論をよく見てみると，数学における最も重要な約束である「0 で割ってはいけない」ということがよく理解できるだろう．たとえば $x = 0$ が与えられているとして，両辺に $x - 1$ を掛けると $x(x - 1) = 0$．両辺を x で割れば $x - 1 = 0$，つまり $x = 1$ となるが，最初 $x = 0$ だったのだから，1 ＝ 0 が証明できてしまう．ばかな！　正しい議論をしたのになぜおかしな結果が出たのだろう．そう，計算の途中で $0 = x$ で割ってしまっているのだ．数学において 0 で割ることは許されておらず，これを破るととてつもなくおかしな結果がどんどん導けてしまうことは本書でも紹介する．それらの誤りをしっかり見てみることにより，逆に，数学における「ルール」をより正しく理解することにつながるだろう．

これらの例はおもしろそうだし，実際にわれわれを楽しませてくれる．しかし，それだけでなく，いろいろな興味深いまちがいに触れることによって，数学の原則や概念について多くのことを学べるのである．たとえば「すべての三角形が二等辺三角形である（？）」ことを証明する過程で，ユークリッドでさえわかっていなかった「betweenness（間にある）」【巻末訳注1参照】という概念と向き合うことになる．また，「直角三角形の斜辺以外の2つの辺の長さの和が斜辺の長さに等しい(？)」ことを証明するときには(明らかにこれは有名なピタゴラスの三平方の定理に矛盾しているが)，無限の考え方を誤って使用していることに気がつくだろう．それらのまちがいには，唯一無二の貴重な価値があり，数学の基本的な概念を本当に正しく理解することにおおいに役立つ．それゆえ，「重要なまちがい」と言うべきものなのである．子どもであれ大人であれ，ぜひともまちがいから学んでほしいのだ．本書では，こういったまちがいを気軽に読めるように紹介していくので，読者は楽しみながら知識を得られるだろう．また，数学のまちがいを日常生活のまちがいと比べ，何を学べるかに気づけるようにもしていくつもりだ．

著者たちは，こういった例を読者のみなさんにぜひとも楽しんでほしいと思う．そして，この愉快な旅を通して，道に迷うまでは気がつかないこともある数学の多くの要素やニュアンスを味わってくれることを期待している．さあ，それでは，数学におけるたくさんの重要なまちがいをめぐる旅に出発しよう．

第 1 章

有名な数学者が犯した注目すべきまちがい

長い歴史のなかで，有名，あるいはあまり有名ではない数学者たちが，数多くの予想を提出してきた．それらの予想のいくつかは，後に証明によって正しいと裏づけられ，逆にいくつかの予想は誤っているとして却下されてきた．また，予想のいくつかは現在も未解決問題として人々の挑戦を待っている．しかし，そのすべての場合において，予想を解決しようとうする試みは，われわれ人類の数学に対する理解を1つ上の段階へと動かしてきた．これからそれらの予想を眺める旅をしていく．そのなかで私たちは，予想を確かめるために何をなしてきたか，予想が誤りだと明らかにするために何が見つからなければならなかったのかを理解するであろう．

✕ アリストテレス，ケプラー，ニュートン，コロンブス… ✕

広く眺めてみると，数学者や科学者などの偉大な思索家たちが打ち立ててきた誤った予想の多くは，新たな発見に人類を導き，それぞれの分野を発展させることに役立ってきた．たとえば，歴史上最もよく知られた思索家の1人であるアリストテレス(紀元前384～322)は，いくつかのまちがった主張を述べた．彼は科学の始祖の1人であり，その著作は時代を越えて影響を与え続けていると思われているかもしれない．しかし，彼の犯した誤りこそが，思索と研究の新しい領域を切り開いたのだ．アリストテレスが提唱し，結果的にはまちがっていた予想をいくつか挙げてみる．

* 世界は5つの要素――火，水，空気，地球，霊気（エーテル）からできている．……初めの4つは地球上の自然の物であるが，5番目は天上のものになってしまっている．
* 重い物体は軽い物体よりも速く地上に落ちる……ガリレオ・ガリレイ（1564～1642）によって，われわれはこれが誤りだと知っている．
* 蠅は4本の足をもっている．
* 女性は男性より歯の本数が少ない．

また，アリストテレスは，地球は宇宙の中心にあり，月や太陽やその他の惑星などといったそのほかの目に見える天体は，地球の周りを回っているとも考えていた．彼の言葉はその時代の人々に多くの影響を与え，またしばらくは時代を越えて受け継がれていった．ニケア生まれのヒッパルカス（紀元前190～120頃），クラウディオス・プトレマイオス（100～180頃）といった偉大な哲学者たちにも大きな影響を与えた．約2000年後に，ニコラウス・コペルニクス（1473～1543），ティコ・ブラーエ（1546～1601），ヨハネス・ケプラー（1571～1630）が太陽系の惑星は太陽の周りを回っているという事実を証明するまでは，アリストテレスの初期の考え方は重きを失わなかったのだ．もともとはケプラーも，天体は，プラトンの立体によって閉じこめられるように，球面に沿って円弧の軌道を移動すると信じていた．これはピタゴラスが信じていた理想をみごとに支持する形になっていたのだが，彼らは誤っていた！　後になってケプラーは，惑星は楕円軌道を移動するという有名な予想を提出して，誤りを正した．そして，有名なケプラーの3法則を通して，楕円軌道に沿う惑星の運行のしくみを説明した．おそらくこれは，天文学と数学における最も偉大な発見のひとつであり，彼の名を後世に永遠に留めることになった．

ケプラーは，その洞察力あふれる思索の一方で，占星術に目がなかった．同じように，ニュートンも，錬金術に魅了され，宗教や数霊術の神秘にも傾倒していた．その証拠として，彼は実に数千ページに及ぶ数霊術に関する計算と，「世界は2060年をもって終末を迎える」というとてつもない予想を残している．果たしてこれは誤りとなるだろうか？

地球についていうと，アメリカの歴史についてのまちがいが最も重要だ．イタリアの冒険家クリストファー・コロンブス（1451～1506）は，独自の計算によって，インドを目的地として西に向かって進むルートは，東に向かって進むルートよりもかなり短いと結論した．その確信は，天文学者クラウディオス・プトレマイオスの誤った計則にもとづいていた．プトレマイオスは地球の周の長さを28,000 kmであると計算していたのだ．この計算のもとに，コロンブスはスペインからインドへ向かって大西洋を西へ西へと航海した．そしてようやく到着した大陸を，インドだと勘違いしてしまったのはあまりも有名である．しかしその後，スペイン宮廷の専門家たちが地球の周の長さは 39,000 km であると算出した．それは，イタリア人の数学者で地図学者であるパオロ・トスカネリ（1397 〜 1482）によって求められたものだった．その計算は当時の計算としては信じられないほどに正確で，現在わかっている本当の地球の周の長さ 40,075 km に限りなく近い．こうして，コロンブスの計算はスペイン宮廷によって打ち砕かれた．また当時，地球が球であることはすでに常識となっていたので，コロンブスは，地球が平面ではないことを証明しようとはしなかった．

現在の目で見れば，完全にばかげているまちがいもある．イギリスの物理学者ウィリアム・トムソン（1824 〜 1907）――おそらくケルビン温度計を発明したケルビン卿としてよく知られている――は，空気より重い飛行機が空を飛ぶことなどあり得ないと信じていた．

有名なオーストリアの精神学者ジークムント・フロイト（1856 〜 1939）は，いつも数の神秘の虜になっていた．フロイトはすばらしい学者であったが，ドイツの生物学者ウィルヘルム・フリース（1858 〜 1928）が提出した，23 と 28 によって（$23x + 28y$ の形に）表される数は，人生におけるサイクルの時間に特別な意味をもつという予想にとりつかれていた．フリースは，たとえば，多くの人は 51 歳で死ぬと主張していたのだが，51 は $51 = 23 \times 1 + 28 \times 1$ と表すことができる．しかし，通常は好ましいくない数である 13 も，$13 = 23 \times 3 + 28 \times (-2)$ のように 23 と 28 で表されてしまう．実はすべての整数は上のように表現できるのだが，それをフロイトは知らなかったのだ．そのほかもっと愚かなまちがいもたくさんある．

ピタゴラスのまちがい

サモス島に生まれたピタゴラス（紀元前 570 〜 510 頃）は，直角三角形の 3 辺についての彼の名がついた有名な定理によって非常によく知られている．残念なことに，彼の書いたものは何ひとつ見ることはできない．それにもかかわらず，きわめて多くの真実を発見したとされているのだ．今日では，彼の有名な3平方の定理は，バビロニアやエジプトの人々に，3辺の長さが3, 4, 5の特別な三角形の場合として数百年も前に知られていたとする確かな証拠があるのだが．

ピタゴラスを中心とする学派は，数に精通していた．そして，自然界のすべてのことは，数，すなわち自然数1, 2, 3, 4, 5,…によって説明されるという信念を抱いていた．すなわち，世界のすべては数学の原理で説明できるということである．調和や自然は，自然数によって説明されるべきものだった．たとえば音楽では，和音を構成する音の波長は簡単な整数の比で決めることができる．こうしたすべての場合に，ピタゴラスは自然数とその比による関係を使って現象を説明することができた．しかし，幾何学の問題にそれを応用したいと考えたとき，ピタゴラスはミスを犯してしまった．

彼の学派のメンバーの1人であったヒッパサス(紀元前5世紀頃)は，五芒星形(図1.2のような図形)の辺の長さの比が整数の比を用いて書けるはずだというピタゴラスの信念が誤っていることを発見する．つまり，そのさまざまな辺の長さの関係を表す比を説明するためには，整数比とは別の種類の数(後に「無理数」として知られるようになる)が存在するしかないことを発見する．この事実はピタゴラスに大きなショックを与えることになった．それは，五芒星形の幾何学的模様が，ピタゴラス学派の1つのシ

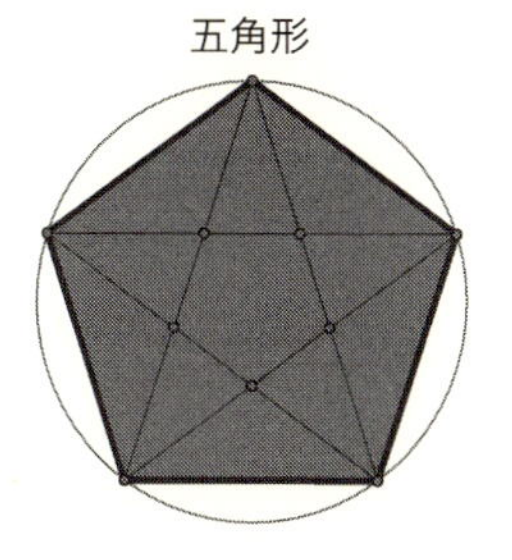

図1.1

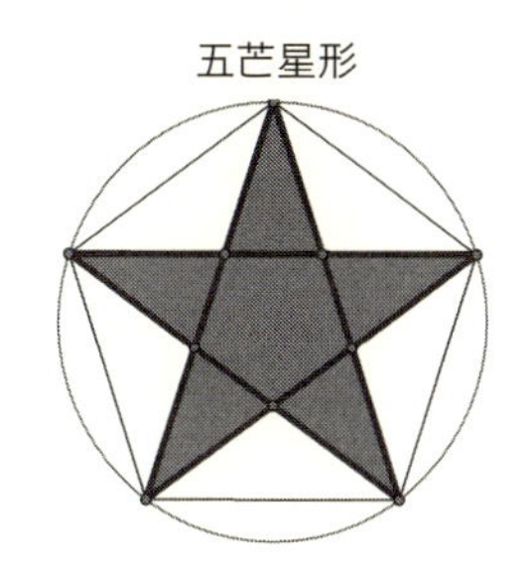

図1.2

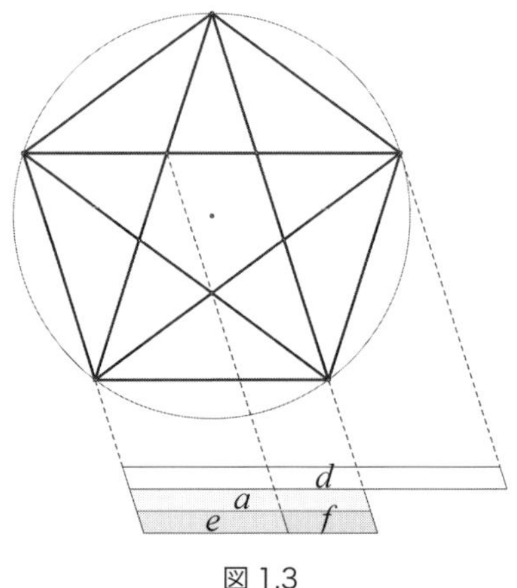

図 1.3

ンボルであったことにも原因するだろう．

五芒星形の辺の長さの関係にはたいへん興味深いいくつかの性質がある．図 1.3 において $\frac{d}{a}=\frac{a}{e}=\frac{e}{f}$ が成り立つ．

この関係比は，下に示す有名な「黄金比」に等しくなる[*1]．

$$\phi=\frac{\sqrt{5}+1}{2}\approx 1.6180339887498948482045868343656381177 20$$

ピタゴラスのまちがいを正した顛末として，ヒッパサスは「神の冒涜」を犯したとみなされ，海に投げられることになった．しかしその「冒涜」によって，自然数の世界を超え，世界のすべてを記述し得る新しい数の世界を手に入れるのである！

✕ 最初の対数表のまちがい ✕

1614 年，スコットランドの数学者ジョン・ナピエ（1550 ～ 1617）は対数に関する本を出版した．この本は，イギリスの数学者ヘンリー・ブリッグス（1561 ～ 1630）によって初めてきわめて重要であることが認められた．1624 年，ブリッグスは最終的に「*Arithmetica logarithmica*」と題した，10 を底とする小数点以下 14 桁の対数表を完成させた．

おもしろいことに，ブリッグスの対数表は1から100,000までの対数を収めているが，20,000から90,000までの値が省かれている．この欠陥は，オランダの数学者アドリアン・フラック(1600～1667)によって埋められることになった．フラックは優れた数学者であると同時に，賢い本の商人でもあった．彼は，対数を使用することを広めるための特別に重要な存在だった．彼の作ったこの完全な対数表は，ブリッグスの「*Arithmetica logarithmica*」の第2版として，1から100,000までのすべての対数の値(ただし小数点以下10桁であるが)を提供した．

1794年にフラックの対数表の改訂版が，ユリィ・ヴェガ(1754～1802)によってドイツのライプチィヒで出版された．これは後世に出版されるすべての数表の見本となった．この本のまえがきで，ヴェガは，フラックの数表のなかにまちがいがあることを見つけた最初の人には，対価が支払われるだろうと述べている[*2]．数表の誤りは計算を誤りに導いてしまうからである．しかし言うまでもなく，この改訂版の表にもまったく誤りがないことなどとうていありえなかった．時が経つにつれて，実際に300個以上の数字の誤りが見つかってくるが，それは単なる最終桁だけのミスではなかった！

フェルマーの最終定理への挑戦

数学史上最も有名な予想のひとつに，長い間未解決であった「フェルマーの最終定理」がある．それは，方程式$x^n + y^n = z^n$には，$n > 2$のときいかなる(0でない)整数解も存在しないことを主張している．もちろん，$n = 1$のときはこの方程式は明らかに無数の解をもつし，$n = 2$のときはピタゴラスの定理から解をもつことをわれわれは知っている．この予想は，フランスの有名な数学者ピエール・ド・フェルマー(1607/1608～1665)によって1637年に提出された．最終的にアンドリュー・ワイルズ(およびリチャード・テイラー)によって解決されたのは1995年のことである．つまり，実に358年もの間，フェルマーが自分の本『ディオファンタスの算術』の余白に書いたメモが，ずっと未解決のまま残っていたのだ．彼のメモは次のようなものだった．

> 立方数（0でない整数の3乗になっている数）を2つの立方数の和で表すことや，4乗数を2つの4乗数の和で表すことなど，一般的に（2より大きい）べき乗数を同じべき乗の2つの数の和で表すことは不可能である．私はこれの真に驚くべき証明を発見したが，残念ながらこの余白はそれを書くには狭すぎる．

今日では，フェルマーはこの定理の $n = 4$ の特別な場合の証明をもっていただけで，すべての n の値に対しても一般化されるはずと妄想していただけだと考える人たちがいる．数論の研究者たちは，現在，すべての n の値に対してフェルマーが証明をもっていたことを疑いの目で見ている．

1637年から1995年までの長きにわたって，この問題を解くために数々のまちがった試みがなされてきた．そのなかでは，フェルマーが考えた証明を発見したという者もいれば，自分自身で考え出した証明を提示した者もいたが，それらもやはりまちがいであった．この実に358歳にもなる大きな謎は，その主張の簡明さゆえに多くの人々の興味を惹き続け，それゆえに，数限りないアマチュアの数学愛好家，および，オイラー，クンマー，ガウス，コーシーなどといった多くの有名な数学者たちがこの問題を解くために多大な努力を払った．しかし，いつの時代にもその挑戦は跳ね返され続けてきた．

1770年に，レオンハルト・オイラー（1707～1783）は方程式 $x^3 + y^3 = z^3$ に自然数解が存在しないことを証明する．しかしその証明は不完全で，1830年にフランスの数学者アドリアン・マリ・ルジャンドル（1752～1833）による修正が必要であった．カール・フリードリッヒ・ガウス（1777～1855）も $n = 3$ の場合に正しい証明を与えた．1738年には，オイラーが $n = 4$ の場合に完全な証明を与えた．しかしながら，後に，$n = 4$ の場合には，すでに1676年にベルナード・フレニケル・ド・ベッシー（1605～1675頃）によって証明が与えられていることが明らかとなる．オイラーの没後，フェルマー予想を解くための数多くの努力がなされる．特に，まだ女性が学問をすることに対し理解がなかった時代に生きたフランスの女性数学者ソフィ・ジェルマン(1776～1803)の功績は大きい．彼女は，モンシール・ル・ブランという偽名のペンネームによって論文を出版するように強く勧められ，その優れた研究によって $n = 5$ の場合にもフェルマーの予想が正しく成立することを証明する舞台が整った．

ここで注目すべきは，フェルマー予想を解くための努力は徒労に終わったものも多いにかかわらず，それらは「代数的整数論」をより発展させるための手助けとなったことだ．1828年，ペーター・グスタフ・ディリクレ(1805～1859) とルジャンドルは，方程式 $x^5 + y^5 = z^5$ に整数解が存在しないことを証明する．その過程で，ディリクレはある誤りを犯してしまうが，最終的にルジャンドルによってそれは正される．ディリクレの誤りは証明が完全ではないというものであったが，そのアイデアは秀逸であり，ルジャンドルの助けによって，最終的には完全に正しい証明に修正されたのだ．

フェルマーの予想を証明しようという人類の試みは続き，1839年にガブリエル・ラメ (1795～1870) は方程式 $x^7 + y^7 = z^7$ に整数解が存在しないことを証明する．それは，ビクター・A・ルベーク(1791～1875)によっても独立に示された．1841年に，ラメは誤ってフェルマー予想が一般的に証明できたと考えてしまった．1832年にディリクレによって $n = 14$ の場合が証明されていて，それをもとにより難しい素数の $n = 7$ の場合の証明をついに完成できたので，勘違いしてしまったのだ．最終的には1847年，オーギュスタン・ルイ・コーシー (1789～1857) やラメといった当時の数学界のトップが，すべての自然数 n に対して $x^n + y^n = z^n$ は整数解をもたないことがついに証明されたと(誤って)確信してしまい，フランス科学協会にその論文を提出する準備までしていた．ところが，エルンスト・エドゥアルト・クンマー (1810～1893) がその仕事のなかに誤りを発見し，彼らの願望は水泡へと帰した．

物語はまだ続く．1905年，長い間君臨し続ける未解決問題の正しい解答に対して，100,000マルクの賞金が，ポール・フリードリッヒ・ウルフケル(1856～1906)によってかけられた．このことは数学者たちのモチベーションを加速させた．1988年3月9日から10日にかけて，「ワシントン・ポスト」紙と「ニューヨーク・タイムズ」紙は，記事のなかで30歳の日本人数学者の宮岡洋一氏がついにフェルマー予想を証明したと大きく報じた．しかしながら，比較的短い期間で，その少々自慢気な試みは，またしても誤りであることがわかってしまう．

1993年，ケンブリッジ大学のアイザック・ニュートン研究所で開催されていたあるワークショップの期間中，イギリスの数学者アンドリュー・ワイルズ（1953～）が数日をかけた講演のなかで，ついにフェルマーの最終定理の正しい証明を得たことを発表した．しかしながらまたしても，発表が終わってから比較的すぐに，ニコラス・カッツ（1943～）がワイルズの証明の欠陥を見つけてしまう．ワイルズは，彼の博士課程の学生リチャード・テイラーとともに，次の年，欠陥を修正するために自らのすべてをかけて精魂を注ぐ．そして1994年の9月19日，証明の欠陥は見事に修復され，アンドリュー・ワイルズは数学者たちの358年にわたる長き挑戦についに終止符を打った．1997年の6月，ドイツのゲッチンゲン大学に1000人以上の科学者たちが集まったなかで，ウルフケル賞（約25000ドル）がワイルズに対して贈られた．

これによってフェルマー予想を解くための彼の10年の航海が幕を閉じた．最初にフェルマーが予想を提出してからついにワイルズが証明を成功させるまでの間，計り知れないほど多くの人たちによる数限りないまちがいも生まれたが，同時に，数学における興味深い副産物が数多く発見された．このことは，数学におけるまちがいは決してむだなものではなく，ときとしてきわめて重要なものになり得ることを示している．なぜなら，今まで思いもしなかった，貴重な数学的視点を提供してくれるからである．

✕ ガリレオ・ガリレイの大きなまちがい ✕

有名な数学者・物理学者・気象学者であるガリレオ・ガリレイ（1564～

1642）は，40 年以上にわたって等加速度運動に関心をもち続けた．彼が考えていた新しい実験は，斜面を用いて物体の運動の法則を調べるものであり，定量解析の観点からそれをテストできるものだった．その実験では，次のような問題を考える．

いろいろな形をした摩擦のない斜面の上を，重力を受けながら転がり落ちるボールの運動を考えるとき，最下点まで最短時間で到達するためには斜面をどのような形にすればよいだろうか？

1638 年，この最速降下問題を調べている最中に，彼はあるまちがい（矛盾）に遭遇する[*3]．出発点 A から到達点 B まで多角形に沿って運行するほうが，平らな斜面に沿って直線 AB 上を運行するよりも早く点 B に到達することに気づいたのである(図 1.4)．

ガリレオはその速さを，いわゆるガリレオ振り子（糸に吊るされ振動する質点の運動を解析するモデル）を構成することによって計算した．すると，ボールの運行にかかる時間が，経路の多角形の頂点の個数に反比例す

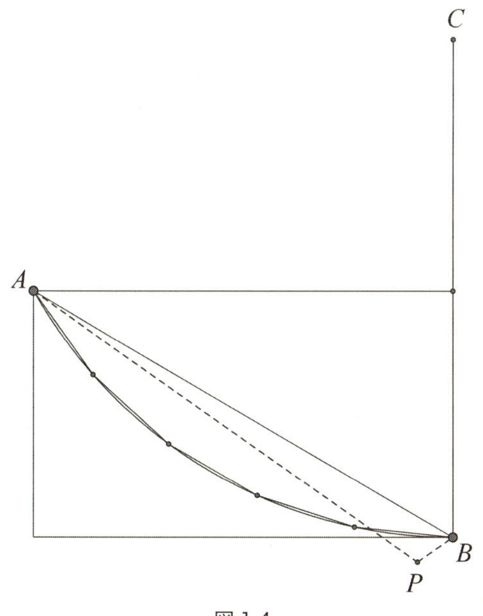

図 1.4

ることに気づいたのである．頂点の個数が増えるほど，運行にかかる時間は短くなるのだ．よって，頂点の個数をだんだん増やしていくと軌道はだんだん円弧に近づいてゆくだろうから，円弧上を運動する場合が直線上を運動する場合よりも最もかかる時間が短いとガリレオは予想したのである．

実はガリレオは，多角形の各辺は必ずしも同じ長さにならないことを考慮し忘れていた．その場合, 軌道は必ずしも円に近づくとは限らないのだ．

たとえば，図 1.4 において，点 B よりも下方にある点 P を考えよう（おそらくこのケースはガリレオには思い浮かばなかっただろうが）．このときは経路 AP にかかる時間の短さが経路 PB にかかる時間を埋め合わすであろう．1696 年，ヨハン・ベルヌーイ（1667 ～ 1748）も同じくこの問題を考えていた．彼は，1644 年のメルセンヌの論文，1657 年のハイゲンの論文，1662 年のブルッカー卿の論文を参考にしながら，自ら発見した最速軌道解を「Brachistochrone」(ギリシア語で「最も短い時間」という意味) という論文に記した[*4]．今日のわれわれなら，この状況に埋め込まれた変分法を考えるだろうが．

ベルヌーイも，多角形に沿った運動が最速の理想的な軌道であると考えていた．というのも，彼は点 A に近い辺の長さが，点 B に近い辺の長さよりも長いはずと感じていたからだ．この変更をしたことにより，彼はガリレオと同じ結論には至らなかった（なぜなら，この場合軌道は円弧には近づかない）．ガリレオが構成した解はよい近似を与えていることは確かだが，必ずしも理想的な最速軌道解を与えてはくれない．それゆえ，ガリレオの与えた円弧軌道は「誤った Brachistochrone」である[*5]．

図 1.4 においては，ガリレオにとって理想的な軌道と思われた円弧の半径を BC で表していた．ボールが点 A から点 B まで転がり落ちる場合，正しい「Brachistochrone」に沿うと，平坦な斜面である直線 AB 上を運行する場合よりも短時間で到達できる．図 1.5 には正しい「Brachistochrone」が実線で，円弧に沿った軌道が破線で示してある．

出発点の A が到達点の B より高い位置にある限り（B が A の真下にある

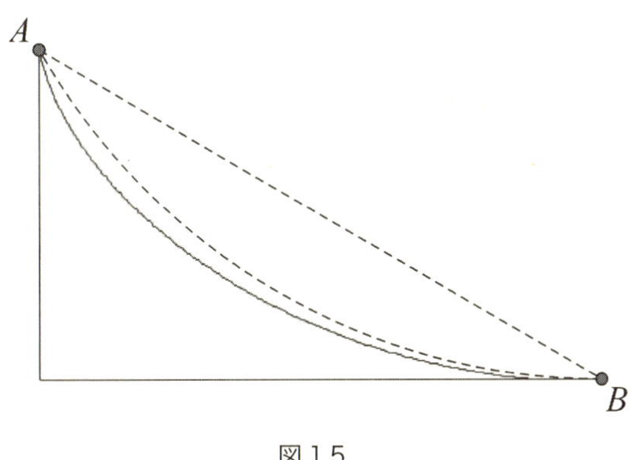

図 1.5

場合は除く)，最速軌道「Brachistochrone」は，実はサイクロイド(定直線に沿って円が回転するときに円周上の定点が描く軌跡) の形になる．サイクロイドの最下点が，到達点の B より下になる場合もあることに注意しておこう．

✕ ド・メレによる歴史的なまちがい ✕

フランスの貴族アントニー・ゴンボー (1607 ～ 1684) は，むしろ，フランスの社交界で賭博に興じていたシュバリエ・ド・メレとしてよく知られているかもしれない．彼は，1 つのサイコロを 4 回振って 6 の目が少なくとも 1 回出る確率と，2 つのサイコロを 24 回振ってダブル 6 の目が少なくとも 1 回出る確率との違いに悩まされ続けていた．

注目すべき点は，シュバリエ・ド・メレは上の 2 つのできごとが同じ確率をもっているという誤った意見の支持者であったことだ．その考え方は，サイコロを振る回数と考え得るすべての場合の数の関係が，両者とも 4 : 6 = 24 : 36 という等しい比であるというものだった．この考え方をしたおかげで, 彼はたくさんの金を賭博で失ってしまう．彼は絶望的になり，困ったあげくに，偉大な数学者の 1 人であるブレーズ・パスカル(1623 ～ 1662)に連絡をとって相談した．パスカルもこのジレンマに悩まされたが，すでに登場したもう1人の有名な数学者ピエール・ド・フェルマーとの往復書簡にこの問題を書き込んだ．そして，この往復書簡で繰り広げられた議論のなかから，数学の新しい分野「確率論」が生まれることになる．ド・メレの問題は，歴史的に「ド・メレのパラドックス」として知られているが，それは2人の数学者が交わした膨大な往復書簡のほんの一部を占めているだけである．

それでは，なぜド・メレの考え方が誤っているのかを詳しく見てみよう．

◆1つのサイコロの場合

1つのサイコロを4回振る場合，起こり得るすべて場合の総数は $6 \times 6 \times 6 \times 6 = 1296$ である．この1296とおりの場合のうち，$5 \times 5 \times 5 \times 5 = 625$ とおりは，6の目は1度も出ないことになる．

そこで，もしも4回サイコロを投げるとき6の目が少なくとも1回は出ることにあなたが賭けるなら，次のようになる．

*負ける(6が1回も出ない)のは625とおり
*勝つ(6が1回は出る)のは $1296 - 625 = 671$ とおり

したがって，1つのサイコロを4回振って6の目が1回も出ない確率は次のように計算できる．

$$p = \left(1 - \frac{1}{6}\right)^4 = \left(\frac{5}{6}\right)^4 = \frac{625}{1296} = 0.4822530\cdots < \frac{1}{2}$$

これは，このゲームでは，勝つ確率のほうが負ける確率より大きいことを示している．

◆2つのサイコロの場合

2つのサイコロを一度に振ると，36とおりの場合が起こりうる．つまり，サイコロ1を振って出る可能性のあるすべての結果が，サイコロ2で出る可能性がある目の数すべてと結びつけられる．それゆえ，2つのサイコロを 24 回降る場合，起こり得るすべて場合の総数は 36 × 36 × 36 ……………36 ＝ 36^{24} となり，おおよそ次の数になる．

22,452,257,707,350,000,000,000,000,000,000,000,000

この総数のうち，35×35×35……………35 ＝ 35^{24} とおりの場合だけ，ダブル 6 の目は 1 度も出ないことになる．その数はおおよそ次の数になる．

11,419,131,242,070,000,000,000,000,000,000,000,000

そこで，もしも 24 回サイコロを投げるときダブル 6 の目が少なくとも 1 回は出ることに賭けるとすると，

＊負ける場合（ダブル 6 が 1 回も出ない）の数

11,419,131,242,070,000,000,000,000,000,000,000,000

＊勝つ場合（ダブル 6 が 1 回は出る）の数

22,452,257,707,350,000,000,000,000,000,000,000,000
－ 11,419,131,242,070,000,000,000,000,000,000,000,000
＝ 11,033,126,465,280,000,000,000,000,000,000,000,000

となる．別のやり方だと，2 つのサイコロを 24 回振ってダブル 6 の目が 1 回も出ない確率は次のように計算できる．

$$p = \left(1 - \frac{1}{36}\right)^{24} = \left(\frac{35}{36}\right)^{24} = 0.5085961\cdots > \frac{1}{2}$$

上の結果は，このゲームでは，勝つ確率よりも負ける確率のほうが大きいことを示している．シュバリエ・ド・メレがどうしても勝てずに，大金を失った理由がこれで明らかとなった！

ライプニッツのまちがい

哲学，物理学，数学における歴史上最も偉大な人物の1人であり，現代の微積分学を確立したとされるゴットフリード・ウィルヘルム・ライプニッツ(1646〜1716)は，$\frac{1}{1}+\frac{1}{2}+\frac{1}{4}+\frac{1}{8}+\frac{1}{16}+\frac{1}{32}+\frac{1}{64}+\frac{1}{128}+\cdots$のような無限級数(無限数列の和)に関して，まちがいを犯してしまったようだ．彼はこの無限数列の和が2であることを次のようにして求めた．

この級数

$$s=\frac{1}{1}+\frac{1}{2}+\frac{1}{4}+\frac{1}{8}+\frac{1}{16}+\frac{1}{32}+\frac{1}{64}+\frac{1}{128}+\cdots \qquad ①$$

を求めるために，両辺に2を掛けて

$$\begin{aligned}2s&=\frac{2}{1}+\frac{2}{2}+\frac{2}{4}+\frac{2}{8}+\frac{2}{16}+\frac{2}{32}+\frac{2}{64}+\frac{2}{128}+\cdots\\&=2+1+\frac{1}{2}+\frac{1}{4}+\frac{1}{8}+\frac{1}{16}+\frac{1}{32}+\frac{1}{64}+\cdots \qquad ②\end{aligned}$$

とする．②から①を引くと

$$2s-s=s=2+1-1+\frac{1}{2}-\frac{1}{2}+\frac{1}{4}-\frac{1}{4}+\frac{1}{8}-\frac{1}{8}+\frac{1}{16}-\frac{1}{16}+\frac{1}{32}-\frac{1}{32}+\frac{1}{64}-\frac{1}{64}\pm\cdots$$

$$=2+(1-1)+\left(\frac{1}{2}-\frac{1}{2}\right)+\left(\frac{1}{4}-\frac{1}{4}\right)+\left(\frac{1}{8}-\frac{1}{8}\right)+\left(\frac{1}{16}-\frac{1}{16}\right)+\left(\frac{1}{32}-\frac{1}{32}\right)+\left(\frac{1}{64}-\frac{1}{64}\right)\pm\cdots$$

となり，$s=2$が導かれる！

このライプニッツの思考過程のどこに疑念が生じるというのだろう．ライプニッツは何か仮定を設けていないだろうか？

アルキメデス(紀元前287〜212)はこの級数についてすでに考察していて，その和が2よりも大きくも小さくもなり得ないことを結論していた．そのことは，この級数が2になるしかないということを意味していた．アルキメデスはそのように，間接的な議論を用いて，自らの結論に到達したのである．彼はその結果にとても満足していたが，一方ではそれがライプニッツを罠にはめることにもなった．

等比数列$(a_n)=(a_0, a_1, a_2, a_3, \cdots)$とは，隣り合う項の比(公比)が一定値$q$である無限数列で，今の場合は$q=\dfrac{a_{k+1}}{a_k}=\dfrac{1}{2}$である．等比級数は，等比数列のすべての項の和(無限個の項の和)として定義される．

ここで，下の表1.1に示すような部分和からなる数列$(s_n)=(a_0,\ a_0+a_1,\ a_0+a_1+a_2,\ a_0+a_1+a_2+a_3,\ a_0+a_1+a_2+a_3+\cdots+a_n, \cdots)$を考えてみよう．

表 1.1

n	s_n				
0	a_0	=	1	=	1
1	a_0+a_1	=	$1+\frac{1}{2}$	=	1.5
2	$a_0+a_1+a_2$	=	$1+\frac{1}{2}+\frac{1}{4}$	=	1.75
3	$a_0+a_1+a_2+a_3$	=	$1+\frac{1}{2}+\frac{1}{4}+\frac{1}{8}$	=	1.875
4	$a_0+a_1+a_2+a_3+a_4$	=	$1+\frac{1}{2}+\frac{1}{4}+\frac{1}{8}+\frac{1}{16}$	=	1.9375
5	$a_0+a_1+a_2+a_3+a_4+a_5$	=	$1+\frac{1}{2}+\frac{1}{4}+\frac{1}{8}+\frac{1}{16}+\frac{1}{32}$	=	1.96875
…					
10	$a_0+a_1+a_2+\cdots+a_{10}$	=	$1+\frac{1}{2}+\frac{1}{4}+\frac{1}{8}+\cdots+\frac{1}{1024}$	=	1.9990234375

最終的に等比級数sは，$s=\dfrac{a_0}{1-q}=\dfrac{1}{1-\frac{1}{2}}=2$という公式で求められる．それなら，ライプニッツの議論は正しいのでは？　実はそうではない．彼は，級数の収束性(和が有限の値になるかどうか)を軽視していたのだ．

今度は，公比が2の等比級数を考えよう．

$$1+2+4+8+16+32+64+128+\cdots$$

公比qが2であるから，公式より$s=\dfrac{a_0}{1-q}=\dfrac{1}{1-2}=-1$となるはずである．しかしこれは明らかにまちがっている．なぜなら，$s=1+2+4+8+16+32+64+128+\cdots=\infty$というように，級数は無限に増加する，すなわち発散するからである．

実は，等比級数の公式は，$|q| < 1$（または $a_0 = 0$）のときに成り立つのみであり，この場合は仮定が満たされていないのだ【巻末訳注 2 参照】．

ライプニッツを弁護するならば，当時は無限級数や数列についての人類の知識がまだあまり十分ではなかったと言わなければならない．しかし，知識が十分でないことは，初期の数学者による驚嘆すべき仕事を推し進める原動力となった．アルキメデスやオイラーのように，現代のわれわれをも驚かせる直感的な洞察によって道を切り開くこともできたのである．

マルファッティによる問題の立てまちがい

パッキングに関する問題は，何世紀にもわたって数学者を魅了してきた問題のひとつである．1802 年，イタリアの数学者ジアンフランチェスコ・マルファッティ（1731 ～ 1807）は次のような問題に対する答えを見つけ，翌年に論文で発表した．その問題とは，与えられた三角形の中に互いに接する 3 つの円を置くとき，3 つの円の面積の和が最大になるのはどのような場合か，というものだ．

マルファッティは 3 つの円が互いにすべて接し，各円が三角形の 2 辺に接するような置き方が面積の和が最大であると主張した(図 1.6)．

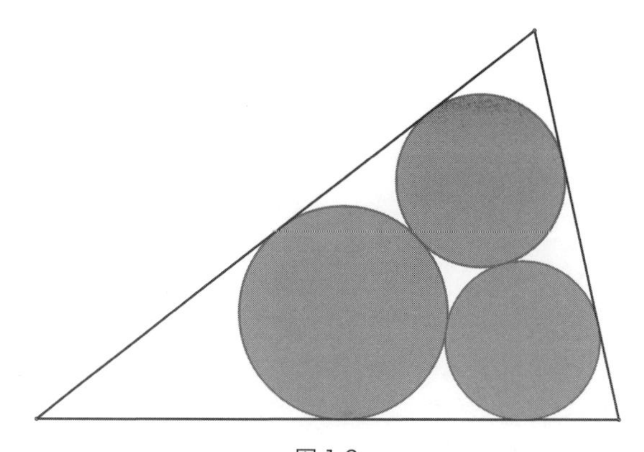

図 1.6

三角形が二等辺三角形の場合は，スイスの数学者ヤコブ・ベルヌーイ（1654 〜 1705）によって執拗に調べられた．一般の三角形に対しては，1826 年にやはりスイスの数学者ヤコブ・シュタイナー（1796 〜 1863）がエレガントな作図の構成法を示した[*6]．

ジュリアス・プリュッカー（1801 〜 1868），アーサー・ケイリー（1821 〜 1895），アルフレッド・クレープシュ（1833 〜 1872）など，多くの数学者たちもこの問題に挑戦した．そして，その誰もがマルファッティが信じていた答えに同意していた．しかし，1929 年，H・ロブとヘルベルト・ウィリアム・リッチモンド（1863 〜 1948）が衝撃的な事実を発見する[*7]．マルファッティが誤りを犯していたことを見つけたのだ．彼らは，正三角形の場合にマルファッティの予想は成り立たないことを示した．

正三角形の場合にマルファッティの方法を適用すると，正三角形の面積の約 73%が 3 つの円で覆われる．きちんと言えば，占有率は $\left(\sqrt{3}-\frac{3}{2}\right)\pi \approx 0.729$ になる（図 1.7）．しかしながら，ロブとリッチモンドは，円によって占有される面積の率をそれよりも 1%増やす方法を発見したのである．その方法では，3 つの円のうち一番大きなものを三角形の内接円にとる．そして残りの 2 つの円を，三角形の 2 つの隅に，内接円と三角形の 2 辺に接するように配置するのだ．この置き方をすると，三角形の全面積の 74%を 3 つの円が覆い尽くすことになる．より厳密に言えば，占有率は，$\frac{11\sqrt{3}}{81}\pi \approx 0.739$ になる（図 1.8）．こうして，マルファッティの円の最大面積に関する予想は誤っていることが示された．

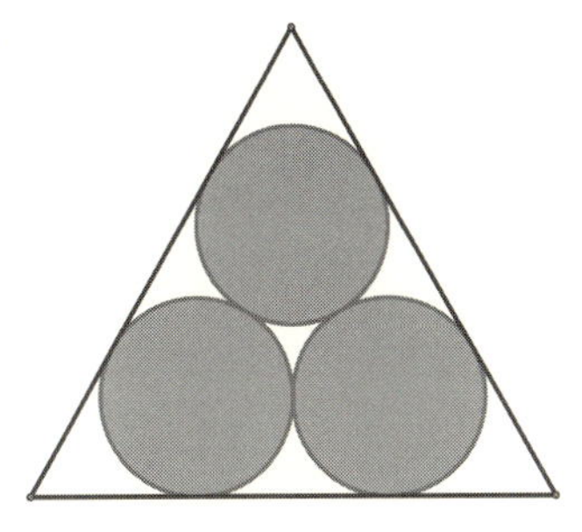
図 1.7

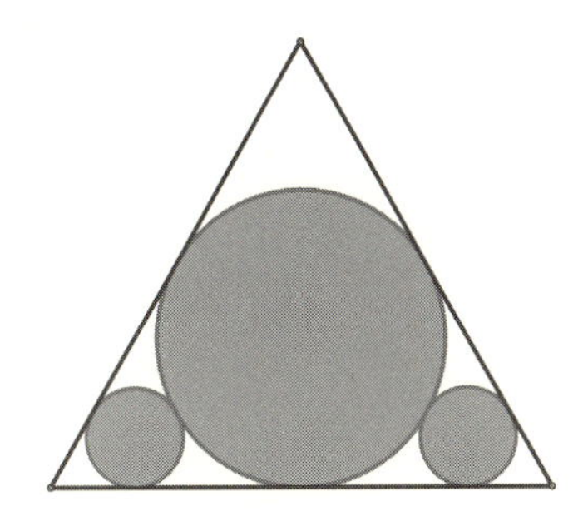
図 1.8

さて，この話題はこれで終わりだと思われる読者もいるかもしれないが，そんなに急がないでほしい．1965 年，ハワード・W・エヴェス（1911 ～ 2004）は，長くて細い三角形を考えた場合，図 1.9 に見られるような置き方をしたほうが，図 1.10 の置き方よりもさらに 3 つの円の占有率が高くなることを示した．

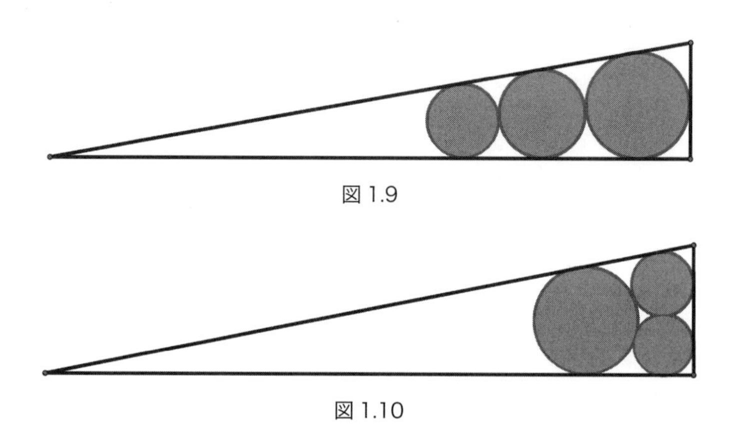

図 1.9

図 1.10

この事実はまたしても，3 つの円は互いに接するべきだというマルファッティの予想に，反証を与えることになった．

続いて 1967 年，ミカエル・ゴルドベルクは，問題となっている三角形の形状に関わらずにマルファッティの予想は誤っていることを証明する[*8]．そして，マルファッティは問題を立てた時点ですでに誤っていたことを，イギリスの数学者リチャード・ガイ（1916 ～）が指摘する[*9]．正しい解答は，3 つの円のうち一番大きなものを三角形の内接円にとり，残りの 2 つの円を，三角形の隅に，内接円および三角形の 2 辺に接するように配置する方法だ(図 1.11，図 1.12)．

この構成法が，実際に 3 つの円の面積の和を最大にすることの完全な証明は，1992 年に V・A・ザルガラーと G・A・ロスによる論文が出るまで待たなければならなかった[*10]．

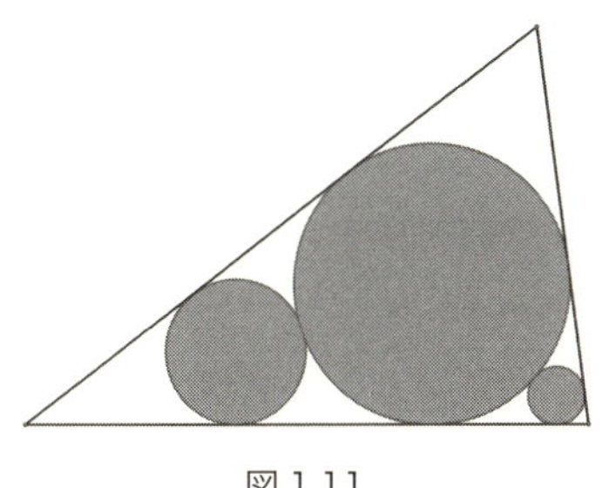

図 1.11

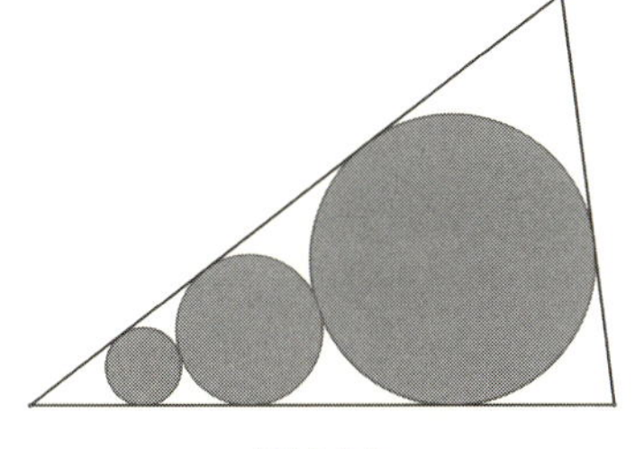

図 1.12

✕ シャンクスのきまりが悪いまちがい ✕

円周率 π の値を決定するためには，長い道のりがあった．円周率は，円周の長さ ÷ 直径で定義され，その値の小数表示の最初のほうは，3.1415926535897932384……となっている．

2011 年の 10 月 18 日現在では，日本のシステムエンジニア近藤茂とアメリカの大学院生アレクサンダー・イーによって，この値は小数点以下第 10,000,000,000,050 桁まで正確に求められている．その計算のためには，彼らの自作のコンピュータで 371 日間もの日時を要した．もしもコンピュータの助けがなかったら，π の値の計算はとてつもなく骨が折れる作業になる．アルキメデスによる円周率の計算で正確に求められたのは，たったの小数点以下 2 桁までである．ドイツの数学者ルドルフ・ヴァン・セレン（1540 ～ 1610）はこの値の計算に数年の歳月を捧げ，小数点以下 35 桁まで正確に求めている．1853 年，イギリスの数学者ウイリアム・ラザフォードは，円周率の値を小数点以下 440 桁まで拡張して求めた．1853 年，ラザフォードの学生の 1 人であるウイリアム・シャンクス（1812 ～ 1882）は，その値をさらに 707 桁まで拡張するのだが，その仕事の達成のためには実になんと 15 年もの歳月を必要とした．

しかし，シャンクスの仕事は完全には正しくなかった．イギリスの数学者オーガスト・ド・モルガン（1806 ～ 1871）は彼が求めた π の値に何かおかしい点があることに気づいた．小数点以下 500 桁目の後，数字 7 があまり登場しなくなるのだ．これは，円周率の小数展開に現れる数は一様に分布しているだろうという予想から考えても，非常に奇妙に見える．ド・モルガン自身は，数の 7 が一様に登場するのかあまり登場しないのかの理由を説明することはできなかったが，彼の直観は正しかった．シャンクスはまちがいを犯していたのだ．後に小数点以下 528 桁目に誤りが発見される．それは 1946 年に初めて指摘されたのだが，そのために当時のコンピュータを 70 時間もずっと走らせて計算をおこなった！

D・F・フェルガソンは π の値の計算のために，公式 $\pi = 12 \arctan \frac{1}{4} + 4 \arctan \frac{1}{20} + 4 \arctan \frac{1}{1985}$ を用いて小数点以下 620 桁まで新たに計算し直し，シャンクスの計算の誤りを見つけたのだ．現在のわれわれが知る限り，円周率の小数展開には 0 〜 9 までの数が一様に現れるだろう，というド・モルガンの予想は正しそうに思える．この予想はいまだに証明されていないが，π の小数展開に現れる数字の分布に関する問題は，何世代にもわたって数学者たちの興味を惹き続けてきた魅力的な問題である．予想の決定的な解決に向けて，現在も活発な研究が続いている．

シャンクスの犯したまちがいには，ちょっときまりの悪い後日談がある．1937 年，現在ではパリ科学博物館となっている「発見の殿堂」とよばれるフランクリン・D・ルーズベルト通りの建物の丸天井（キューポラ）に，円周率 π の値が大きな木製の数字を使ってらせん状に飾られた．これは有名な数 π に捧げられるものとしてつくられたのだが，何とその値に，528 桁目に誤りのある 1874 年のシャンクスの計算結果を用いてしまったのだ．この科学博物館の天井が正しく直されるのは，1949 年になってのことである．

4 色問題

4 色問題の歴史は 1852 年までさかのぼる．フランシス・ガスリー（1831 〜 1899）は，イングランドの地図を塗り分けようとしていて，色は 4 色あれば十分なのではないか，ということに気がついた．彼は，数学専攻だった弟のフレデリックに，どんな地図であっても，4 色だけあれば塗り分けられるというのは正しいかどうか尋ねた．ここで言う塗り分け方とは，隣接する領域(点ではない共通の境界線をもつ隣り合った町など)が必ず異なる色で塗り分けられるように約束するものだ．そこでフレデリック・ガスリーは，イギリスの数学者オーガスト・ド・モルガンにそれを予想として報告した．

1879 年，イギリスの法廷弁護士アルフレッド・B・ケンプ（1849 ～ 1922)がその予想の証明を発表するが，1890 年になってパーシー・ヒーウッド(1861 ～ 1955)によって，それが誤りであることが指摘される．ヒーウッドは自分の人生の 60 年をこの問題の解決のために注ぎ込み，いろいろな地図の塗り分けを試し，5 色あればどんな地図でも十分であることは知っていたが，4 色でも十分であることまでは決定できないでいた．多くの数学者が続々とこの問題に挑んだが，すべての試みは失敗に終わっていった．

1975 年の 4 月，ニューヨーク市ワッピンガーズ・フォールズのウイリアム・マクレガーがアメリカの科学誌「*Scientific American*」に，塗り分けには 5 色が必要だと主張するある地図を発表した．しかし同じ年の 10 月に，ディーター・ヘルマンが彼の主張は誤っていることを伝え，その地図を実際に 4 色で塗り分けて見せた．

1975 年 4 月号の「*Scientific American*」誌のコラムでは，マーチン・ガードナー（1914 ～ 2010）が図 1.13 にあるような 110 個の領域からなる地図を載せ，その塗り分けには 5 色が必要で，よって 4 色問題の反例を与えていると主張し，大騒ぎになった．

しかし次の号において，4 月号に載せたコラムは何とエイプリルフールの冗談であった，とガードナーは読者に対して告白したのだ[*11]．その証拠として，マキャレスター・カレッジの数学教授スタン・ワゴンが実際にコンピュータの代数システム (CAS)「Mathematica」を使って，ガードナーの地図の 4 色のみを用いた塗り分け法を構成した．このガードナーの件は，誤りが意図的につくり出された稀なケースである．

さて，有名な 4 色問題は，1976 年になってようやく 2 人の数学者ケネス・アペル(1932 ～)とヴォルフガング・ハーケン(1928 ～)によって肯定的に

図 1.13

解決される．その「証明」は，コンピュータを用いて，存在し得るすべての地図を考え，それらを塗り分けるためには4色を超える色は必要ないことを示す方法だった[*12]．彼らはプログラムを何度も書き直し，IBM360を用いて，考え得る1936種類（後に1476種類に整理された）の場合をすべて調べ上げたのだが，計算にはのべ1200時間を要している．この「コンピュータによる証明」は，純粋数学の研究者には広くは認められなかった．しかし2004年になって，2人の数学者ベンジャミン・ワーナーとジョージ・ゴンティエは，4色問題の新しい（純粋に）数学的な解法を考え出す．これはアペルとハーケンの主張を正式に確かめることになった．

4色問題のおもしろいところは，問題自体は誰でも容易に理解できるのに，その解法はきわめてとらえどころがなく（実際に解決へ向けての数多くの誤った試みがなされてきた），非常に複雑なものになってしまう点である．

× カタラン予想 ×

この予想の歴史は，レヴィ・ベン・ガーション（1288 ～ 1344）までさかのぼる．それは，べき乗数 2^3 と 3^2 の値は 8 と 9 であるが，この組は，連続する整数がどちらもべき乗数になる唯一の組である，という予想である．もう少しきちんと述べると，自然数 x, y, m, n に対して方程式 $x^m - y^n = 1$ が満たされるのは，$x = 3$, $y = 2$, $m = 2$, $n = 3$ のときだけだろう，という予想である．

1738 年にレオンハルト・オイラーは，まず 2 乗数と 3 乗数の間でこの関係を満たす（つまりその差が 1 になる）のはこの組だけあることを証明した．その結果が 1844 年になって，ベルギーの数学者ウジェーヌ・シャルル・カタラン（1814 ～ 1894）によって，すべてのべき乗数の場合にも成り立つだろうという予想に拡張された．この予想を証明するために，数多くの誤った試みがなされた．そしてようやく 2002 年になって，ローマの数学者プレダ・ミハイレスク（1955 ～）が 3 年にわたる挑戦の後，ついにこの予想

表 1.2

差	$x^m - y^n$	差	$x^m - y^n$
1	$3^2 - 2^3$	16	$2^5 - 2^4$
2	$3^3 - 5^2$	17	$3^4 - 4^3 = 7^2 - 2^5$
3	$2^7 - 5^3$	18	$3^3 - 3^2$
4	$5^3 - 11^2$	19	$10^2 - 3^4$
5	$3^2 - 2^2 = 2^5 - 3^3$	20	$6^3 - 14^2$
6	?	30	$83^2 - 19^3$
7	$2^{15} - 181^2$	40	$4^4 - 6^3 = 16^2 - 6^3$
8	$4^2 - 2^3$	50	?
9	$6^2 - 3^3$	60	$4^3 - 2^2$
10	$13^3 - 3^7$	80	$12^2 - 4^3$
11	$3^3 - 2^4$	100	$15^2 - 5^3 = 7^3 - 3^5$
12	$47^2 - 13^3$	200	$6^3 - 2^4$
13	$4^4 - 3^5 = 16^2 - 3^5$	500	$25^2 - 5^3$
14	?	600	$40^2 - 10^3 = 10^3 - 20^2$
15	$4^3 - 7^2$		

を証明することに成功した[*13].

この定理を拡張して，べき乗数の差を1以上の数にするとどうなるだろうかと，興味をもたれる方もいるかもしれない．現在見つかっているのは，表1.2のとおりである．

ピエール・ド・フェルマーが，26は2乗数と3乗数にはさまれる唯一の整数である（$5^2 = 25 < 26 < 27 = 3^3$）ことを証明していることに注目するとおもしろい．言い換えると $x^3 - y^2 = 2$ は唯一 $x = 3$, $y = 5$ のみを解にもつということである．

多くの誤りを生んだポリニャックのアイデア

また別の予想は，多くの誤った証明を生み，またその過程で数学の新しい研究の分野が花開いた．その予想は「双子素数予想」である．これは1849年にアルフォンス・ド・ポリニャック（1817～1890）によって初めて予想として述べられた．その予想とは，双子素数（差が2である素数の組）は無限に存在するであろう，というものである．たとえば(3,5)，(5,7)，(11,13)，(17,19)……などである．最初の(3,5)を除いて，双子素数の間にある数は，すべて6の倍数であるように見える．最初のほうの双子素数を表1.3に掲げる．

実は，ポリニャックは，すべての偶数 n に対して，その差が n となる連続する素数の組が無限に存在するだろうとまで述べていた．双子素数とは

表1.3

n	$6n - 1$	$6n + 1$	双子素数の間にある6の倍数
1	5	7	6
2	11	13	12
3	17	19	18
5	29	31	30
7	41	43	42
10	59	61	60
12	71	73	72

そのうちの $n = 2$ の場合だ.

2011 年 12 月 25 日，コンピュータサイトの「www.Primegrid.com」は，今日最も大きな双子素数が発見されたと報じた．それは $3756801695685 \times 2^{666669} \pm 1$ であり，実に 200,700 桁の数である．

しかしながら，双子素数が無限に存在するか，という問題自体は，依然として数学者たちを悩まし続ける未解決の難問である．今まで多くの数学者がこの予想を「証明できた」と報告しているが，別の数学者が査読すると，提出された証明のなかに誤りが見つかる．そんなことがずっとくり返されてきた．しかし，そうしたすべての試みが，人類の数学への理解を進歩させるのである．

× いまだに答えられていない疑問 ×

素数は，数学者にとって最も魅惑的な対象のひとつである．たとえば，ある数列のなかに素数は無限に存在するか，という問題は古くからいろいろ調べられている．その種の問題を考えるとき，数学者はその答えを得るためにしばしば誤りを犯す．そして結局，他人がその誤りを見つけることによって，行く手を阻まれる．

このことは特に，フィボナッチ数 1，1，2，3，5，8，13，21，34，55，89……の場合によくあてはまる[*14]．フィボナッチ数列は，ピサのレオナルド〔今日ではレオナルド・フィボナッチ（1175 ～ 1240）として知られている〕が 1202 年に書いた『算盤の書（*Liber Abaci*）』で提出された「うさぎ問題」に端を発している．この数列は，第 1 項と第 2 項を 1 として，続く項はどれもその直前の 2 項を足すことで帰納的に得られる（つまり，$a_1 = a_2 = 1$, $a_{n+2} = a_{n+1} + a_n$ という漸化式で表せる）．問題は，「フィボナッチ数列のなかに素数は無限に存在するのか否か」というもので，いまだこれは誰にも解かれていない．

✕ ゴールドバッハの予想が生んだ多くの誤った試み ✕

ドイツの数学者クリスティアン・ゴールドバッハ（1690～1764）は，1742年6月7日にレオンハルト・オイラーに宛てた手紙のなかで，次の命題を提示している．それは現在に至るまで解決されていない．

5より大きな奇数は，3つの素数の和で表すことができる．

これは「ゴールドバッハの第2予想」，あるいは「弱いゴールドバッハ予想」とよばれている．オイラーはこの予想を強めて，次の形に書いた．

2より大きな偶数は，2つの素数の和で表すことができる．

これが今日，「ゴールドバッハの第1予想」，あるいは「強いゴールドバッハ予想」とよばれているものだ．まずは最初のほうの偶数が，素数の和で表されることを次の表1.4で見てみよう．続いて，読者のみなさんで表の続きを書いて確かめてみてほしい．もちろん終わりのない作業になるが……．

表1.4

2より大きい偶数	2つの素数の和
4	2 + 2
6	3 + 3
8	3 + 5
10	3 + 7
12	5 + 7
14	7 + 7
16	5 + 11
18	7 + 11
20	7 + 13
⋮	⋮
48	19 + 29
⋮	⋮
100	3 + 97

この予想の証明のために，数多くの数学者のたゆみない努力が重ねられた．ドイツの数学者ゲオルグ・カントール(1845 ～ 1918)は，1000 までのすべての偶数に対して予想が正しいことを確かめた．これに続けて 1940 年までには，100,000 までのすべての偶数に対しても予想が正しいことが確かめられた．1964 年までにはコンピュータの助けを借りて 33,000,000 まで広げられ，1965 年には 100,000,000 までのすべての偶数に対して，1980 年には 200,000,000 までのすべての偶数に対して，予想が正しいことが確かられた．そして，1998 年にはドイツの数学者イヨルグ・リヒスタインによって 400 兆までのすべての偶数に対して，予想が正しいことが確かめられている．

2012 年 4 月トーマス・オリベイラ・シルヴァは 4×10^{18} までのすべての偶数に対して，ゴールドバッハ予想を確かめている．この予想の証明に対しては，1,000,000 ドルの賞金が懸けられているが，今日まで，まだ誰も賞金を獲得していない*15．数学者がすべての偶数に対してこの主張が正しいことを証明する試みる過程で，誤りもたくさん生じた．しかし，未解決のままだ．

ゴールドバッハの予想は，限りなく正しそうに見えて，いまだに証明されていない難問である．それとは違ってあまり知られてはいないが，ゴールドバッハはもうひとつ予想を提出しているのだが，こちらの方は最終的に誤りであることが明らかとなる．オイラーに宛てた 1852 年 11 月 18 日付の手紙のなかで，彼はこう述べている．

3 以上のすべての奇数は，素数と平方数の 2 倍の和で表すことができる．

この予想が成り立っているいくつかの例を表 1.5 に挙げておく【訳注：ゴールドバッハは 1 を素数と考えていたようだ】．

オイラーは，1752 年 12 月 16 日付の返信のなかで，1000 以下のすべての奇数について予想が正しいことをチェックしたと告げた．さらに，オイラーは，1753 年 4 月 3 日に再びゴールドバッハに手紙を書き，2500 以下のすべての奇数について予想が正しいことを示した，と書いた．しかしな

表 1.5

奇数	素数と平方数の 2 倍の和 （ゴールドバッハは 1 を素数と考えていた）
3	$= 1 + 2 \times 1^2$
5	$= 3 + 2 \times 1^2$
7	$= 5 + 2 \times 1^2$
9	$= 7 + 2 \times 1^2 = 1 + 2 \times 2^2$
11	$= 3 + 2 \times 2^2$
13	$= 5 + 2 \times 2^2 = 11 + 2 \times 1^2$
15	$= 7 + 2 \times 2^2 = 13 + 2 \times 1^2$
17	$= 17 + 2 \times 0^2$
19	$= 11 + 2 \times 2^2 = 17 + 2 \times 1^2$
21	$= 13 + 2 \times 2^2 = 19 + 2 \times 1^2$

がら，1856 年にドイツの数学者モーリッツ・スターン（1807 〜 1894）が，奇数 5777 と 5993 についてゴールドバッハの予想が成り立っていないことを確認する．こうして，この予想は誤りであることが明らかとなった．

ところで，予想のなかの平方数として $0 = 0^2$ は認めないことにすれば，次のようになる．

3 以上のすべての奇数は，素数と 1 以上の平方数の 2 倍の和で表すことができる．

すると，最初の 9000 個の奇数のなかに修正したこの予想に当てはまらない数は，上の 2 つの数に加えて 17，137，227，977，1187，1493 だけしか存在しないことをスターンは確かめた．実に今日まで，これら以外の反例は見つかっていない！

これを見ると，ゴールドバッハは予想で誤りこそ犯したものの，その洞察力と数学における生産能力には桁外れなものがあり，整数論の研究のさらなる発展に多大な貢献をなしたことがわかるだろう．

コラッツの予想

1937 年，ドイツの数学者ローター・コラッツ（1910 〜 1990）が興味深い問題を提出した．それは，「$3n+1$ 問題」と言われる問題だ（「ヘッセのアルゴリズム」「ウラムの問題」とよばれることもある）．この問題を解決しようと，数多くの数学者たちが努力を払ってきたが，解決には至らず今日に及んでいる．そのなかには，多く誤った試みも存在した．

問題は，コラッツが提出した次の予想が正しいことを証明することだ．

> 「任意の」自然数から始めて，次のような操作をくり返しおこなう．
> ①もし今の数が奇数ならば，その数を 3 倍して 1 を足す．
> ②もし今の数が偶数ならば，2 で割る．
> この操作をくり返していき，ループに入るまでずっと続けていく．
> すると，最初に選んだ数に関係なく，必ずいつかは 1 に到達する．

たとえば，7 からスタートしたとする．上のルールに従って続く数を順に求めていくと，次のような数列ができるだろう．

7, 22, 11, 34, 17, 52, 26, 13, 40, 20, 10, 5, 16, 8, 4, 2, 1, 4, 2, 1, ……

2008 年の 6 月 1 日*16，コンピュータを使って，$18 \times 25^8 \approx 5.188146770 \times 10^{18}$ までのすべての数について，この $3n+1$ 問題は正しいことが証明された*17．しかしながら，すべての場合に正しいことは，いまだ証明されていない．

ルジャンドル予想について誤りのない証明を探す

ルジャンドル予想とは，アドリアン・マリ・ルジャンドルによって作られた予想であり，「任意の自然数 n に対して，n^2 と $(n+1)^2$ の間には少なくとも 1 つ素数が存在するだろう」というものである．この予想を解くための試みのなかで，数多くのまちがいが犯されてきた．次ページの表 1.6 は，小さな自然数 n に対して予想が実際に成り立つことを示すものだ．

n^2 と $(n+1)^2$ の間にある最も小さな素数は，$n = 1, 2, 3$……に対して，2, 5, 11, 17, 29, 37, 53, 67 ,83……となっている．

表 1.6

n	1	2	3	4	5	6	7	8	9	10	11
n^2	1	4	9	16	25	36	49	64	81	100	121
$(n+1)^2$	4	9	16	25	36	49	64	81	100	121	144
p	2,…	5,…	11,…	17,…	29,…	37,…	53,…	67,…	83,…	101,…	127,…

n	12	13	14	15	16	17	18	19	20
n^2	144	169	196	225	256	289	324	361	400
$(n+1)^2$	169	196	225	256	289	324	361	400	441
p	149,…	173,…	197,…	227,…	257,…	293,…	331,…	367,…	401,…

n^2 と $(n+1)^2$ の間にある素数の個数は，$n = 1, 2, 3$……に対して，2, 2, 2, 3, 2, 4, 3, 4……となっている．

$n = 10$ の場合，10^2 と 11^2 の間にある素数は 101, 103, 107, 109, 113 の 5 つある．

$n = 1000$ の場合，$1000^2 = 1000000$ と $1001^2 = 1002001$ の間にある素数は，全部で次の 152 個もある！

1,000,003　1,000,133　1,000,037　1,000,039　1,000,081　1,000,099
1,000,117　1,000,121　1,000,133　1,000,151　1,000,159　1,000,171
1,000,183　1,000,187　1,000,193　1,000,199　1,000,211　1,000,213
1,000,231　1,000,249　1,000,253　1,000,273　1,000,289　1,000,291
1,000,303　1,000,313　1,000,333　1,000,357　1,000,367　1,000,381
1,000,393　1,000,397　1,000,403　1,000,409　1,000,423　1,000,427
1,000,429　1,000,453　1,000,457　1,000,507　1,000,537　1,000,541
1,000,547　1,000,577　1,000,579　1,000,589　1,000,609　1,000,619
1,000,621　1,000,639　1,000,651　1,000,667　1,000,669　1,000,679
1,000,691　1,000,697　1,000,721　1,000,723　1,000,763　1,000,777
1,000,793　1,000,829　1,000,847　1,000,849　1,000,859　1,000,861
1,000,889　1,000,907　1,000,919　1,000,921　1,000,931　1,000,969
1,000,973　1,000,981　1,000,999　1,001,003　1,001,017　1,001,023
1,001,027　1,001,041　1,001,069　1,001,081　1,001,087　1,001,089
1,001,093　1,001,107　1,001,123　1,001,153　1,001,159　1,001,173
1,001,177　1,001,191　1,001,197　1,001,219　1,001,237　1,001,267
1,001,279　1,001,291　1,001,303　1,001,311　1,001,321　1,001,323
1,001,327　1,001,347　1,001,353　1,001,369　1,001,381　1,001,387

1,001,389	1,001,401	1,001,411	1,001,431	1,001,447	1,001,459
1,001,467	1,001,491	1,001,501	1,001,527	1,001,531	1,001,549
1,001,551	1,001,563	1,001,569	1,001,587	1,001,593	1,001,621
1,001,629	1,001,639	1,001,659	1,001,669	1,001,683	1,001,687
1,001,713	1,001,723	1,001,743	1,001,783	1,001,797	1,001,801
1,001,807	1,001,809	1,001,821	1,001,831	1,001,839	1,001,911
1,001,933	1,001,941	1,001,947	1,001,953	1,001,977	1,001,981
1,001,983	1,001,989				

しかし現在に至るまで，この予想に対する証明はなされていない．

ところで，この予想はいまだに解けたわけではないが，マルティン・アイグナー（1942～）とギュンター・ツィーグラー（1963～）によって，予想がより一般的な状況に拡張された[*18]．彼らは，2つの連続する平方数 n^2 と $(n+1)^2$ の間に少なくとも2つの素数が存在するかという1882年にルードウィッヒ・オパーマンによって提出された問題に，まちがいがないのかどうかをずっと研究してきた．この予想は，数学者たちをまちがいのない解決法探しへと駆り立て続けている．

× メルセンヌ素数にまつわるまちがい ×

素数とは，1より大きい数で，自分自身と1以外には約数をもたない数であることを思い出そう．歴史上，素数を生成すると謳う公式は数多く存在する．

まず 2^n-1 の形をもつ数は，n が素数でないときには素数を表さないことは明らかであろう．それとは逆に，初期の多くの数学者たちは，すべての素数 n に対して 2^n-1 の形で表される数は素数であると考えていた（表1.7）．

この考えは，15世紀の中頃まではずっと支持されていた．$2^{13}-1=8191$ が素数であるとわかったからである．しかし，この予想はまちがっていることが，1536年頃にドイツの数学者ウーリヒ・リーガーによって

表 1.7

k	2^k-1	k は素数か	2^k-1 は素数か	2^k-1 の素因数分解
0	0	no	no	–
1	1	no	no	–
2	3	yes	yes	–
3	7	yes	yes	–
4	15	no	no	3×5
5	31	yes	yes	–
6	63	no	no	$3^2 \times 7$
7	127	yes	yes	–
8	255	no	no	$3 \times 5 \times 17$
9	511	no	no	7×73
10	1023	no	no	$3 \times 11 \times 31$

初めて発見された．彼は，$n = 11$ は素数であるけれども，$2^{11} - 1 = 2047 = 23 \times 89$ は素数でないことを示したのである．

1603 年には，ピエトロ・カタルディ（1548 ～ 1626）が立て続けに $2^{17} - 1$ と $2^{19} - 1$ が素数であること示し，続けて $n = 23, 29, 31, 37$ に対しても $2^n - 1$ は素数であるという誤った命題を述べてしまう．その誤りは，有名な数学者たちによって正されていく．1640 年にフェルマーが，カタルディは $n = 23, 37$ についは誤っていることを示す．続いて 1738 年にオイラーは，$n = 29$ についてのカタルディの誤りを示すが，$n = 31$ に対しては正しいのではと支持していた．

この話題にはさらに重要な続きがある．フランスの神学者であったマラン・メルセンヌ（1588 ～ 1648）が 1644 年に『*Cogitata Physica-Mathematica*』と題した本を出版する（$2^n - 1$ の素数は彼にちなんで名づけらることになる）．その序文のなかで，$2^n - 1$ の形をした数は，$n = 2, 3, 5, 7, 13, 17, 19, 31, 67, 127, 257$ に対しては素数であるが，その他の自然数 $n < 257$ に対しては素数にならない，と述べたのだ．しかし，その主張の一部はまちがっていた．

メルセンヌは，彼の予想が正しいことを確認したと主張しているが，彼と同時代の人々は彼の主張を信じていなかった．

それから100年以上にわたって，数学者たちはメルセンヌの主張を確認する作業を始める．1750年に再びオイラーによって $2^{31}-1$ は確かに素数であることが証明される．1876年にフランンスの数学者エドゥアール・リュカ(1842～1891)が $2^{127}-1$ も確かに素数であることを証明する．続く70年の間，この素数は人類が知る最も大きな素数であり続けた．

1883年にロシアの数学者イヴァン・M・パヴシン（1842～1891）が $2^{61}-1=2{,}305{,}843{,}009{,}213{,}693{,}951$ が素数であることを証明するが，それはメルセンヌの予想がまちがっていることを証明することにもなった．なぜなら，メルセンヌは自分のリストのなかに $n=61$ を落としているからだ．メルセンヌの誤りについての次の一大事件は1911年に起こった．

R・E・パワーズが1911年に，$n=89$ もメルセンヌのリストに入れなければならない数であることを証明し，続いて1914年には，$n=107$ もリストに入る数であることを証明する．メルセンヌ予想のもうひとつのまちがいは，$n=67$ についてだった．$2^{67}-1$ は

$$2^{67}-1=147573952589676412927=193707721\times761838257287$$

のように因数分解されて，素数にはならないのだ．

表1.8

k	2^k-1
2	3
3	7
5	31
7	127
13	8,191
17	131,071
19	524,287
31	2,147,483,647
61	2,305,843,009,213,693,951
89	618,970,019,642,690,137,449,562,111
107	162,259,276,829,213,363,391,578,010,288,127
127	170,141,183,460,469,231,731,687,303,715,884,105,727

最終的に1947年になって，$n < 258$ の場合について $2^n - 1$ が素数になる値が完全に決定された．それらは，$n = 2, 3, 5, 7, 13, 17, 19, 31, 61, 89, 107, 127$ で，表1.8に示したような数になる．

今日では，$2^n - 1$ の形をした素数を「メルセンヌ素数」とよぶ．1952年にR・M・ロビンソンは，メルセンヌ素数には $n = 521, 607, 1229, 2203, 2281$ の場合も含めなければならないことを示し，リストを示し拡張する．さらに現在に至るまでに50個のメルセンヌ素数が存在することが確認されており，そのうち最大のものは $2^{43112609} - 1$ で，これは実に12,978,189桁の数である！

メルセンヌ素数の重要性をさらに述べようとすると，「完全数」との関係について触れなくてはならない．完全数とは，その真の約数（その数自体は除く約数）すべての和がその数自身になっている数のことである．たとえば，6は最も小さな完全数である．6の真の約数は1, 2, 3で，$6 = 1 + 2 + 3$ となっているからである．次に小さい完全数は28で，同じように $28 = 1 + 2 + 4 + 7 + 14$ と表されるからである．

そのほかに，496や8,128も完全数である．これらの素因数分解を考えると次のようになる．

$$6 = 2 \times 3$$
$$28 = 4 \times 7$$
$$496 = 16 \times 31$$
$$8{,}128 = 64 \times 127$$

これらの完全数はすべて $2^{n-1}(2^n - 1)$ の形をしている（$n = 2, 3, 5, 7$）．今から2000年以上昔，完全数を生成する定理を作ったのは，ユークリッド（紀元前365～310/290）である．それは，n が整数のとき，もし $2^n - 1$ が素数だとすれば $2^{n-1}(2^n - 1)$ は完全数となるというものだ【訳注：簡単な演習問題なので試みてみるとよい】．

注目すべきは，ユークリッドの与えた数の約数のひとつにメルセンヌ素数 $2^n - 1$ があることだ．逆に，偶数の完全数は，$2^{n-1}(2^n - 1)$ の形をしていて，かつ 2^n-1 がメルセンヌ素数である場合に限ることが，2000 年後の 18 世紀にオイラーによって証明された．

完全数の話題を離れるにあたり，完全数は 1 桁目の数字がすべて 6 か 8 であることに注意しておきたい．

歴史的なまちがいが徐々に正されていった後，メルセンヌ素数がアメリカの郵便局によって記念に祝されたこともある．それは 1963 年にカナダの数学者ドナルド・B・ギリーズ（1929 ～ 1975）が当時としては最も大きなメルセンヌ素数を発見したときである[*19]．この素数がイリノイ大学の郵便スタンプに，記念として記された(図 1.14)．

図 1.14　メルセンヌ素数の発見を祝したアメリカの郵便スタンプ

完全数が無限に存在するかどうかは，まだ決定されていない．さらに，奇数の完全数が存在するかどうかもまだわかっていない．もしも奇数の完全数が存在するならば，それは 10^{1500} よりも大きな数で，異なる素因数を少なく 8 つ以上はもつ（さらに，その完全数が 3 で割り切れないときには異なる素因数を少なくとも 11 個以上はもつ)ということだけはわかっている[*20]．

フェルマーの大きなまちがい

歴史上の偉大な数学者の 1 人にフランスの数学者ピエール・ド・フェルマーがいる．彼はその名声にもかかわらず数々のまちがいを犯している．数学者ブレーズ・パスカルへあてた 1654 年の手紙のなかで，「まだ証明はできていないのだが，$F_m=2^{2^m}+1$（m は自然数）の形の数はすべて素数であると信じている」と述べている．今日では，このような形の数は「フェルマー数」とよばれている．読者はすでに予想しているかもしれないが，フェルマーはまちがっていた．そのような数の最初のいくつかを挙げてみよう．

$$F_0 = 2^{2^0} + 1 = 2^1 + 1 = 3$$
$$F_1 = 2^{2^1} + 1 = 2^2 + 1 = 5$$
$$F_2 = 2^{2^2} + 1 = 2^4 + 1 = 17$$
$$F_3 = 2^{2^3} + 1 = 2^8 + 1 = 257$$
$$F_4 = 2^{2^4} + 1 = 2^{16} + 1 = 65{,}537$$

ここまではすべて素数になっているが，$m = 5$ ではフェルマーが誤りを犯していることがわかる．1732 年にオイラーは，$F_5 = 2^{2^5} + 1 = 2^{32} + 1 = 4{,}294{,}967{,}297$ は素数ではなく，$F_5 = 641 \times 6{,}700{,}417$ と因数分解できることを証明した．

フェルマーの誤りはさらに続く．1880 年にフランスの数学者フォルトン・ランドリー（1799 〜？）は 82 歳のときに，$F_6 = 2^{2^6} + 1 = 2^{64} + 1$ も素数になっていないことを示した（それとは別に，H・リー・ラウザーも 1880 年にこれを示した）．実際に次のようになる．

$$F_6 = 18{,}446{,}744{,}073{,}709{,}551{,}617 = 274{,}117 \times 67{,}280{,}421{,}310{,}721$$

歴史が示すところによると，この因数分解は 1855 年にトーマス・クローゼン（1801 〜 1885）がカール・フリードリッヒ・ガウスにあてた手紙のなかですでに述べられていた．ただし，この時点では広く知られていなかったので，ランドリーの仕事は，その情報とは独立に行われたと考えてよいだろう．クローゼンは，67,280,421,310,721 が素数であることも証明していた[*21]．

さらにフェルマーを困らせるかもしれないが，1975 年にミカエル・A・モリソンとジョン・ブリラートは，F_7 が素数ではないことを示す論文を発表した．実際に以下に示すようになる．

$$F_7 = 340282366920938463463374607431768211457$$
$$= 59649589127497217 \times 5704689200685129054721$$

1980 年から 1995 年にかけて，さらにフェルマー数 F_8，F_9，F_{10}，F_{11} がすべて因数分解できることが示された．続いて，F_{12} から F_{32}，までのすべてのフェルマー数も因数分解できて素数ではないことが示された．現在のところ，因数分解されるか素数かを決定できていない最少のフェルマー数は F_{33} である．そして，現在知られているなかで最も大きな素数のフェルマー数は $F_4 = 65{,}537$ である．

1796 年に，ガウスは，もし自然数 n の奇の素因数がすべて異なるフェルマー素数であれば，正 n 角形が定規とコンパスだけで作図できることを証明した．ガウスは，逆に自然数 n に関する上の条件は正 n 角形が作図できるための必要条件であることも予想したが, 自身では証明できなかった．しかし，ピエール・ワンツェル（1814 ～ 1848）によって 1837 年に証明された．

ガウスの最も有名な仕事のひとつは，正十七角形が定規とコンパスだけを用いて作図できることを証明したことだ（彼がそれをなしたのは 19 歳になる 1 か月前である！）．彼はその業績を自分の墓碑に刻んでくれるように要求したので，実際に刻まれている．

正 n 角形のうち作図できない n は，素数ではフェルマー数でない $n = 7$, 11, 13, 19,23……と，9, 25, 27……のような素数のべき乗，そして当然ながらそれらの積である数である．

✕ ポリニャックによるまちがった予想 ✕

前にも登場したフランスの数学者アルフォンソ・ド・ポリニャックは「1 より大きいすべての奇数は 2 のべき乗と素数の和で表される」と主張した[*22]．

最初のいくつかの場合を調べてみると，確かに正しくそうなっているこ

表 1.9

奇数	2のべき乗と素数の和
3	$= 2^0 + 2$
5	$= 2^1 + 3$
7	$= 2^2 + 3$
9	$= 2^2 + 5$
11	$= 2^3 + 3$
13	$= 2^3 + 5$
15	$= 2^3 + 7$
17	$= 2^2 + 13$
19	$= 2^4 + 3$
⋮	⋮
51	$= 2^5 + 19$
⋮	⋮
125	$= 2^6 + 61$
127	$= ?$
129	$= 2^5 + 97$
131	$= 2^7 + 3$

とがわかる．しかし，表 1.9 に見るように，3 から 125 までの奇数についてこれは正しいが，127 については正しくない．そしてその後しばらくは再び正しくなる．

おそらく読者のみなさんは，ポリニャック予想が成り立たない次の数を見つけられるだろう．実際に，続いてポリニャック予想が成立しない数は 149, 251, 331, 337, 373, 509 である．一方，もうひとつ成り立たない例として 877 がある．

これらの数について予想が成立しないことを示すことは，比較的容易にできる．127 は少し特別な場合と言えるかもしれないので（127 は 2 のべき乗の和になっているため），代わりに 149 を例にとってチェックしてみよう．

$2^8 = 256 > 149$ であるから，1 から 7 までの k について，$149 - 2^k$ が素数ではないことが確かめられればよい．実際にチェックすると

$149 - 2^0 = 149 - 1 = 148$ （2で割り切れる）
$149 - 2^1 = 149 - 2 = 147$ （3で割り切れる）
$149 - 2^2 = 149 - 4 = 145$ （5で割り切れる）
$149 - 2^3 = 149 - 8 = 141$ （3で割り切れる）
$149 - 2^4 = 149 - 16 = 133$ （7で割り切れる）
$149 - 2^5 = 149 - 32 = 117$ （3で割り切れる）
$149 - 2^6 = 149 - 64 = 85$ （5で割り切れる）
$149 - 2^7 = 149 - 128 = 21$ （3で割り切れる）

となって，ポリニャック予想は成立しない．上で述べた他の反例についても，同様に確かめられる．

1848年にポリニャックはさらに進んで，「1より大きく3,000,000より小さなすべての奇数は（959を除いて）2のべき乗と素数の和で表される」という予想を提出した[*23]．1960年になってようやく，ポリニャック予想が成り立たない奇数は無限個存在することが証明される[*24]．たとえば2,999,999は2のべき乗と素数の和で表すことはできない．

ところで，1849年にポリニャックはもうひとつ別の予想を提出する(p.36ですでに述べた)．これは現在まで証明も反証もされていない未解決問題で，「すべての偶数nに対して，相続く素数の組でその差がnになるものが無限個存在する」という命題だ．

たとえば$n = 2$のときは，相続く素数の組でその差が2になる（3,5），（5,7），（11,13），（17,19）……があるが，これは「双子素数」が無限に存在するか，という問題になる．くり返すが，この予想は正しいこともまちがっていることもいまだ証明されていない．

オイラーのまちがった予想

有名な数学者によって引き起こされるまちがいは，たびたび多くの新しい発見を——ときには元の問題と無関係にさえ見える発見——をもたらしてきた．歴史上最も実り多い仕事をした数学者の1人であるスイスの数学者レオンハルト・オイラーによる予想のまちがいは，とりわけ驚くべきものである．何世紀にもわたり，多くの数学者たちがそれに動機づけられて研究をおこなってきたのだ．われわれは誰でもピタゴラスの定理にはなじみが深く，方程式 $a^2 + b^2 = c^2$ の整数解が存在することを知っている．オイラーは，方程式 $a^3 + b^3 = c^3$ には整数解がないことを証明した．そして，1994年にイギリスの数学者アンドリュー・ワイルスの賞賛すべき努力によって，$n > 2$ のときは方程式 $a^n + b^n = c^n$ には整数解が存在しないことが証明されるのである．

オイラーは自分の発見の続きとして，次の似たような形をもつどの方程式にも，整数解は存在しないだろうと予想した．

$$a^3 + b^3 = c^3$$
$$a^4 + b^4 + c^4 = d^4$$
$$a^5 + b^5 + c^5 + d^5 = e^5,\ \text{など}$$

しかし，オイラーは誤っていたことが後に証明される．1966年，レオン・J・ランダーとトーマス・R・パーキンが $n = 5$ のときに整数解をもつことを発見する[*25]．

$$27^5 + 84^5 + 110^5 + 133^5 = 61{,}917{,}364{,}224 = 144^5$$

続いて1988年に，ノーム・D・エルキーズ（1966～）は $n = 4$ のときにも整数解をもつことを発見した[*26]．

$$2682440^4 + 15365639^4 + 18796760^4$$
$$= 180630077292169281088848499041 = 20615673^4$$

さらにエルキーズは，$n = 4$ に対しては整数解が無限個存在することを証明した．それらの解のうちで最少のものが，同じ年にロジャー・フライによって発見された．

$95800^4 + 217519^4 + 414560^4 = 31{,}858{,}749{,}840{,}007{,}945{,}920{,}321 = 422481^4$

これらの反例は，オイラーの予想が誤りであることを証明するものだ．

オイラーのもうひとつのまちがい

歴史上最も称賛されるべき数学者の1人の名前を汚さぬように，オイラーの予想は多くの場合，数学の研究を高め新しい方向へと導いてきたことはまず述べておきたい．しかしながら，彼は次のようなまちがいをした．それは，宮廷でカトリーヌ・ザ・グレイト（1729～1796）によって提出された問題に対する彼の返答にある．問題は次のようなものだった．

6つの軍隊A，B，C，D，E，Fの各々に6つの階級の士官（大佐，中佐，少佐，大尉，中尉，少尉）がいるとし，この合わせて36人の士官を縦横6列ずつの縦隊に，どの行もどの列も同じ軍隊や同じ階級の士官を重複してもたないように配置できるだろうか？

オイラーはこの問題を，1782年に発行された彼の論文のなかで「士官36人の問題」とよび，このような配置は不可能であろう，と正しく予想している．しかしその証明は，1900年にギャストン・タリーによってなされるまで待たなければならなかった[*27]．

この問題を整理すると，6×6の正方形の中に，どの行にもどの列にも，同じ軍隊または同じ階級の士官が重複しないように配置できるか，ということになるだろう．

4×4の正方形の場合には，そのような配置が可能となるのだ．トランプを使って試してみよう．図1.15の配置を見てほしい．どの行にもどの列にも同じマークまたは数字が重複するラインはないことがわかる．

オイラーの誤りは，このような配置が不可能なのは2×2の正方形（これは明らか）と上で述べた6×6の正方形だけでなく，行（および列）の数が$4k+2$の形をしたすべての正方形で軍隊と階級の重複のない配置が不可能であると予想したことだ．たとえば10×10（$k=2$）や14×14（$k=$

図 1.15

3) などがそれにあたる．優れた数学者たちによって，最終的にオイラーの予想が誤りであることが証明されるまでには，何世紀もの歳月を必要とした．ごく最近の 1922 年まで，オイラーの予想は正しいと信じられてきたのだ[*28]．

しかしながら，1958 年にラジ・チャンドラ・ボウズ(1901 〜 1987)とサラチャンドラ・シャンカール・シュリカンデ（1917 〜）は，その考え方を覆すことに成功する[*29]．彼らは，22 × 22 の正方形（$4k+2=22$ の $k=5$ の場合）に対しオイラーの予想を否定し，士官の配置が可能であることを示した．彼らの発見は賞賛をもって迎えられた．その証拠に，1959 年 11 月号の科学誌「*Scientific American*」の表紙を，彼らの作ったオイラー方陣(正方形) が飾っている．次の年，アーネスト・チルデン・パーカー（1926 〜 1991）は 10 × 10 の正方形を構成した[*30]．続いて 1960 年，ボウズとパーカーは，すべての $m=4k+2$（k は 1 より大きな自然数）の場合に，オイラーの予想は誤っている(すなわち士官の配置が可能である)ことを証明する[*31]．

しかしその過程で，数学の多くの新しい分野が開発されてきた．こうして，オイラーの提出した(部分的には正しい)予想は，彼に続く何世紀にもわたって，実に偉大な価値をもち続けたことが明らかとなる．

✗ ルジャンドルによる恥ずかしいまちがい ✗

有名なフランスの数学者アドリアン・マリ・ルジャンドルは，1794 年にフランス語で幾何学の教科書を書いた．それをチャールズ・ダヴィアーが英語に翻訳した．そのおかげで，19 世紀の中頃に，アメリカの高等学校には幾何学のコースができることになる．

さて，彼はある予想を作るのだが，その予想は後に正しくないことが証明されることになる．彼は，次の等式を満たすような自然数 p，q，r，s は存在しないだろうと予想したのだ．

$$\left(\frac{p}{q}\right)^3 + \left(\frac{r}{s}\right)^3 = 6$$

ヘンリー・アーネスト・デュドネイ (1857 〜 1930) という，その多くの時間を楽しみのための数学に捧げてきたイギリスの数学者が，ルジャンドル予想の反例を発見した．それによって，彼の予想に「誤った予想」という汚名を与えてしまうことになる．デュドネイは $p = 17$，$q = 21$，$r = 37$，$s = 21$ のときに，ルジャンドルが不可能だろうと述べた等式が成り立つことを示し，誤りを証明した．

$$\left(\frac{17}{21}\right)^3 + \left(\frac{37}{21}\right)^3 = \frac{4913}{9261} + \frac{50653}{9261} = 6$$

✗ チェボタレフの予期せぬまちがい ✗

整式 $x^n - 1$（「円分多項式」という）を因数分解すると，表 1.10 のようになる．

ここに現れる因数の係数および定数項が，すべて 1 か−1（か 0）になっている不思議な現象に注意しよう．この計算をさらに進めると，$n = 20$ のときにもこの現象は保持されている．

表 1.10

n	x^n-1	因数分解
1	x^1-1	$x-1$
2	x^2-1	$(x-1)\times(x+1)$
3	x^3-1	$(x-1)\times(x^2+x+1)$
4	x^4-1	$(x-1)\times(x+1)\times(x^2+1)$
5	x^5-1	$(x-1)\times(x^4+x^3+x^2+x+1)$
6	x^6-1	$(x-1)\times(x+1)\times(x^2+x+1)\times(x^2-x+1)$
7	x^7-1	$(x-1)\times(x^6+x^5+x^4+x^3+x^2+x+1)$
8	x^8-1	$(x-1)\times(x+1)\times(x^2+1)\times(x^4+1)$
9	x^9-1	$(x-1)\times(x^2+x+1)\times(x^6+x^3+1)$
10	$x^{10}-1$	$(x-1)\times(x+1)\times(x^4+x^3+x^2+x+1)\times(x^4-x^3+x^2-x+1)$

$$x^{20}-1=(x-1)\times(x+1)\times(x^2+1)\times(x^4+x^3+x^2+x+1)$$
$$\times(x^4-x^3+x^2-x+1)\times(x^8-x^6+x^4-x^2+1)$$

nが増えてくるにつれ，因数分解の計算はとてつもなく複雑になり，代数計算機システム (CAS) を用いなければならない．しかしながら，nがどんなに増加してもxの係数は常に 1 か−1 か 0 になっていることがわかる．

1938 年，ソビエトの数学者ニコライ・グリゴレッビッチ・チェボタレフ (1894 〜 1947) は，証明をつけることなしに，この現象はすべての$n>0$に対して正しいだろうと主張した．しかしその予想が誤っていることが示されるまでに，長くはかからなかった．

1941 年，ソビエトの別の数学者ヴァレンティン・コンスタンティビッチ・イワノフ (1908 〜 1992) が反例を発見する．$n=105$に対して，x^n-1の因数分解は次のようになるのだ[*32]．

$$x^{105}-1=(x-1)\times(x^2+x+1)\times(x^4+x^3+x^2+x+1)$$
$$\times(x^6+x^5+x^4+x^3+x^2+x+1)\times(x^8-x^7+x^5-x^4+x^3-x+1)$$
$$\times(x^{12}-x^{11}+x^9-x^8+x^6-x^4+x^3-x+1)$$
$$\times(x^{24}-x^{23}+x^{19}-x^{18}+x^{17}-x^{16}+x^{14}-x^{13}+x^{12}-x^{11}+x^{10}-x^8+x^7$$
$$-x^6-x^5-x+1)$$

$$\times (x^{48} + x^{47} + x^{46} - x^{43} - x^{42} - \mathbf{2x^{41}} - x^{40} - x^{39} + x^{36} + x^{35} + x^{34} + x^{33} + x^{32} + x^{31} - x^{28} - x^{26} - x^{24} - x^{22} - x^{20} + x^{17} + x^{16} + x^{15} + x^{14} + x^{13} + x^{12} - x^9 - x^8 - \mathbf{2x^7} - x^6 - x^5 + x^2 + x + 1)$$

この因数分解には，係数−2 が 2 度登場していることに注意しよう．それは，x^{41} の係数と x^7 の係数である（太字で示した）．予想が誤っていることを強調するために，さらにもうひとつの例を示そう．CAS を用いて $x^{2805} - 1$ を因数分解してみると，その係数には(1 と−1 以外に) 2，−2，3，−3，4，−4，5，−5，6，−6 も現れることがわかる．たとえば $6x^{707}$，$6x^{692}$ などの項が出現するのである．

✕ ポアンカレによる高くついたまちがい ✕

フランスの数学者であり物理学者であるアンリ・ポアンカレ（1854～1912）は，1890 年代から 20 世紀初頭にかけての先導的な数学者の 1 人とされている．彼は，物理学においても，光学，電気学，量子論に関して非常に多くの貢献をした．熱力学と相対性理論に関しても造詣が深く，その分野における開拓者の 1 人である．

スウェーデン - ノルウェーの国王オスカー 2 世(1829 ～ 1907)は，60 歳の誕生日の記念に，数学の 4 つの未解決問題の解決に対して 2,500 コロナの賞金を提供することを打ち出した．4 つの問題の第 1 問は，「n 体問題(多体問題)」に関するものだ．この問題の背景には，われわれの太陽系は過去から現在までと同じように永久に運行するのか，それとも地球と太陽との距離はだんだん変化していくものなのか，という疑問があった．言い換えると，n 個の質量をもった点が与えられたとして（たとえば，太陽とその周りを回る惑星をイメージしてみるとよい)，ある瞬間のそれぞれの点の位置と速度が与えられると，n 個の点の運行を未来永劫まで決定することは可能だろうか，というのが n 体問題だ．$n = 2$ に対してはニュートンがすでに解いていて，2 点は共通の 1 点(共通重心)を中心とする楕円軌道に沿って一定の動きをすることが示されている．しかし，太陽系全体の運行をそれぞれの衛星の運行も含めて考えるとなると非常に複雑になるので，ポアンカレはまず3体問題を考えようと決心した．ニュートンは，$n>2$に対しては計算が非常に複雑になり，人間が計算するのは不可能だと考えていた．3体問題を解決することは，ヨハネス・ケプラーやニコラウス・コペルニクスにも，数学の問題のなかで最も難しいもののひとつとみなされていた．レオンハルト・オイラーやジョセフ・ルイ・ラグランジュ（1736～1813)でさえもそれに挑戦したが，成功しなかった．

この問題の一部は，べき級数と，微分方程式に関する幾何学的定理に関わってくる．ポアンカレはこの問題を，解決に向けていくつかのステップを踏むことができるように簡略化させることに成功した．彼はまた，自分が見つけ出した近似の運行軌道は実際の解に非常に近いもので，その軌道は3体の位置を近似したことによって狂わされてはいないだろう，と確信していた．

ポアンカレの著した3体問題に関する，査読にかけられた論文は，実に158ページにも及ぶきわめて長いものだった．もともとの3体問題に対して完全に答えを出しているわけでもなかったのに，その論文はアクセプトされ，そして彼は賞金も受け取った．しかし受賞後，論文で述べた惑星たちの位置にわずかにずれがあることが発見され，結果的に軌道は矛盾しており，論文に誤りがあることがわかったのだ．ポアンカレは自分が犯したまちがいに対して非常に取り乱し，表彰委員会に賞金を返すとまで申し出た．彼は，もともとの条件のわずかなずれによって，完全に異なった軌道が導かれるという事実を受け入れなければならなかった．

しかし，ポアンカレはその後，自分が犯した誤りのおかげでより洗練された修正論文を著すことができ，さらに熟考を重ねて，新しい概念である「カオス」の発見に至るのである．

未解決問題に対する賞金

数学における未解決問題は，非常に大きな役割を担っている．それを解こうとする努力が，ときにはもともとの問題とはまったく別の種類のきわめて大きな発見につながることがある．未解決問題——それも世界中の最も優秀な頭脳をもってしてもいまだ解かれていない問題——は，「あなたにこれが解けるか」と静かに問いかけてきて，われわれの興味を惹きつける．特にその問題が，誰にでも理解しやすいきわめて単純な問題である場合はなおさらのことだ．

ドイツの数学者デヴィッド・ヒルベルト（1862 ～ 1943）は，1900 年 8 月 8 日にパリでおこなわれていた第 2 回国際数学者会議（ICM）の席上で，23 個の未解決問題のリストを提出した．20 世紀における数学の研究の多くは，この未解決問題のリストに大きく影響を受けており，成功した研究も成功には至らなかった研究も，その過程でたくさんの重要な発見を紡ぎ出すこととなった．

その 100 年後，ヒルベルトが 23 の問題を提出した日を記念し，また 21 世紀へ向けての数学のよき発信源となるべく，マサチューセッツ州ケンブリッジに「クレイ数学研究所」が新たに設立され，ヒルベルトの 23 の問題のなかでいまだ解答を得ていない問題のリストが再度明確にされた．そのリストは 2000 年 5 月 24 にパリのフランス大学でおこなわれた「数学の重要性」というタイトルの講演で伝えられ，その解決には賞金が贈られることが公式にアナウンスされた．クレイ数学財団の設立者であり後援者であるランドン・クレイ（1927 ～）は実業家であり，ケンブリッジ大学では英語を専攻していたが，数学をこよなく愛していた．重要な問題たちを有名にすることによって，現在不十分にしか財源を与えられていない数学研究に人々が興味を注ぐようになると信じ，この数学の未解決問題リストのどれかひとつでも解けた者に，100 万ドルの賞金を贈ることを公言したのだ．後にその「ミレニアム問題」のうちのひとつが，ロシアの数学者グリゴリー・ペレルマン（1966 ～）によって解かれることになる．彼は 2002 年に「ポアンカレ予想」を解いたのだ.

☓ 有名な科学者が犯したケアレスミス ☓

有名な科学者たちによってなされた，単純なケアレスミスも結構存在する．残念ながらそのほとんどは，歴史から忘れ去られて永久に人々の目に触れることはないけれど．たとえば，有名な科学者でありノーベル賞も受賞しているエンリコ・フェルミ（1901 ～ 1954）によってなされた誤りを例にとってみよう．彼は，めったに誤りを犯さないので，仲間たちから「教皇」とよばれていたらしい．そのため，なおさら，彼があるときに誤りを犯し，不運なことにそれが写真に残ってしまったことを紹介することは興味深いであろう．その写真は，1948 年に撮られたものだが，彼の生誕 100 年を祝ってアメリカから発行された切手に印刷されてしまった．図 1.16 における切手の左上の方，フェルミが黒板の左上に書いた等式はまちがっている．これは，驚くべき才能をもつ科学者にしては珍しいケアレスミスである．フェルミは誤って，記号 $\hbar$ と e を逆にしてしまったのだ！

誤った等式：$\alpha = \dfrac{\hbar^2}{e \cdot c}$

正しい等式：$\alpha = \dfrac{e^2}{\hbar \cdot c}$

（α は微細構造定数
e は電気素量
$\hbar = \dfrac{h}{2\pi}$，h はプランク定数
c は真空中の光の速さ）

図 1.16

第1章のまとめとして

さて，輝かしい業績をもつ数学者たちが犯したまちがいについて述べてきたこの章を終えるにあたり，近代における最も偉大な頭脳の持ち主の1人であるアルバート・アインシュタイン（1879～1955）が，その研究の過程で非常に多くの誤りを犯していたことを忘れないでおこう．いくつかの書物はそのことに言及しているが，それらの本のひとつである『*Einstein's Mistakes*（アインシュタインの犯した誤り）』（ハンス・C・オハニアン著）は，アインシュタインが発表した180編の論文のうち，40編はそのなかで誤りを犯していると述べている[*33]．これらの誤りは，彼のすばらしく輝かしい洞察の価値を下げるものでは決してなかったが，後に誤りが訂正されている．

最近になって，ヨハネス・ケプラーのノートが見つかり，惑星の運行についての彼の考察のなかに誤りを含んでいることがわかった．しかし彼の場合も，惑星の運行と楕円軌道の性質に関する驚嘆すべき発見のほとんどは，依然として輝きを放ち続けている．

ひょっとするとアインシュタインは，こうした状況をまとめて，かの有名な言葉を引用してこんなふうに言うかもしれない．「一度も誤りを犯したことのない人物なんて，何か新しいものを一度だって発見したことはないさ」．

さて，読者のなかには，われわれがこの本で，どうしてまちがいにスポットライトを当てているのかまだ不思議に思っている方もいるかもしれない．新しい地平を探求しているほとんどの研究者たち——科学者，数学者，他の分野の研究者——は，誤りをしてはそれに気づき，そのたびに正して新たな発見をする．また，ある場合にはアンドリュー・ワイルズのように，他者によってまちがいが指摘され，自身の超人的な努力で解決に至る例もある．ワイルズが革命的な発見に到達した原動力は，彼が犯した誤りに大きく起因している．なのに，なぜわれわれはこうした誤りにほとんど照準を当てることがないのか？　科学や数学に関するほとんどの書物は，まちがいについてはいっさい触れず，正しい結果について述べているだけである．

しかし，数学の歴史を見渡してみるときに，目を引くことがある．すべての時代の数学者のなかでも中心的な1人といえるカール・フリードリッヒ・ガウスは，出版された仕事のなかで，まったくと言っていいほどまちがいを犯していないように見えるのだ．彼は古いラテン語のことわざ「*Pauca sed matura*」(「少ないが，よく熟した」という意味) に大きく影響を受けていたようだ．1898年になってガウスの日記が発見され，それを分析してみて初めて，ガウスは自分が発見したことのすべてを発表したわけではなかったことがわかった．

数学におけるいろいろなまちがいを目のあたりにしたとき，そのまちがいから各分野についてさらに深く何かを知ることできるか？　それが，この本の残りの章の目標である．

第2章

算数におけるまちがい

数学において起こり得る数々のまちがいをめぐる旅に出かけるとき，その最初の目的地を，算数の領域にするのはふさわしいことだろう．なぜなら，算数は，誰しもが数学に接するとき，最初に向かい合うものだからだ．算数におけるまちがいは，数えるときの誤りやおかしな計算，はたまた論理的思考の誤りなど多岐にわたる．明らかなことだが，ミスのいくつかは，数学の基本的な原則を破っていることから生じている．そのなかには，本来もっと注意されるべきなのに，一般的にはあまりよく知られていないものもある．それから，結論に達するのを急ぐあまり，不正確になってしまったまちがいの例もある．さあ，それでは，旅に出発しよう．

✕ 数を数えるときの落とし穴 ✕

生徒たちがよくするまちがいで，昔から教員たちがその誤りを指摘してきたまちがいが，典型的な引き算の問題のなかにある．次の問題を考えてみよう．

ある通りに沿って各住居の番号が 22 番から 57 番まで連続してつけられているとき，この通り沿いには何軒の住居があるだろうか？

多くの生徒は，単に引き算して $57 - 22 = 35$，よって 35 軒と答えるだろう．ところがこれは明らかにまちがっていて，実は $35 + 1 = 36$ が正しい答えである．生徒に住居の数を数えさせるとき，たとえば 22 ～ 57 の住居番号から共通の 21 を引き去るようにアドバイスすれば，番号が 1 から始まって 36 までとなり，答えが明らかになる．

このタイプのよくあるまちがいの意味をもっとはっきりさせるために，似たような例を示す．10 階建てのビルディングを考えてみよう．1 階を地上階とし，上下 2 つの階をつなぐ階段はすべて同じ段数になっているとする．では，1 階から 10 階まで上るためには，1 階から 5 階まで上るときの何倍階段を上らなければならないだろうか？　典型的な答えは，「もちろん 2 倍」である．しかし残念ながらこの答えはまちがっている．1 階がスタート階だから，10 階までは 9 階分の上昇が必要だが，5 階までは 4 階分の上昇のみで十分．よって答えは $\frac{9}{4} = 2.25$ 倍となるのだ．

これによく似た，時計に関する問題もある．5 時に 5 回の時報を 5 秒間鳴らす時計は，10 時に時報を何秒間鳴らすだろうか？　よくあるまちがいは「10 秒」だが，これはまちがっている．実は 5 秒間に鳴らす 5 回の時報の間隔は 4 回しかないから，各時報の間隔は(1 秒ではなく)実は $\frac{5}{4}$ 秒なのだ．したがって 10 時になった時の各時報の間隔は 9 回しかなく，時報のトータルタイムは $9 \times \frac{5}{4} = \frac{45}{4} = 11 + \frac{1}{4}$ 秒である．

こうした類のまちがい例は枚挙に暇がない．誰もが犯してしまう普遍的なまちがいといってもよいだろう．

× 計算をする前によく考えないことで起こるまちがい ×

本ジラミ(本のページを好んで食べるチャタテムシ)が，3 巻からなる本の間にいるとしよう．本(横書きの本と仮定しよう)は，左から右に 1 巻〜3 巻の順に並べて置いてある．本ジラミは第 1 巻の 1 ページ目から第 2 巻を通り，そして第 3 巻の最後のページへと紙を食べて本を破壊する旅を始める．各本は表のカバーから裏のカバーまでトータルの厚さが 5 cm で，表裏の各カバーは 1 mm の厚さである．このとき，本ジラミの総移動距離はいくらだろうか？（本ジラミは直線の最短移動ルートを進むとする)．

典型的な答えは 14.8 cm であり

(第 1 巻－表裏のカバー＋裏カバー)＋(第 2 巻)＋(第 3 巻－表裏のカバー＋表カバー)＝(4.8 ＋ 0.1 cm)＋ 5 cm ＋(4.8 ＋ 0.1 c m)

と計算するが，これはまちがっている！

正しい答えは 5.2 cm であり，0.1 cm ＋ 5 cm ＋ 0.1 cm と計算すればよい．図 2.1 を見れば，第 1 巻の 1 ページ目は 1 巻の本の一番右側にあり，第 3 巻の最後のページ目は 3 巻の本の一番左側にあることを納得していただけるだろう．

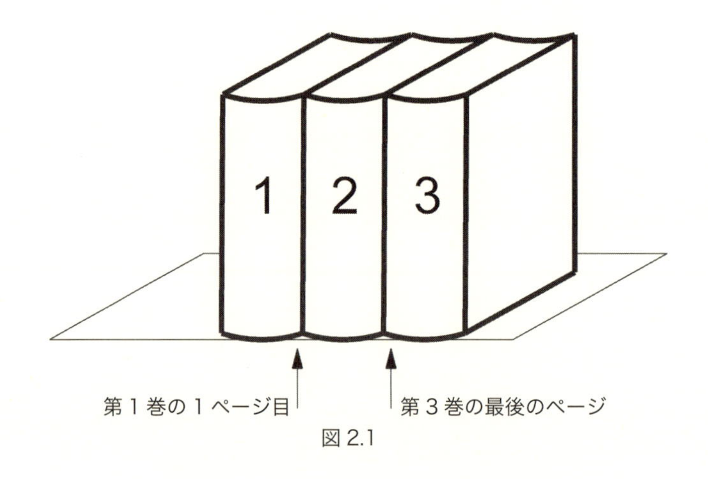

図 2.1

✗ 番号づけをするときの落とし穴 ✗

数えるときにまちがいを起こし，そのまちがいが長い間まったく気づかれないということはしばしば起こる．西暦 2000 年の 1 月 1 日に，「ニューヨーク・タイムズ」紙は，100 年以上も前に起こしたまちがいを訂正して発表した．1898 年 2 月 6 日に，この新聞社の社員が，新聞のその日の号数は 14,499 号であることに気づいた．そして彼は，次の日の新聞を 14,500 号ではなく，誤って 15,000 号としてしまったのだ．そして実に 2000 年 1 月 1 日の日曜日まで，この誤りが訂正されることはずっとなかった．誤りが訂正された日の新聞は第 51,254 号として発刊されたが，その前日の新聞は第 51,753 号であった．嘘だと思うかもしれないけれど，「ニューヨーク・タイムズ」紙の第 1 号は確かに 1851 年 9 月 18 日に発行されたのだ．

そのほかに，「ニューヨーク・タイムズ」紙の番号システムがまちがいを訂正したほどには，簡単に訂正できなかった印刷ミスがある．たとえば，コミックの「ポパイ」で，ポパイがほうれん草を食べると特別なパワーを得ることはご存じだろう．これはかなりの部分，誤解――もしかするとまちがいが引き起こした帰結である．ほうれん草は 100 g 中に鉄分をおよそ 3.5 mg しか含まず，さらに加熱すると 2 mg まで落ちてしまい，パンや肉や魚の含有量にも及ばないのだ．

ほうれん草の鉄の含有量に関するこの誤解は，1930年代までさかのぼる．そこではミスプリントがあって，小数点が誤って右に1つずれてしまったのだ．それは含有量が10倍も多いことを意味し，新鮮なほうれん草には100 g中に35 mgも鉄分が含まれると発表されてしまうことになった[*1]．ポパイがパワーアップする映像を何度も見ながら，ほうれん草には即効で人にパワーを与える力があると信じて，多くの子どもたちが育ってきたのだが．

✕ 四捨五入すると答えをまちがえる ✕

正しく四捨五入しても，まちがった答えを出すことがある．次の例を考えよう．ある空港に，963人の旅行者がいるとする．これらの旅行者をしかるべき場所に送り届けるためにバスを呼んだとしよう．各バスは59人乗りである．さて，問題は，旅行者を全員運ぶためには，いったい何台のバスを呼べばいいだろうか？　学生はまず，$963 \div 59 \approx 16.32203389$と計算するだろう．そして，バスの台数は整数でなければならず，小数点以下第1桁目の3は5より小さいから四捨五入して，16台と答える．だが，この答えではもちろん問題を解いたことにはならない．計算は正しいのだが，問題が正しく解かれていないのだ．もちろん，正解は17台のバスが必要である（17番目のバスは満席にはならない）．ここで述べたのは，正しい計算をしたにもかかわらず，まちがった答えを出してしまう例である．

✕ 0の悪魔に注意！ ✕

次の数式を見てみよう．$\frac{0}{3}=0$，$\frac{0}{5}=0$である．したがって，同じように$\frac{0}{0}=0$が成り立つとしてしまうかもしれない（分子が0であるから）．一方，$\frac{3}{3}=1$，$\frac{5}{5}=1$なので，こんどは$\frac{0}{0}=1$と結論してしまうかもしれない（分子と分母が等しいから）．このジレンマによって，分数$\frac{0}{0}$は「不定形」とよばれ，値をもたないとされる．

なぜ0はこのように計算を混乱させるような役を担うのだろうか．0は，足し算においては，完全に中立的な役目を担っている．たとえば$a+0=0+a=a$のように．

しかしながら，引き算になると，0によって引き起こされる最初のつまずきが見つかる．aから0を引く（$a-0=a$）のと，0からaを引く（$0-a=-a$）のとでは結果が異なるのだ．

さらに，掛け算になると状況はもっと複雑になる．そして，あとで見るが，0を含む割り算を考えるとさらに深刻になる．掛け算の場合は，0はあらゆるものに掛け算することによってきれいになくなって消えてしまう（言い換えると，0にすべてのものを掛けると0になる）ことを生徒たちはわかっている．

もうひとつ，つまずきやすい点として，0と1の加法と乗法における計算法則が混乱してしまうこともある．どんな数に1を掛けても答えは（元の数と）まったく変わらない．それとよく似ているのだが，どんな数に0を足しても答えは（元の数と）まったく変わらないままである（$a\times 1=1\times a=a$，$a+0=0+a=a$）．

これが，0を含む数での割り算となると，状況はドラマチックに急変する．0が分子に現れるときと分母に現れるときとでは，状況が大きく異なるのだ．0をどんな数で割ったとしても，答えは0である（$0\div a=\frac{0}{a}=0$）．

しかしながら，ある数を0で割ることを考えると，説明ができなくなって行き詰まってしまう．それゆえ，多くの数学の教師が学生たちに，「0で割ってはいけない．それは11番目の戒律である」とよく言うのだ【訳注：キリスト教では神から十戒が与えられたとされる】．0で割るな！　この掟を破ってしまうとどういうことになるかというと，次項の議論で明らかになるように，重大な誤りを犯してしまう．

たとえば$1=2$を簡単に「証明できる」方法がたくさん存在してしまうのだ．多くの人は「えー？」と疑問に思うだろう．どのように$1=2$を「証明」するのか．明らかにその「証明」には誤りがあるはずなのだが．おまけに，もし誤りが非常に見つけにくく隠されていたとすると，その「証明」はよりいっそうやっかいなものとなる．しかし，正しくないことを知っていれば，おそらくどこに誤りが隠されているかを見つけられるだろう．それでは，まずは，あらゆるところで見られる単純なまちがいから始めよう．

×「11 番目の戒律」を破ってしまうまちがい ×

禁じ手である 0 で割ることを用いれば，$1=2$ を簡単に「証明」できる．たとえば，われわれは，$5a=5b$ ならば $a=b$ であることを知っている．ということは，$1\times 0=0$，$2\times 0=0$ なので，$0\times 1=0\times 2$ となる．したがって，両辺を 0 で割ると，上と同じ理由で $1=2$ が結論できてしまう．このようなばかげた矛盾は 0 で割ってしまうことから生じるので，数学では 0 で割ることを禁じている．くり返し言っておこう．0 で割ってはいけない！　これが 11 番目の戒律である．

この法則を破ってしまっている簡単な例が，次の例でよく見てとれるだろう．

$$12-12=18-18$$
$$12-8-4=18-12-6$$
$$2\times(6-4-2)=3\times(6-4-2)$$
$$2=3$$

次に，この重要な法則を破っている，少しコミカルな状況を見てみよう．ダイエット中の人にはうれしいことかもしれないが，体重オーバーの人は，実は誰もいないことがわかるのだ．言い換えると，誰でも現在の体重が，理想体重に等しいことを証明できてしまう．

G を現在の体重，g を理想体重，W を体重の増加分として，この証明を注意深く見ていく．

定義から $G=g+W$

両辺から g を引いて $G - g = W$

両辺に $(G - g)$ をかけて，$(G - g)^2 = W(G - g)$

両辺を展開すると，$G^2 - 2Gg + g^2 = GW - gW$

両辺から g^2 を引くと，$G^2 - 2Gg = GW - g^2 - gW$

両辺から GW を引くと，$G^2 - 2Gg - GW = -g^2 - gW$

両辺に Gg を加えると，$G^2 - Gg - GW = Gg - g^2 - gW$

共通因数でくくって，$G(G - g - W) = g(G - g - W)$

両辺を $(G - g - W)$ で割ると，$G = g$

これは，現在の体重がいつでも理想体重に等しいことを「証明」できたことになる！　われわれはどこでまちがいを犯したのだろう．もちろん，最後のステップで両辺を $G - g - W = 0$ で割っていることである．

分数どうしを加える——誤った方法と正しい方法

2つの分数 $\frac{9}{3}$ と $\frac{-16}{4}$ を足したいとしよう．分子どうしおよび分母どうしを足してよいと仮定して計算すると，$\frac{9}{3} + \frac{-16}{4} = \frac{9-16}{3+4} = -\frac{7}{7} = -1$ となって，驚くべきことに正しい答えになってしまう．もちろんこんな計算方法は絶対だめであることを覚えておこう．

正しい計算方法は $\frac{9}{3} + \frac{-16}{4} = 3 - 4 = -1$ であり，先ほど出した答えとたまたま合っている．しかし，答えが正しいからといってまちがった方法が正当化されるわけでは決してない！

このまちがった方法の別の例を見てみよう．

$$\frac{-5}{-1} + \frac{20}{2} = \frac{-5 + 20}{-1+2} = \frac{15}{1} = 15$$

これもきわめて奇妙な計算なのに，たまたま答えが一致してしまう．もちろんこの計算を正しく行えば，$\frac{-5}{-1} + \frac{20}{2} = 5 + 10 = 15$ となり，おもしろいことに同じ答えになる．しかし，これらの特別な場合に正しい答えを出せたからといって，この誤った方法が一般に通用するとだまされてはいけない．

✕ 分数どうしを掛ける奇妙な方法が正しい答えを導く？ ✕

ここに，分数からなる2項式がある．これらを下のようなきわめておかしな方法で掛けてみよう．

$$\left(\frac{2}{3}-\frac{5}{4}\right)\times\left(\frac{1}{3}+\frac{5}{8}\right)=\frac{2}{3}\times\frac{1}{3}-\frac{5}{4}\times\frac{5}{8}$$

この方法は，各式の中の前の分数どうしを掛け，また，後ろの分数どうしを掛けて，それらを合計するというものだ．この方法を実行すると出てくる答えは次のようになる．

$$\frac{2}{3}\times\frac{1}{3}-\frac{5}{4}\times\frac{5}{8}=\frac{2}{9}-\frac{25}{32}=-\frac{161}{288}=-0.55902\overline{7}$$

これを正しい方法と比較してみよう．正しい方法で答えを導くと次のようになる．

$$\left(\frac{2}{3}-\frac{5}{4}\right)\times\left(\frac{1}{3}+\frac{5}{8}\right)=-\frac{7}{12}\times\frac{23}{24}=-\frac{161}{288}=-0.55902\overline{7}$$

またしてもきわめて幸運なことに，正しい答えが完全に誤った方法から導かれてしまった！　このことがわれわれに教えてくれることは，ある計算方法が1つの例でたまたま「うまく機能した」からといって，その方法が一般的に適用できると考えてはいけないということだ．

✕ 十分な考察をしないで結論を急ぐと… ✕

次の自然数は，すべて素数であることを容易に確かめることができる．

31

331

3,331

33,331

333,331

3,333,331

33,333,331

まず，これらはすべて $\frac{10^n-7}{3}$ $(n=2, 3, 4, \cdots, 8)$ の形をした数であることに注意しよう（ここで，$31=2^5-1$ はメルセンヌ素数であることを思い出すかもしれない）．

これらの例の考察だけから，333…3,331 の形をしたすべての数は素数であると結論してしまうことがよくある．しかしながら実はこれはまちがいであり，この種のまちがいを数学史上，人類はくり返し犯してきた．そしてこれらのまちがいは，さらなる研究と新たな未知の発見へと人類を誘ってきたのだ．下の表 2.1 を見て，n が 8 より大きい場合に何が起こっているかに注目していただきたい．

最後の数に因数 31 が再び現れたことは，この数の列が素数ばかりからなることは決してないことを示している．なぜなら，この数列に現れるす

表 2.1

n	$\frac{10^n-7}{3}$		素因数分解
9	333,333,331	=	17 × 19,607,843
10	3,333,333,331	=	673 × 4,952,947
11	33,333,333,331	=	307 × 108,577,633
12	333,333,333,331	=	19 × 83 × 211,371,803
13	3,333,333,333,331	=	523 × 3,049 × 2,090,353
14	33,333,333,333,331	=	607 × 1,511 × 1,997 × 18,199
15	333,333,333,333,331	=	181 × 1,841,620,626,151
16	3,333,333,333,333,331	=	199 × 16,750,418,760,469
17	33,333,333,333,333,331	=	31 × 1,499 × 717,324,094,199

べての素数は，数列のなかのさらに大きな数を周期的に割ってしまうことになるからである(なぜそうなるかは考えてみてほしい)．上の例で言えば，素数 31 は 333……3,331 の形の数を 15 番目おきごとに割ってしまう．同様に素数 331 は 333……3,331 の形の数を 110 番目おきごとに割ってしまうのである．

ここで別のパターンの数に話を転じよう．

91；9901；999001；99990001；9999900001；999999000001；……

これらの数をよく観察してみると，ある規則性が出現していることに気づく．2 番目の数 9901 から始まって，1 つ飛びに素数が現れてくるのだ．

表 2.2

n	$10^{2n}-10^{n}+1$			素数か合成数か
1	$10^{2}-10^{1}+1$	$=$	91	$=7\times13$
2	$10^{4}-10^{2}+1$	$=$	9,**90**1	素数
3	$10^{6}-10^{3}+1$	$=$	99**9,0**01	$=19\times52{,}579$
4	$10^{8}-10^{4}+1$	$=$	99,9**90**,001	素数
5	$10^{10}-10^{5}+1$	$=$	9,999,**90**0,001	$=7\times13\times211\times241\times2{,}161$
6	$10^{12}-10^{6}+1$	$=$	999,99**9,0**00,001	素数
7	$10^{14}-10^{7}+1$	$=$	99,999,9**90**,000,001	$=7^{2}\times13\times127\times2{,}689\times459{,}691$
8	$10^{16}-10^{8}+1$	$=$	9,999,999,**90**0,000,001	素数
9	$10^{18}-10^{9}+1$	$=$	999,999,99**9,0**00,000,001	$=70{,}541{,}929\times14{,}175{,}966{,}169$

再び大きく失望させるかもしれないが，ここでもこの規則を一般化しようとするのは誤りなのである．10 番目の数も素数であってほしいのだが，実はそうではない．

$$n=10 \text{ に対して}\quad 10^{20}-10^{10}+1=99{,}999{,}999{,}990{,}000{,}000{,}001$$
$$=61\times9{,}901\times4{,}188{,}901\times39{,}526{,}741$$

さらに，$n=12$ についても素数は作り出されていない．

さて，素数たちはどのような形でも規則性をもちたくないようなので，少し素数から離れてみよう．

次の表 2.3 にあるような，1 を同じ桁数だけ並べた数の 2 乗に着目する．紀元 1300 年ごろにアラビア語で書かれた『要約算数演算』という本に，このような計算が示されていた．

表 2.3

1 の数	等しい因数		積
1	1 × 1	=	1
2	11 × 11	=	121
3	111 × 111	=	12,321
4	1,111 × 1,111	=	1,234,321
⋮	⋮		⋮
9	111,111,111 × 111,111,111	=	12,345,678,987,654,321

この表を見ると，前から読んでも後ろから読んでも同じになる規則的な数 (回文数) がどんどん続いていくのではないかと期待してしまうだろう．ところが，下の表 2.4 に見るように，10 個の 1 を並べた数の 2 乗を考えるとき，この規則性は崩れてしまう．ここでも，一般化しようとすると，まちがいを犯してしまうのだ．

表 2.4

1 の数	等しい因数		積
1	1 × 1	=	1
2	11 × 11	=	121
3	111 × 111	=	12,321
4	1,111 × 1,111	=	1,234,321
5	11,111 × 11,111	=	123,454,321
6	111,111 × 111,111	=	12,345,654,321
7	1,111,111 × 1,111,111	=	1,234,567,654,321
8	11,111,111 × 11,111,111	=	123,456,787,654,321
9	111,111,111 × 111,111,111	=	12,345,678,987,654,321
10	1,111,111,111 × 1,111,111,111	=	1,234,567,**900,98**7,654,321

✕ 約分のまちがい ✕

ここでのまちがいは，しばしば「少々レベルが低い」とみなされるものだ．それは，われわれに「何で？」と不思議に思わせる類のものである．

分数 $\frac{16}{64}$ が与えられているとし，これを約分したいのだが，単純に分母と分子の 6 を消して $\frac{16}{64}=\frac{1\cancel{6}}{\cancel{6}4}=\frac{1}{4}$ とすると，たいへん奇妙なことに正しい答えが導けてしまう．この方法を次のような場合にも適用してみよう．

$\frac{26}{65}$ を約分するために，単純に 6 を消すと $\frac{26}{65}=\frac{2\cancel{6}}{\cancel{6}5}=\frac{2}{5}$ となって，正しい答えになる．

$\frac{19}{95}$ を約分するために，単純に 9 を消すと $\frac{19}{95}=\frac{1\cancel{9}}{\cancel{9}5}=\frac{1}{5}$ となって，正しい答えになる．

$\frac{49}{98}$ を約分するために，単純に 9 を消すと $\frac{49}{98}=\frac{4\cancel{9}}{\cancel{9}8}-\frac{4}{8}\left(-\frac{1}{2}\right)$ となって，正しい答えになる．

もちろん，11 の倍数である 2 桁の数の分数の約分でもこの方法で正しい答えが出る $\left(\frac{11}{11}, \frac{22}{22}, \cdots\right)$．しかし，この簡単な(愚かしい)約分の方法は，一般的には許されない．どうしてなのかを考えてみよう．

ときどきは上に示した例のように，このまちがった方法で偶然に正しい答えが導けてしまうこともある．もちろん危険なのは，この方法を一般化してはいけないということだ．実はこのまちがった簡単な約分方法で正しい答えが出る 2 桁どうしの分数の例は，上で挙げたものだけなのである[*2]．

最初の例でなぜこの簡単な約分がうまく働いてしまうのかの算術的な説明は，次の計算から見てとれる．

$$\frac{16}{64}=\frac{1\times10+6}{10\times6+4}=\frac{\cancel{6}\times\frac{16}{6}}{\cancel{6}\times\frac{64}{6}}=\frac{\cancel{6}\times\frac{8}{3}}{\cancel{6}\times\frac{32}{3}}=\frac{8}{32}=\frac{1}{4}$$

$$\text{よって，}\ \frac{16}{64}=\frac{1\times10+\cancel{6}}{10\times\cancel{6}+4}=\frac{1}{4}$$

初歩的な代数の知識が身についている読者ならば，この状況を数式で説明し，2桁の数どうしで作られる分数のうち，この約分の計算が許されて正しく成り立ってしまうのは，上で挙げた4つの分数だけであることも証明できるはずだ．これから，その証明を，分数 $\frac{10x+a}{10a+y}$ を考えていくことで見ていく．

この式に，上の4つの例のように分母分子の a を消して約分するまちがった方法を施して得られる分数は $\frac{x}{y}$ である．

したがって

$$\frac{10x+a}{10a+y}=\frac{x}{y}$$

が成り立つ分数を見つければよいことになる．これを変形して

$$y(10x+a)=x(10a+y)$$
$$10xy+ay=10ax+xy$$
$$9xy+ay=10ax$$

となる．よって

$$y=\frac{10ax}{9x+a}$$

が得られる．この式を詳しく調べてみよう．

x，y，a は分母分子の中にある各桁の数字なので，1桁の整数でなければならない．ここでわれわれがなすべきことは，1から9までの a，x に対して y も整数になるような組を見つけることだ．実際に $y=\frac{10ax}{9x+a}$ を計算してみたのが表2.5である（$x=a$ すなわち $\frac{x}{a}=1$ の場合は省いている）．

y が1桁の自然数になるのは，薄く影をつけた4つの場合だけで，これらが最初に述べた4つの分数を与えている．これで，分母分子が2桁どうしの分数のうち，まちがった約分がうまくいくのは4つだけであることが確かめられたであろう．

今度は3桁の分数どうしからなる分数のうち，上で述べたような奇妙な約分がうまく働く例を見てみよう．

表 2.5

x \ a	1	2	3	4	5	6	7	8	9
1		$\frac{20}{11}$	$\frac{30}{12}$	$\frac{40}{13}$	$\frac{50}{14}$	$\frac{60}{15}=4$	$\frac{70}{16}$	$\frac{80}{17}$	$\frac{90}{18}=5$
2	$\frac{20}{19}$		$\frac{60}{21}$	$\frac{80}{22}$	$\frac{100}{23}$	$\frac{120}{24}=5$	$\frac{140}{25}$	$\frac{160}{26}$	$\frac{180}{27}$
3	$\frac{30}{28}$	$\frac{60}{29}$		$\frac{120}{31}$	$\frac{150}{32}$	$\frac{180}{33}$	$\frac{210}{34}$	$\frac{240}{35}$	$\frac{270}{36}$
4	$\frac{40}{37}$	$\frac{80}{38}$	$\frac{120}{39}$		$\frac{200}{41}$	$\frac{240}{42}$	$\frac{280}{43}$	$\frac{320}{44}$	$\frac{360}{45}=8$
5	$\frac{50}{46}$	$\frac{100}{47}$	$\frac{150}{48}$	$\frac{200}{49}$		$\frac{300}{51}$	$\frac{350}{52}$	$\frac{400}{53}$	$\frac{450}{54}$
6	$\frac{60}{55}$	$\frac{120}{56}$	$\frac{180}{57}$	$\frac{240}{58}$	$\frac{300}{59}$		$\frac{420}{61}$	$\frac{480}{62}$	$\frac{540}{63}$
7	$\frac{70}{64}$	$\frac{140}{65}$	$\frac{210}{66}$	$\frac{280}{67}$	$\frac{350}{68}$	$\frac{420}{69}$		$\frac{560}{71}$	$\frac{630}{72}$
8	$\frac{80}{73}$	$\frac{160}{74}$	$\frac{240}{75}$	$\frac{320}{76}$	$\frac{400}{77}$	$\frac{480}{78}$	$\frac{560}{79}$		$\frac{720}{81}$
9	$\frac{90}{82}$	$\frac{180}{83}$	$\frac{270}{84}$	$\frac{360}{85}$	$\frac{450}{86}$	$\frac{540}{87}$	$\frac{630}{88}$	$\frac{720}{89}$	

$$\frac{199}{995}=\frac{1\not{9}\not{9}}{\not{9}\not{9}5}\left(=\frac{1}{5}\right),\ \frac{266}{665}=\frac{2\not{6}\not{6}}{\not{6}\not{6}5}\left(=\frac{2}{5}\right),\ \frac{124}{217}=\frac{\not{1}\not{2}4}{\not{2}\not{1}7}\left(=\frac{4}{7}\right),$$

$$\frac{103}{206}=\frac{1\not{0}3}{2\not{0}6}=\frac{13}{26}\left(=\frac{1}{2}\right),\frac{495}{990}=\frac{4\not{9}5}{9\not{9}0}=\frac{45}{90}\left(=\frac{1}{2}\right),\frac{165}{660}=\frac{1\not{6}5}{6\not{6}0}=\frac{15}{60}\left(=\frac{1}{4}\right),$$

$$\frac{127}{762}=\frac{1\not{2}\not{7}}{\not{7}6\not{2}}\left(=\frac{1}{6}\right),\ \text{さらには}\ \ \frac{143185}{1701856}=\frac{143\not{1}\not{8}5}{170\not{1}\not{8}56}=\frac{1435}{17056}\left(=\frac{35}{416}\right)$$

このタイプの約分を $\frac{499}{998}$ に対しておこなっていただくと

$$\frac{499}{998}=\frac{4}{8}=\frac{1}{2}$$

と正しい答えが出る．さらに桁数を上げていくと，

$$\frac{19999}{99995}=\frac{1999\not{9}}{\not{9}9995}=\frac{199\not{9}}{\not{9}995}=\frac{19\not{9}}{\not{9}95}=\frac{1\not{9}}{\not{9}5}=\frac{1}{5}$$

$$\text{簡単に書くと}\quad \frac{19999}{99995}=\frac{1\not{9}\not{9}\not{9}\not{9}}{\not{9}\not{9}\not{9}\not{9}5}=\frac{1}{5}$$

$$\frac{26666}{66665}=\frac{2666\not{6}}{\not{6}6665}=\frac{266\not{6}}{\not{6}665}=\frac{26\not{6}}{\not{6}65}=\frac{2\not{6}}{\not{6}5}=\frac{2}{5}$$

$$\text{簡単に書くと}\quad \frac{26666}{66665}=\frac{2\not{6}\not{6}\not{6}\not{6}}{\not{6}\not{6}\not{6}\not{6}5}=\frac{2}{5}$$

となり，ある規則性が見えてきて，次のようになることがわかるであろう．

$$\frac{49}{98}=\frac{499}{998}=\frac{4999}{9998}=\frac{49999}{99998}=\cdots$$

$$\frac{16}{64}=\frac{166}{664}=\frac{1666}{6664}=\frac{16666}{66664}=\frac{166666}{666664}=\cdots$$

$$\frac{19}{95}=\frac{199}{995}=\frac{1999}{9995}=\frac{19999}{99995}=\frac{199999}{999995}=\cdots$$

$$\frac{26}{65}=\frac{266}{665}=\frac{2666}{6665}=\frac{26666}{66665}=\frac{266666}{666665}=\cdots$$

熱心な読者は，この種の分数がこのように拡大できる理由を確かめたくなるかもしれない．奇妙な約分が許される分数をさらにご覧になりたい読者のために，別のタイプの例を挙げてみよう．実に奇妙な約分だが，実際に正しい答えが得られていることを確かめ，このような分数のさらなる例を見つけてみるとよい．

$$\frac{3\not{3}2}{8\not{3}0}=\frac{32}{80}=\frac{2}{5}\qquad\frac{3\not{8}5}{8\not{8}0}=\frac{35}{80}=\frac{7}{16}\qquad\frac{1\not{3}8}{\not{3}45}=\frac{18}{45}=\frac{2}{5}$$

$$\frac{2\not{7}5}{7\not{7}0}=\frac{25}{70}=\frac{5}{14}\qquad\frac{1\not{6}\not{3}}{\not{3}2\not{6}}=\frac{1}{2}$$

ただし，最後の例では1つだけ約分すると $\frac{16\not{3}}{\not{3}26}\neq\frac{1}{2}$, $\frac{1\not{6}3}{32\not{6}}\neq\frac{1}{2}$ となってしまい，正しい答えにはならないので注意しよう．

この話題は，代数の問題に関する動機づけとして，いくつかのたいへん重要な話題を提供することができるが，それとは別に，レクリエーション的な楽しみを与えてもくれる．次に挙げる別のパターンを見てほしい．これらもたいへん奇妙な約分で，明らかにまちがったやり方なのだが，正しい答えを導いている．

$$\frac{4\not{8}\not{4}}{\not{8}\not{4}7}=\frac{4}{7}\qquad\frac{5\not{4}\not{5}}{6\not{5}\not{4}}=\frac{5}{6}\qquad\frac{\not{4}\not{2}4}{7\not{4}\not{2}}=\frac{4}{7}\qquad\frac{24\not{9}}{\not{9}96}=\frac{24}{96}=\frac{1}{4}$$

$$\frac{48484}{84847}=\frac{4}{7} \qquad \frac{54545}{65454}=\frac{5}{6} \qquad \frac{42424}{74242}=\frac{4}{7}$$

$$\frac{3243}{4324}=\frac{3}{4} \qquad \frac{6486}{8648}=\frac{6}{8}=\frac{3}{4}$$

$$\frac{14714}{71468}=\frac{14}{68}=\frac{7}{34} \qquad \frac{878048}{987804}=\frac{8}{9}$$

$$\frac{1428571}{4285713}=\frac{1}{3} \qquad \frac{2857142}{8571426}=\frac{2}{6}=\frac{1}{3} \qquad \frac{3461538}{4615384}=\frac{3}{4}$$

$$\frac{767123287}{876712328}=\frac{7}{8} \qquad \frac{3243243243}{4324324324}=\frac{3}{4}$$

$$\frac{1025641}{4102564}=\frac{1}{4} \qquad \frac{3243243}{4324324}=\frac{3}{4} \qquad \frac{4571428}{5714285}=\frac{4}{5}$$

$$\frac{4848484}{8484847}=\frac{4}{7} \qquad \frac{5952380}{9523808}=\frac{5}{8} \qquad \frac{4285714}{6428571}=\frac{4}{6}=\frac{2}{3}$$

$$\frac{5454545}{6545454}=\frac{5}{6} \qquad \frac{6923076}{9230768}=\frac{6}{8}=\frac{3}{4} \qquad \frac{4242424}{7424242}=\frac{4}{7}$$

$$\frac{5384615}{7538461}=\frac{5}{7} \qquad \frac{2051282}{8205128}=\frac{2}{8}=\frac{1}{4} \qquad \frac{3116883}{8311688}=\frac{3}{8}$$

$$\frac{6486486}{8648648}=\frac{6}{8}=\frac{3}{4} \qquad \frac{484848484}{848484847}=\frac{4}{7}$$

この種の「誤った計算」に隠された仕掛けを，数学的に見つけようと試みた人たちがいる．A・P・Darmoryad は，この奇妙な約分の方法を拡張して次のような例[*3]を構成した．ただし，よく注意して見てみるとこれは誤っている！（近似値にはなっている．）

$$\frac{4251935345}{91819355185}=\frac{4251935345}{91819355185}=\frac{425345}{9185185}$$

しかしながら，きわめて奇妙なことだが，最初の分数の分子・分母をまず 5 で割ってから，奇妙な約分をおこなうと，次のようになる．

$$\frac{4251935345}{91819355185}=\frac{850[387]069}{1836[387]1037}\approx\frac{850069}{18361037}\approx\frac{425345}{9185185}$$

不思議ではないか．分数の分母・分子から同じ数字を単に取り去ることは，もちろんまちがいなのだが，このようにある種の生産的な結果を導くこともあるのだ．

奇妙な約分が正しい結果を生む，さらなるいくつかの例を示そう．

$$\frac{19+2\times1}{1+9+1\times2}=\frac{\cancel{19}+2\times1}{\cancel{1+9}+1\times2}=\frac{21}{12},\quad \frac{28+3\times1}{2+8+1\times3}=\frac{\cancel{28}+3\times1}{\cancel{2+8}+1\times3}=\frac{31}{13}$$

$$\frac{37+4\times1}{3+7+1\times4}=\frac{\cancel{37}+4\times1}{\cancel{3+7}+1\times4}=\frac{41}{14},\quad \frac{46+5\times1}{4+6+1\times5}=\frac{\cancel{46}+5\times1}{\cancel{4+6}+1\times5}=\frac{51}{15}$$

$$\frac{55+6\times1}{5+5+1\times6}=\frac{\cancel{55}+6\times1}{\cancel{5+5}+1\times6}=\frac{61}{16},\quad \frac{64+7\times1}{6+4+1\times7}=\frac{\cancel{64}+7\times1}{\cancel{6+4}+1\times7}=\frac{71}{17}$$

$$\frac{73+8\times1}{7+3+1\times8}=\frac{\cancel{73}+8\times1}{\cancel{7+3}+1\times8}=\frac{81}{18},\quad \frac{82+9\times1}{8+2+1\times9}=\frac{\cancel{82}+9\times1}{\cancel{8+2}+1\times9}=\frac{91}{19}$$

最後に，次の約分の等式を考えてみよう．

$$\frac{(1+x)^2}{1-x^2}=\frac{1+x}{1-x}$$

これは「ほとんど」の場合に正しい．ここでなぜ「ほとんど」と言っているのか，読者はもうおわかりだと思う．計算をていねいに書いてみると次のようになる．

$$\frac{(1+x)^2}{1-x^2}=\frac{(1+x)(1+x)}{(1+x)(1-x)}=\frac{1+x}{1-x}$$

左辺の $\frac{(1+x)^2}{1-x^2}$ は $x=\pm1$ に対して定義されていないし，右辺 $\frac{1+x}{1-x}$ も $x=1$ に対しては定義されていない．なぜなら 0 で割ることになってしまうからだ．つまり，上の式は $x\neq\pm1$ のときにのみ正しい等式なのである．

✗ %（パーセント）のまちがい ✗

お店で買い物をするときよく見かける算数の誤りとして，次のようなものがある．10％値上げして販売していた商品を，セールの期間に10％値下げして販売すれば，元の値段に戻るという考え方である．これはまちがっている．おそらく，この誤りをきちんと説明するための最もよい方法は次のようなものだ．

たとえば100円の商品を考え，それを10％値上げした場合，新しい値段は110円になる．しかし，その後この商品を10％値下げすると，11円値下げすることだから，結局商品の値段は99円になるのだ．これは，見過ごされることの多い計算の誤りである．

似たような誤りだが，すでに10％値下げされている商品を，さらに20％値下げした場合である．トータルで30％値下げされたと信じている人もいるが，それは誤りで，正しくは28％値下げされる．たとえば，100円の商品を10％値下げすると90円になる．それをさらに20％値下げすると，72円になる．100円を30％値下げした70円にはならない．これらはよくある誤りなので，実際にお店で買い物をするときは注意しよう．

なお，先に20％値下げされた商品をさらに10％値下げした場合も同じく28％の値下げになり，先ほどと何も違いはないことがわかる．

この問題の状況がよりはっきりすると思うので，トータルの値下げ率(や値上げ率)を計算するための方法をマニュアル化しておこう．

① 与えられた％を少数に直す：0.20 と 0.10
② その小数を 1.00 から引く：0.80 と 090(値上げの場合は 1.00 に足す)
③ ②の答えを掛け合わせる：0.80×090 ＝ 0.72
④ ③の数を 1.00 から引き去る：1.00 − 0.72 ＝ 0.28 ＝トータルの値下げ率
※もしも③の答えが 1 を超えた場合は，その答えから 1.00 を引いた数値が値上げ率)

この方法は，3つ以上の値下げや値上げの組み合わせに対しても，すべて適応できる．

もうひとつ，%に関してよくある誤りが，最近報告された建設プロジェクトの例で見られる．駐車場で，樹木の植え込みをするために，それぞれの駐車スペースから少しずつ土地を提供することになった．駐車スペースは長さで4%，幅で5%減らされる．このとき駐車スペースはどのくらい狭くなるだろうか．$4 \times 5 = 20$%狭くなるって？　それはまちがっている．もともとの駐車スペースの長さを a, 幅を b とすれば，もともとの駐車スペースの面積は，$A_{\text{original}} = a_{\text{original}} \times b_{\text{original}}$ であり，狭くなった現在の駐車スペースの面積は次のようになる．

$$A_{\text{new}} = a_{\text{new}} \times b_{\text{new}} = \left(a_{\text{original}} - \frac{4}{100} \times a_{\text{original}}\right) \times \left(b_{\text{original}} - \frac{5}{100} \times b_{\text{original}}\right)$$
$$= \frac{96}{100} \times a_{\text{original}} \times \frac{95}{100} \times b_{\text{original}} = \frac{114}{125} \times a_{\text{original}} \times b_{\text{original}} = 0.912 \times a_{\text{original}} \times b_{\text{original}}$$
$$\approx 0.91 A_{\text{original}}$$

これが教えてくれることは，先の解答は非常に大きな誤りをしていることだ．駐車場は約9%狭くなっただけであって，20%なんかではない！

この節で述べた類の誤りは，もっとドラマチックな状況でも起こりえる．ある家の持ち主が，家にあるスイミングプールを2倍にしたいと考えている．そこで，単にプールの縦，横，深さのすべてを2倍にすればよいと考えたのだ．これは大きな誤りである．プールの縦，横，深さをそれぞれ a, b, c として，体積 $V = abc$ の公式から拡張された新しいプールの体積を計算すると

$$V_{\text{new}} = a_{\text{new}} \times b_{\text{new}} \times c_{\text{new}} = 2a_{\text{original}} \times 2b_{\text{original}} \times 2c_{\text{original}}$$
$$= 8 \times a_{\text{original}} \times b_{\text{original}} \times c_{\text{original}} = 8V_{\text{original}}$$

2倍どころか，何と8倍にもなってしまう．このミスはきわめて重大なものと言ってよいだろう．

✕ 分数を見落としたのに正しい答えが出る？ ✕

「ややこしい」分数は無視してよいなどということが許されるだろうか？あなたは，次の掛け算を承認できるか？

$$\left(a+\frac{b}{c}\right)\times\left(x-\frac{y}{z}\right)=a\times x$$

これは，今言ったように，分数 $\frac{b}{c}$，$\frac{y}{z}$ を無視しても正しい答えになるということになってしまう．次の計算を見てほしいのだが，ここでもやはり分数を無視している！

$$\left(7+\frac{3}{7}\right)\times\left(4-\frac{3}{13}\right)=7\times4=28$$

なぜこんなことが可能なのだろう．計算をよく見てみよう．まず，この 2 項式を正しく展開してみると

$$\begin{aligned}\left(7+\frac{3}{7}\right)\times\left(4-\frac{3}{13}\right)&=7\times4-7\times\frac{3}{13}+\frac{3}{7}\times4-\frac{3}{7}\times\frac{3}{13}\\&=28-\frac{21}{13}+\frac{12}{7}-\frac{9}{91}=28\end{aligned}$$

または，先に(　)の中にある帯分数を通分して仮分数に直してから掛け合わせても，正しい答えを得ることができる．

$$\left(\frac{52}{7}\right)\times\left(\frac{49}{13}\right)=28$$

どちらの正しい計算をしても，先の分数を無視して計算した答えと一致する．

同じような結果は次の例にも見られる．

$$\left(7+\frac{1}{2}\right)\times\left(5-\frac{1}{3}\right)=7\times5=35$$

これも先ほどと同じように，簡単に答えが正しいことを確かめられる．まだこの計算の正当性を疑っている読者のために，「ややこしい」分数を無視するまちがった計算をしても正しい答えに行き着く，もっと別の例を示そう．

$$\left(31+\frac{1}{2}\right)\times\left(21-\frac{1}{3}\right)=31\times21=651$$

さらに，次のような例もある．

$$\left(6+\frac{1}{4}\right)\times\left(5-\frac{1}{5}\right)=6\times5=30$$

そう，上の計算も(奇妙なことだが)正しい答えを導いてしまう．いったいぜんたい何が起こっているのか．これからはこんな簡単な計算をしてよい，と喜んでいいのだろうか．しかし，みなさんを失望させるとは思うが，これはもちろんすべての場合には正しいわけではない！　次の例を見てほしい．

$$\left(7+\frac{1}{5}\right)\times\left(4-\frac{2}{3}\right)=24$$

この場合に上の奇妙な「法則」を用いると $7\times4=28$ となって，正しい答えにはならない．

では，いったい，どのようなときに次の等式が成り立つのかを知りたいであろう．

$$\left(a+\frac{b}{c}\right)\times\left(x-\frac{y}{z}\right)=a\times x$$

次の積を考えると，何が起こっているのか，状況を詳しく見ることができる．

$$\left(7+\frac{1}{2}\right)\times\left(5-\frac{1}{3}\right)=7\times5=35$$

それぞれの分数を別々に計算すると

$$7+\frac{1}{2}=15\div2 \qquad 5-\frac{1}{3}=14\div3$$

となる．2 は 14 の約数であり，3 は 15 の約数であることに注目しよう．

この節で述べたとても重要な誤りは，3 つの数の組にも拡張できる．次の例を見てほしい．

$$\left(2\times\frac{2}{13}\right)\times\left(6+\frac{1}{4}\right)\times\left(5+\frac{1}{5}\right)=2\times6\times5=60$$
$$\left(2\times\frac{2}{13}\right)\times\left(4+\frac{1}{6}\right)\times\left(5+\frac{1}{5}\right)=2\times4\times5=40$$

志のある読者は，このような特別な掛け算が許される場合をもっと見つけてほしい．

× 奇妙な指数法則を用いて計算を誤ってしまう ×

$2^5\times9^2=32\times81=2592$ という等式を考えよう．2 つの底（2, 9）と 2 つの指数 (5, 2) を順番に並べると答えに等しくなっていることに注目しよう．この例から公式 $a^b\times c^d=abcd$ があると結論していいものだろうか．いや上の例は偶然のことで，これ 1 つだけの例から一般的な法則を作ってしまうのはやはり誤りだろうか．失望させるかもしれないが，実はこの法則が成り立つたった 1 つの例が最初に挙げたものなのである．この誤った法則は，アンダーウッド・デュドネイによって最初に発見された．反例を挙げるのは，たとえば $2^2 \times 2^2 = 16 \neq 2222$ など，きわめて簡単である．

最初に述べた例が誤った法則を満たすたった1つの解であることは，チャールズ・W・トリック[*4]が1934年に証明した．すなわち $a^b \times c^d = abcd$ が成り立つのは $a = d = 2$，$b = 5$，$c = 9$ の場合のみであると．

今度は引き算を考えてみる．$8^2 - 2^2 = 60 = 82 - 22$ あるいは $9^2 - 1^2 = 80 = 92 - 12$ も（偶然に）成り立っているが，この法則を一般化してその他の場合にも適用しないように注意しよう！

読者がこれ以上誤った指数法則（一見すると魅力的な新発見であるかのようだが）を一般化してしまわないようにするために，以下の「法則」について考えよう．

「いくつかの数字の和の2乗が，その数字を単に並べてできる整数（つまり和の記号と2乗の記号を落としてできる整数）に等しい？」．この例として $(8 + 1)^2 = 81$ が挙げられる．$(5 + 1 + 2)^3 = 8^3 = 512$ のように，この2乗を3乗にしても成り立つ例も見つかる．表2.6にこのような等式が成り立つ例のリストを示す．

不運なことだが，この種の「かっこいい」法則を一般化しようとすると，今度もとんでもない誤りに行き着いてしまうのは，$(8 + 2)^2 = 10^2 = 100 \neq 82$ という例を見ても明らかである．

表2.6

(各桁の数の和)^n		指数		数
4^1	=	4^1	=	4
$(8+1)^2$	=	9^2	=	81
$(5+1+2)^3$	=	8^3	=	512
$(1+9+6+8+3)^3$	=	27^3	=	19,683
$(2+4+0+1)^4$	=	7^4	=	2,401
$(1+6+7+9+6+1+6)^4$	=	36^4	=	1,679,616
$(5+2+5+2+1+8+7+5)^5$	=	35^5	=	52,521,875
$(2+0+5+9+6+2+9+7+6)^5$	=	46^5	=	205,962,976
$(3+4+0+1+2+2+2+4)^6$	=	18^6	=	34,012,224
$(2+4+7+9+4+9+1+1+2+9+6)^6$	=	54^6	=	24,794,911,296
$(6+1+2+2+2+0+0+3+2)^7$	=	18^7	=	612,220,032

似たような「かっこいい」法則が成り立つ別の一連の例を見てみよう．誤って一般化してはいけないが，鑑賞するだけならおもしろいだろう．たとえば，いくつかの数のべき乗の和が，その数字を順番どおり単に並べてできる整数に等しくなる．

$$1^3 + 5^3 + 3^3 = 153 \ (= 1 + 125 + 27)$$

べき乗をいろいろなものに変えてみると，次のような例もある．

表 2.7

べき乗の和		数
$1^3 + 5^3 + 3^3$	=	153
$1^1 + 7^2 + 5^3$	=	175
$1^1 + 3^2 + 0^3 + 6^4$	=	1,306
$8^4 + 2^4 + 0^4 + 8^4$	=	8,208
$4^5 + 1^5 + 5^5 + 1^5$	=	4,151
$3^3 + 4^4 + 3^3 + 5^5$	=	3,435
$2^1 + 6^2 + 4^3 + 6^4 + 7^5 + 9^6 + 8^7$	=	2,646,798

すべての場合において，このまちがった法則が一般的に成り立つと考えると

$$1^1 + 2^2 + 3^3 = 1 + 4 + 27 = 32 \neq 123$$

というように，困ったまちがいになるから，心に留めておいてほしい．何かおもしろい公式を発見したと思っても，必ずしも一般化されるものではないから，常に注意しなければならない．覚えておいてほしいが，例外というのは決して一般化できるものではない．そうでないととんでもなく大きなまちがいが結論されてしまう．

同じように，普通はあり得ないような結果を与える数と指数の感心するような曲芸が，次の例から見られる．

$$1 + 5 + 8 + 12 = 26 = 2 + 3 + 10 + 11$$

なんと，この式の各項をすべて2乗してから足しても等式が成り立つ．

$$1^2 + 5^2 + 8^2 + 12^2 = 234 = 2^2 + 3^2 + 10^2 + 11^2$$

さらに驚くべきことに，すべてを 3 乗してから足しても等式になるのだ．

$$1^3 + 5^3 + 8^3 + 12^3 = 2{,}366 = 2^3 + 3^3 + 10^3 + 11^3$$

一般化しないように注意が必要だが，別の奇跡的な例を，楽しみのためだけに与えておこう．

$$1 + 6 + 7 + 8 + 14 + 15 = 51 = 2 + 3 + 9 + 10 + 11 + 16$$
$$1^2 + 6^2 + 7^2 + 8^2 + 14^2 + 15^2 = 571 = 2^2 + 3^2 + 9^2 + 10^2 + 11^2 + 16^2$$
$$1^3 + 6^3 + 7^3 + 8^3 + 14^3 + 15^3 = 7{,}191 = 2^3 + 3^3 + 9^3 + 10^3 + 11^3 + 16^3$$
$$1^4 + 6^4 + 7^4 + 8^4 + 14^4 + 15^4 = 96{,}835 = 2^4 + 3^4 + 9^4 + 10^4 + 11^4 + 16^4$$

✕ 小数展開された分数を掛けるときの落とし穴 ✕

まず，記号 $0.\overline{6} = 0.666\cdots$ は，無限循環小数を表すことを思い出そう．ではこのような数の積を計算するときに $0.\overline{6} \times 0.\overline{3} = 0.\overline{18}$ としてよいだろうか？　この計算方法がまちがっていることを見るために，循環小数を一度分数に直すと以下のようになる．

$$0.\overline{6} = \frac{2}{3} \qquad 0.\overline{3} = \frac{1}{3}$$

こうしておいてから上の積を計算すると

$$0.\overline{6} \times 0.\overline{3} = \frac{2}{3} \times \frac{1}{3} = \frac{2}{9} = 0.222\cdots = 0.\overline{2}$$

となって $0.\overline{18}$ にはならない．では，なぜこの結果 $0.\overline{2}$ が正しく，先の無限循環小数を単に掛け合わせた $0.\overline{18}$ はまちがっているのだろうか．これに答えるために $0.\overline{18}$ を分数に直してみよう．

$x = 0.\overline{18}$ から始める．両辺を 100 倍すると $100x = 18.\overline{18}$ となるから，2 つの式の両辺を引いて $100x - x = 18.\overline{18} - 0.\overline{18} = 18$ となる．よって

$99x = 18$ となるので $x = \dfrac{18}{99} = \dfrac{2}{11} = 0.\overline{18}$ が得られ，無限循環小数 $0.\overline{18}$ は，$0.\overline{2} = \dfrac{2}{9}$ と等しくならない．

このまちがいはぜひとも避けなければならない．

まちがった等式をよく眺めてみよう

$\sqrt{2}$ が無理数であることはよく知られた事実である．ではなぜそうなのかと問われると，その小数展開に循環する規則がない（循環小数にならない）からという解答がよくある．それは正しい解答だとひとまずは言ってよいだろう．しかしながら，この解答は，無理数に思える数を誤って特徴づけてしまうこともあり得る．

普通の安価な電卓で $\sqrt{2}$ を計算すると，$\sqrt{2} = 1.4142136$ と計算される．しかしこれだけで小数展開が循環するパターンをもつかもたないかを断定する十分な情報と言えるか．もちろん十分でない．実際にコンピュータの助けを借りて計算すれば，小数点以下 100 桁までの値として $\sqrt{2} = 1.414$ 2135623730950488016887242096980785696718753769480731766797379907324784621070388503875343276415 72 を得るが，ここにはいかなるくり返しのパターンも見つからない．ではこれで $\sqrt{2}$ が無理数であると決定づける十分な証拠と言えるだろうか？　この質問に答える前に次の例を見てみよう．

$\dfrac{1}{7}$ の小数展開を求めると，$\dfrac{1}{7} = 0.142857\ \mathbf{\underline{142857}}\ 142857\ \mathbf{\underline{142857}}\cdots\cdots = 0.\overline{142857}$ となる．定義からこの分数は有理数であり，また小数展開にもくり返しのパターンが見てとれる．しかし，ここがよく誤りを生むポイントなのだ．もっと分母が大きな分数 $\dfrac{1}{109}$ の小数展開を考えてみよう．

$$\frac{1}{109} = 0.0091743119266055045871559633027522935779816513761467889\\908256880733944954128440366972477064220183486 23$$

ある数が有理数か無理数かを判定するために小数展開が循環するかしないかで判定する方法では，われわれは簡単に誤りを犯してしまう恐れがある．と言うのは，ここまではくり返しのパターンがまったく見つからないからだ．しかしながら，小数展開を小数点以下 110 桁まで進めると次の式を得て，ここに初めて 91 というくり返しのパターンが現れる．

$\frac{1}{109}$ = 0.00**91**7431192660550458715596330275229357798165137614678 8
990825688073394495412844036697247706422018348623853211 00
91

コンピュータの助けを借りて，さらに小数展開を小数点以下 220 桁まで求めると

$\frac{1}{109}$ = 0.009174311926605504587155963302752293577981651376146788
99082568807339449541284403669724770642201834862385321100
91743119266055045871559633027522935779816513761467889908
25688073394495412844036697247706422018348623853211009174

となり，実際にくり返していることがわかる．くり返しが出現するまでに 108 桁を要していることは注目してよいだろう（賢明な読者のなかには，$\frac{1}{a}$ の少数展開のくり返し周期は最大でも $a-1$ 桁までにしかならないことを御存じな方もいるだろう．だからこの場合は $109-1=108$ 桁以下となる）．

このことはわれわれに何を教えてくれるだろうか．本質的に，無理数であることを決定する判断基準として，小数展開を用いることはできない，ということだ．なぜなら，今問題となっている数を小数に展開するわれわれの能力には限界があるからだ（いったいどこまで計算すれば十分だというのか）．実は，特別な場合には数の無理数性を決定する簡単な代数的方法も存在するのだが，ここでは触れないでおく．

✕ 単位のまちがい ✕

1999 年 9 月 23 日，火星の気候を調べる人工衛星との通信が途絶えてし

まった．原因はというと，地上に設置されたコンピュータソフトウエアが，特別に作られた単位であるニュートン・セカンドではなく，イギリスの単位ポンド・セカンドを用いて信号を発してしまい，人口衛星は軌道を失ったのだ．衛星は，不適切に低い高度になり，火星の高気圧部分に誤って突入し，崩壊してしまった．単位の誤りは，数学においてもたいへん奇妙なまちがいを生じさせることがある．

こうした単位に関する誤りを調べようと思うなら，異なった単位を用いる似たような問題を考えると役に立つだろう．ここでは問題を可能な限り類似のものにするため，1 つの単位が 100 個の小さな単位に分かれる，誰にもなじみ深い計測単位を用いよう．長さの単位がまさにその要求を満たす．

1 m が 100 cm に等しいことは誰でも知っているが，これを数学的に書くと 1 m ＝ 100 cm となる．この等式を変形すると $1\,\mathrm{m} = 100\,\mathrm{cm} = (10\,\mathrm{cm})^2 = \cdots\cdots$

ちょっと待って．それはまったく違う！　実際は $(10\,\mathrm{cm})^2$ は 100 $[\mathrm{cm}^2]$ であって 100 cm ではないのだ．われわれは何かを計算して考えているとき，どのタイプの単位（普通の単位か，2 乗の単位か，3 乗の単位かなど）で考えているかを，常に心に留めておかなければならない．

この種のまちがいは，次のようなあり得ない結論も導いてしまう．

$$1¢ = 0.01\$ = (0.10\$)^2 = (10¢)^2 = 100¢ = 1\$$$

1 ¢ が 1 $ に等しいだって !?　これを逆に右から左にたどると 1 $ ＝ 1 ¢ だ．お金はどこに消えてしまったのか．本当に 1$ ＝ 1 ¢ を証明してしまったのだろうか．それともどこかに誤りがあるのか？

同様に $\frac{1}{4}$¢ を考えると $\frac{1}{4}$$ になってしまう？

$$25¢ = 0.25\$ = (0.5\$)^2 = (50¢)^2 = 2{,}500¢ = 25\$$$

同様に 1$ ＝ 100 $ を証明することだってできてしまう．

$$1\$ = (1\$)^2 = (100¢)^2 = 10{,}000¢ = 100\$$$

平方根についても同様だ.

$$5¢ = \sqrt{25¢} = \sqrt{\frac{1}{4}\$} = \sqrt{\frac{1}{2}\$ \times \frac{1}{2}\$} = \sqrt{50¢ \times 50¢} = \sqrt{2500¢} = 50¢$$

$1\$ = 10¢$ を次のように示すこともできる. $1\$ = 100¢$ の両辺を 100 で割ってみると, $\frac{1\$}{100} = 1¢$. 両辺の平方根をとると $\sqrt{\frac{1\$}{100}} = \sqrt{1¢}$, または $\frac{1\$}{10} = 1¢$, つまり $1\$ = 10¢$ になる!

さあ, まちがいはどこにあるのだろうか. 実は, 平方根をとるとき, \$ の単位を除外して計算することは許されないのだ. つまり, ドルの単位も平方根にしなければならないのである. しかし $\sqrt{\$}$ とか $\sqrt{¢}$ などは, われわれが普通に扱えるような単位ではない. どちらも物の量を測る単位としてはナンセンスで意味がないものになってしまっている.

よく見直してみれば, 問題は, 単位のまちがった扱い方から生じていることがはっきりしてくる. $\sqrt{\$}$ とか $\sqrt{¢}$ なんてものはないし, \$ の 2 乗とか ¢ の 2 乗なんて単位もない. 正しく計算すれば, 以下のような当然の結果しか出ないのだ.

$$1\$ = 100¢ = (10)^2¢ = (10)^2¢ \times \frac{1\$}{100¢} = \frac{(10)^2\$}{100} = 1\$$$

今までに述べてきた誤った計算とこの計算との主な違いは第 4 番目のステップにある. そこで分母と分子における共通の単位 ¢ を約分させるために, その前の式で $\frac{1\$}{100¢} = 1$ を挿入していることがわかるだろう.

一方, 物理におけるこの種の話題では, われわれはよく大きさを計る単位に出くわす. たとえばメートル meter を, 秒を表す second の 2 乗で割った単位を考えると〔m/s^2 のこと. $(m/s)^2$ と混同してはいけない〕, これは加速度を表す国際的に統一された単位になっている.

ここで, 加速度と距離を掛けると何を表すか, という架空の問題を考えてみよう．実際に加速度と進んだ距離の単位の積は，次のように計算される．

$$\frac{\mathrm{m}}{\mathrm{s}^2} \times \mathrm{m} = \frac{\mathrm{m}^2}{\mathrm{s}^2} = \left(\frac{\mathrm{m}}{\mathrm{s}}\right)^2$$

平方根をとることにより m/s を得るが，これは速度を表す国際的に統一された単位だ．

この (速度の単位) ＝ $\sqrt{(\text{加速度の単位})\times(\text{距離の単位})}$ は正当な物理学の公式になる(ただし，「物体の速度の 2 乗は加速度と進んできた距離の積に等しい」なんて勝手な公式を作ってはダメ！　これはあくまで単位のお話だ)．単位に注意を払うことはミスを避けることに役立つだけではなく，現実世界の原理原則を思い出すためのテクニックとしても有効になり得るのだ．

× 本屋のパラドックスのまちがいを見つけられるか？ ×

本屋に入った客が，本を 1000 円で買った．次の日，その客はまた店にやってきて，昨日買った 1000 円の本を返品した．そして彼は 2000 円の本を見つくろいそれをそのままもって店を立ち去ってしまった．彼の論理はこうだ．自分は昨日 1000 円を払って今日 1000 円の本を店に渡したのだから，1000 円 ＋ 1000 円＝ 2000 円の本をもらうのは，これは等価な取引である！

これは正しいだろうか？　正しくないなら，まちがいがどこにあるかわかるだろうか？

明らかに決定的なまちがいがあるのだが，彼の論理のまちがいを発見することは読者に委ねよう (ヒント：「1000 円の本」を「2 枚の 500 円硬貨」に置き換えて考えてみよう．まちがいがはっきりするはずだ)．

× お金が消えてしまうパラドックス ×

3人の男性が，ホテルの1室に1晩泊まることになっている．彼らはその部屋の1晩の宿泊料金60＄を支払った．彼らがその部屋をチェックアウトしようとしたとき，会計係は実はその部屋は1晩につき55＄であったことに気づいた．そこで超過分の5＄を返すために，ベルボーイを彼らの部屋へ出向かわせた．ところが，ベルボーイは，客に1＄ずつ返して，残った2＄は自分でもらってしまおうと勝手に決めてしまった．こうすることで，3人の客は各人が19ドルずつ支払ったことになる．3人の支払い金の合計は3×19＄＝57＄になる．ところが，これにベルボーイが着服した2ドルを足すと合計は59＄にしかならない．1＄はどこに消えてしまったのか？　何か誤りがあるのだろうか？

実は57＄にベルボーイの着服した2＄を加えるのはまったくばかげていて意味がない．正しい計算はこうだ．3人は合計で57＄を支払ったのだが，そのうちの55ドルがホテルのレジへ，残りの2ドルがベルボーイのもとへ渡ったのだ．

または，(まちがいを犯さないように)こう説明することもできるだろう．(3人がホテルに実際に支払った) 55＄＋(3人への返却分) 3＄＋(着服分) 2＄＝60＄と．

このような計算のまちがいは決して特別なものではなく，誰しもがついうっかりやってしまうものだ．

× 比(分数)の平均を求めるときのまちがい ×

往復旅行するときの平均の速さを求めるときによく生じる誤りを見てみよう．たとえば，目的地へ着くときの行きの平均時速が60 kmで，帰りの平均時速が30 kmであったとしよう．典型的な誤りとして，行きと帰りの平均時速は (60＋30)÷2＝45 kmとするものがある．この算数平均(普通の平均) をとる考え方は，2つの等しい価値をもつ量の平均を出すときは正しい導出方法になるのだが，2 つの価値が等しくない量（この場合は 2 つの異なった時間量についての比）の平均を出すときには正しい方法にはならない．

ポイントは，帰りにかかった時間が，行きにかかった時間の 2 倍あり，等しくない点にある．結果として，帰りの時速 30 km は行きの 60 km の 2 倍の重みをつけて数えなければならないのだ．したがって，旅行の行き帰り全行程の正しい平均の速さは，(60 + 30 + 30) ÷ 3 = 40 km と計算される．

平均の速さを求めるためには，「調和平均」を用いなければならないのだ．調和平均は「2 つの数の逆数の平均の逆数」として定義され，2 つの値 a, b に対して次の式で与えられる．

$$\frac{1}{\frac{\frac{1}{a}+\frac{1}{b}}{2}} = \frac{2}{\frac{1}{a}+\frac{1}{b}} = \frac{2ab}{a+b}$$

上の例では，この調和平均の公式を用いて，行きと帰りの平均の速さは

$$\frac{2 \times 60 \times 30}{60+30} = 40$$

と計算される．

調和平均の公式は，上の例のように簡単な数字でない場合は特に役立つ公式となる．たとえば，地上を旅行したときの行きの速さが毎時 58 マイル，帰りの速さが毎時 32 マイルの場合，2 つの平均の速さは次のように計算される．

$$\frac{2 \times 58 \times 32}{58+32} = 41.2\overline{4}$$

調和平均の公式を用いることで，2 つより多い速さの平均を求めることも可能になる．3 つの量 a, b, c の調和平均は「3 つの数の逆数の平均の逆数」という定義から，次のようになる．

$$\frac{1}{\dfrac{\dfrac{1}{a}+\dfrac{1}{b}+\dfrac{1}{c}}{3}}=\frac{3}{\dfrac{1}{a}+\dfrac{1}{b}+\dfrac{1}{c}}=\frac{3abc}{bc+ac+ab}$$

4つの量については次の式になる．

$$\frac{1}{\dfrac{\dfrac{1}{a}+\dfrac{1}{b}+\dfrac{1}{c}+\dfrac{1}{d}}{4}}=\frac{4}{\dfrac{1}{a}+\dfrac{1}{b}+\dfrac{1}{c}+\dfrac{1}{d}}=\frac{4abcd}{bcd+acd+abd+abc}$$

もちろんこれらは5つ以上の(等しい距離を旅行するときの)速さの平均を求める際にも拡張される．この関係式を用いることで，数学の計算における最もよくある共通の誤りのひとつを避けることができるのだ．

ちなみに平均の速度を求めるためには，旅行の総移動距離を求めてそれを旅行にかかった総移動時間で割って求めるという王道の方法もあることには注意しておこう．

*　　　　　　*

算数におけるまちがいというものは，単にやっかいで迷惑なだけではなく，ときとして，本来はすばらしい数学の力を台なしにしてしまうこともあるのだ．だから，この章で注目してきたいろいろなまちがいを心に留めておくことは，重要なのである．

第 3 章

代数におけるまちがい

古いことわざに「まちがいから学ぶ」というものがあるが，代数学においては，それは特に正しい．誰でも多かれ少なかれ，計算のまちがい，注意不足による見逃がし，または基本的な代数法則の誤解などをしてしまう．そのうち，特に代数に対する理解不足から起こるまちがいがおそらく最も重要である．代数に法則が存在するのには，きちんとした理由がある．その代数法則を破ってしまうと，ほとんどの場合おかしな結論に到達してしまうのだ．この章で紹介する法則破りは，単なる楽しみのためだけに示したものだとしても，たいへん教訓的なものにもなる．この章ではできればすべての種類のまちがいを提出したいと思う．たいていのミスは，数学をもっとよく理解させてくれるはずだ．特に法則破りからは学ぶことが多い．ただし，正しい解答 $\lim_{x\to 0}\frac{8}{x} = \infty$ を見た学生が，では $\lim_{x\to 0}\frac{5}{x}$ の値はと尋ねられて，$\lim_{x\to 0}\frac{5}{x} =$ ∽ と答えるようなばかばかしい誤りは話題に入れるつもりはないのであしからず．

それでは，重要な代数のまちがいを追いかける旅に出発しよう．

先にも述べたが，おそらく数学において最も大切なことのひとつは，「0 で割ってはいけない」ということだ．「モーゼの 10 戒」にちなんで「11 番目の戒律」といわれることもよくある．ここでは，0 で割ることが非常に巧妙に隠されていて，気づかないうちに戒律を破ってしまう数々の例を述べよう．戒律が破られるとき，いったい何が起きるかを見てみることは興味深い．それらの違反の数々から，われわれは実に多くのことを学ぶだろう．期待してほしい．

ではまず，この種のまちがいから始めよう．

× 1 = 2？（0 で割ることで生じるまちがい）×

$a = a$ という等式の両辺を 2 乗すると $a^2 = a^2$ になる．両辺から a^2 を引き去ると，$a^2 - a^2 = a^2 - a^2$ となる．左辺を a でくくり，右辺の 2 乗の差を因数分解すれば $a(a - a) = (a + a)(a - a)$ を得る．ここで，$a + a = 2a$ だから，$a(a - a) = 2a(a - a)$ と書き直せ，両辺を $a(a - a)$ で割ると

$1 = 2$ となってしまう．どこで誤りを犯したのだろうか？　そう．もちろん，$a - a = 0$ なので，0 で割ってはいけないという重要なルールを破ってしまったのだ．

もうひとつ，0 で割ることからくるまちがいの別の簡単な例を挙げることができる．

こんどは等式 $a = b$ から始めよう．両辺に b を掛けると $ab = b^2$．さらに，両辺から a^2 を引き去ると $ab - a^2 = b^2 - a^2$ となり，因数分解して $a(b - a) = (b + a)(b - a)$．両辺を $b - a$ で割ると $a = b + a$．

しかしながら $a = b$ であったから，$b = b + b = 2b$，b で割ると，また $1 = 2$ が結論できてしまう！

次の例では，0 で割っている部分がよりカモフラージュされているので，誤りを見つけるのが難しいかもしれない．

✕ $a > b$ ならば $a = b$ になる？（0 で割るまちがい）✕

今度は $a > b$ から始める．これは $a = b + c$（a，b，c は正の数）と書き直すことができる．両辺に $a - b$ を掛けると $a^2 - ab = ab + ac - b^2 - bc$．両辺から ac を引くと $a^2 - ab - ac = ab - b^2 - bc$．さらに因数分解すると $a(a - b - c) = b(a - b - c)$．両辺を $a - b - c$ で割ると $a = b$．

どこに誤りがあるか見つけてみよう．

✕ すべての整数が等しくなる？（0 で割るまちがい）✕

もう一度，0 で割るまちがいを用いて（しかもいくぶん隠された形で），おかしな結果を導いてみよう．次の正しい等式からスタートする．

$$\frac{x - 1}{x - 1} = 1 \qquad ①$$

この式①の両辺に以下のような数を掛けていく．

$(x+1)(x-1)=x^2-1$ であるから，両辺に $(x+1)$ を掛けると

$$\frac{x^2-1}{x-1}=x+1 \qquad ②$$

$(x^2+x+1)(x-1)=x^3-1$ であるから，式①の両辺に (x^2+x+1) を掛けると

$$\frac{x^3-1}{x-1}=x^2+x+1 \qquad ③$$

$(x^3+x^2+x+1)(x-1)=x^4-1$ であるから，式①の両辺に (x^3+x^2+x+1) を掛けると

$$\frac{x^4-1}{x-1}=x^3+x^2+x+1 \qquad ④$$

同様にして $(x^{n-1}+x^{n-2}+\cdots\cdots+x^3+x^2+x+1)(x-1)=x^{n-1}$ であるから，式①の両辺に $(x^{n-1}+x^{n-2}+\cdots\cdots+x^3+x^2+x+1)$ を掛けると

$$\frac{x^n-1}{x-1}=x^{n-1}+x^{n-2}+\cdots+x^3+x^2+x+1 \qquad ⑤$$

さて，この等式で $x=1$ としてみよう．上の①～⑤の等式たちの右辺の値は順に 1，2，3，4，……，n となる．一方，上の等式たちの左辺の値はみんな同じ形 $\dfrac{1^n-1}{1-1}$ をしているので同じ値になるだろう．したがって，右辺に登場するすべての値は等しくならなければならない．すなわち $1=2=3=4=\cdots\cdots=n$ となってしまう．

もちろんお気づきのことと思うが，左辺の分母はすべて $1-1=0$ になっている．これはあり得ない．それを許すと，すべての数が等しいというおかしな結論を導き出してしまうわけだ．$\dfrac{0}{0}$ は 1 つの定まった数とは考えないほうがよい．そうでないとおかしな結果が生じてしまうからである．

✕ 0で割ったことがうまく隠されミスが見つからない ✕

0で割ることがうまく隠されていて，ミスがすぐに見つからない場合を紹介する．次の方程式を例にとろう．

$$\frac{3x - 30}{11 - x} = \frac{x + 2}{x - 7} - 4$$

右辺を結合して $\frac{3x - 30}{11 - x} = \frac{x + 2 - 4(x - 7)}{x - 7}$ と書いてもよい．こうすることで等式は $\frac{3x - 30}{11 - x} = \frac{3x - 30}{7 - x}$ と簡単に表せる．分子は等しいから，分母も等しくなければならない．したがって $11 - x = 7 - x$ となり，$11 = 7$ が成り立つ？　今度は明らかに0で割ることはしていないのに，奇妙な結果が導かれてしまった．

方程式 $\frac{3x - 30}{11 - x} = \frac{3x - 30}{7 - x}$ を普通に解けば解 $x = 10$ を得るが，この解は両辺の分子をどちらも0にはするが，やっぱり0で割ってはいないはずだ．なのに，なぜ？

次のことをよく考えてみよう．いま $\frac{a}{b} = \frac{a}{c}$ のとき，両辺に bc を掛ければ $ac = ab$ を得る．この両辺を a で割ると $b = c$ となって元の分数式の分母が等しいことが導かれる．しかしながら，$a = 0$ のときは実は，0で割ってしまっているので，これは無効なのである．

ここで，われわれが誤った結論にたどりついてしまった等式 $\frac{3x - 30}{11 - x} = \frac{3x - 30}{7 - x}$ に戻ってみる．この方程式の解は $x = 10$ であるが，x のこの値に対して分子の $3x - 30$ は0になってしまう．したがって，われわれは分母が等しいと結論することはできないのである．いかに巧妙に0で割ることを隠しながら，奇妙な結論に導かれてしまっているかに注意してもらいたい．

✕ 0で割ることが隠されたさらなる例 ✕

似たような方法で（今度もタネがうまく隠されているが），$+1 = -1$ を証明してみる．次の方程式から始めよう．

$$\frac{x+1}{p+q+1}=\frac{x-1}{p+q-1}$$

まず両辺から 1 を引けば

$$\frac{x+1}{p+q+1}-\frac{p+q+1}{p+q+1}=\frac{x-1}{p+q-1}-\frac{p+q-1}{p+q-1}$$

となるので，簡単にして

$$\frac{x+1-(p+q+1)}{p+q+1}=\frac{x-1-(p+q-1)}{p+q-1}$$

$$\frac{x-p-q}{p+q+1}=\frac{x-p-q}{p+q-1}$$

分子が等しくなったので，分母も等しくなければならない．よって

$$p+q+1=p+q-1 \quad \text{すなわち} \quad +1=-1$$

となる．なんてばかげた！　どうしてこうなってしまったのだろう？　実はもともとの方程式 $\frac{x+1}{p+q+1}=\frac{x-1}{p+q-1}$ を x について解くと，$x=p+q$ が解なのである．

今回も前と同じまちがいをしている．分子が両方 0 であるわけだから，分母が等しくなる根拠はまったくないのである．

もともとの方程式

$$\frac{x+1}{p+q+1}=\frac{x-1}{p+q-1}$$

は，最初見たときに想像するほど一般的に成り立つわけではないのだ．それは，$x=p+q$ でかつ $p+q\neq\pm1$ の場合にしか成り立たない．

この結果をもっとよく理解するために，単純化して見てみよう．$\frac{a}{b}=\frac{a}{b}$ から簡単に $\frac{a+c}{b+c}=\frac{a-c}{b-c}$ であると導くことはできない．それがいえるのは，次のどちらかの条件を満たす場合だけである．

① $a=b$ かつ $(b+c)(b-c)\neq 0$

② $c=0$ かつ $b\neq 0$

とにかく，分母は必ず0ではないようにしなければならない．

✕ 誤った結論に至る前に0で割るミスに気づこう ✕

似たようなパターンで現れる0で割る例はたくさんある．しかしながら，0で割ることがうまく隠されていて，なかなか見つけにくいときもある．ある項が0になる可能性があることが巧妙に隠されていて，容易に見過ごされてしまう場合がある．とりわけ，そこに0があることを疑う理由がまったくないときに多い．次の例を見てみよう．

ある項 T_1 が，別の項 $T_2=\sqrt{4-2\sqrt{3}}-\sqrt{3}+1$ によって割られているとしよう．この割り算に，われわれは何の疑いをもたないだろう．しかしながら，しばらく考えてみると，項 T_2 自体が，「初めから11番目の戒律を破っている」ことに気づくだろう．実は，項 T_2 自体が0なのだ！　次の代数計算をおこなうことによって T_2 が実は0であることがわかる．

$$\sqrt{4-2\sqrt{3}}=\sqrt{3-2\sqrt{3}+1}=\sqrt{(\sqrt{3})^2-2\times 1\times\sqrt{3}+1^2}=\sqrt{(\sqrt{3}-1)^2}=\sqrt{3}-1$$

$$\text{よって}\quad T_2=\sqrt{4-2\sqrt{3}}-\sqrt{3}+1=0$$

次に示す例では，0であることがさらにうまく隠れていて，おそらく気づかないだろう．

$$T_3=\sqrt[3]{\sqrt{5}+2}+\sqrt[3]{\sqrt{5}-2}-\sqrt{5}$$

$T_3=0$ であることをどうやって示すのかわからない方もいると思うので，ここにヒントを書いておく．$\sqrt[3]{\sqrt{5}+2}=\frac{\sqrt{5}+1}{2}$ と $\sqrt[3]{\sqrt{5}-2}=\frac{\sqrt{5}-1}{2}$

(これがなぜかをまずチェックしてみられたい) および $\frac{\sqrt{5}+1}{2}+\frac{\sqrt{5}-1}{2}$ $=\sqrt{5}$ に注意すればよい.

✕ 0で割るよくあるまちがいから生じるおかしな結果 ✕

この例を始める前に, 代数学における基本的な原則を思い出そう. 比の等式 $\frac{a}{b}=\frac{c}{d}$ が成り立つとき, $b \neq d$ かつ $d \neq 0$ であるならば, $\frac{a-c}{b-d}=\frac{c}{d}$ と結論することができる. このルールが実際に正しいことを示すために, もともとの比の式から $ad = bc$ が成り立つことから始めよう. 結論の比の式にクロス積を施せば $(a-c)d = (b-d)c$ から $ad - cd = bc - cd$ となる. この両辺から $-cd$ を引き去れば, 元の比の式のクロス積と同じとなり, 証明ができた. ここで得られた比の法則を次の状態に適用しよう.

与えられた x, y, z に対して比 $\frac{3y-4z}{3y-8z}=\frac{3x-z}{3x-5z}$ を考え, これに先ほど得られた法則を適用するとよう.

$$\frac{3y-4z-(3x-z)}{3y-8z-(3x-5z)}=\frac{3x-z}{3x-5z} \text{ よって } \frac{3y-4z-3x+z}{3y-8z-3x+5z}=\frac{3x-z}{3x-5z}$$

$$\text{さらに簡単にすると } \frac{3y-3z-3x}{3y-3z-3x}=1=\frac{3x-z}{3x-5z}$$

これより, $3x-5z=3x-z$, つまり $5=1$ が証明できた?

とんでもない結果に行き着いてしまったので, もちろんどこかにまちがいがある. ここでのまちがいは, ちょっと見つけるのが難しいかもしれない.

方程式

$$\frac{3y-4z}{3y-8z}=\frac{3x-z}{3x-5z}$$

は, $x=y-z$ のときに満たされる. 実際にそれは次のように $x=y-z$ を代入して計算するとわかる.

$$\frac{3x-z}{3x-5z}=\frac{3(y-z)-z}{3(y-z)-5z}=\frac{3y-4z}{3y-8z}$$

$x-y+z=0$のとき，分数式

$$\frac{3y-4z-(3x-z)}{3y-8z-(3x-5z)}=\frac{-3(x-y+z)}{-3(x-y+z)}$$

の分母が0になっていることが確かめられるだろう．これも0で割ることが巧妙に隠された例であり，数学を使う場合にはよく注意しなければならない，陥りやすいまちがいの典型的な例である．

✕ 問題解釈の誤りから生じるおかしな結果 ✕

次の連立方程式を解くことを考えよう．

$$a+b=1 \quad ①$$

$$a+b=2 \quad ②$$

われわれはまずこう反応してしまう．左辺はまったく同じで等しいわけだから，右辺も当然等しくならなければならない．よって，$1=2$が証明できた！　これは本当だろうか？

また②から①の両辺を引き去ることもできる．すると再び$0=1$という奇妙な結果が出てしまう．他にも$1=-1$，$2=0$, などなどを①②から導くことも容易だろう．

これらの奇妙な結果がどうして生じてしまうかと言うと，①②の2つの方程式は，共通の解をもたないという事実から来ている．①②をグラフに描けば，2つの平行な直線が現れる．よってそれらは共通の点（交点）をもたないのだ．ここでの誤りは，連立方程式の解を問題にしていながら，実はこれらが共通の解をもたないことをすぐには認めていないことから起こっているのだ．その事実はグラフを書いてみれば容易にわかるのに．

代数学におけるいくつかの誤りは，次に示す例でわかるように，グラフを用いるとその原因がわかりやすくなることがある．2 つの方程式 $5x + y = 15$，$x = 4 - \frac{y}{5}$ の場合を考えてみよう．

2 つめ式の x の値を 1 つ目の式に代入すると，$5\left(4 - \frac{y}{5}\right) + y = 15$，簡単にすれば $20 = 15$ を得てしまう．今度も明らかな誤りがあるはずだが，どこが誤りだろうか．実は，2 つ目の式を 5 倍して移項すれば 2 式は $5x + y = 15$，$5x + y = 20$ となって，それらをグラフに描けば，今度も 2 つの平行な直線が現れる (図 3.1)．よってそれらは共通の点 (交点) をもたないのだ．したがって 2 式の連立方程式を解いてみようと試みてもまったく意味がなく，こうして奇妙な結論に到達してしまうのだ．

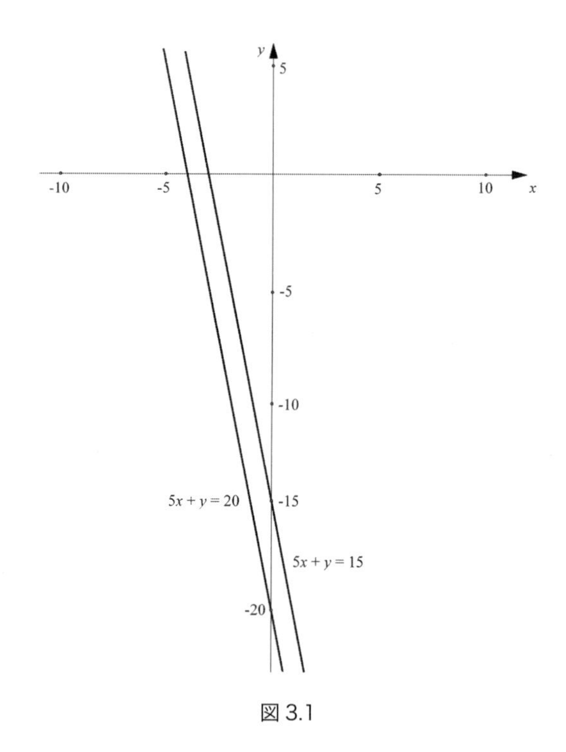

図 3.1

このような誤りを避けるためには，ここで述べたような「問題解釈の誤り」を犯していないかに常に注意を払うことが重要になる．

これと同じ「問題解釈の誤り」が原因で $5 = 16$ を証明することもできて

しまう．これをやってみるために等式

$$(x+1)^2-(x+2)(x+3)=(x+4)(x+5)-(x+6)^2$$

から出発しよう．両辺を展開すれば

$$x^2+2x+1-(x^2+5x+6)=x^2+9x+20-(x^2+12x+36)$$

となるので，計算すれば $-3x-5=-3x-16$ を得る．結果として $5=16$ を得てしまう！

与えられた方程式を見ただけでは数学的な誤りが潜んでいることが見えにくいかもしれない．読者諸兄は，どこに誤りがあったのか自身で質問してみるとよい．乗法と加法の計算は正しくおこなったはずだ．それなのになぜ？

われわれはこの方程式がそもそも解をもつのかを問題にしただろうか？

実は，誤りはもともとの方程式にあったのであり，その事実は議論の最後の段階で明らかとなる．言い換えれば，方程式の解の存在を仮定した（実際には解はないのに）ことから，$5=16$ という矛盾を導いてしまったのだ．矛盾が生じたということは，われわれの仮定または考察過程のどこかに何か誤りがあったに違いない．ただし，今はすべての考察の過程は正しくおこなったはずだ――方程式が解をもつという仮定以外は．ということはこの場合，もともとの方程式自体が実は解をもたなかった，と結論することができるのだ．

✕ 連立方程式が奇妙な結果を導いてしまう ✕

次の連立方程式を解くことを考えよう．

$$\frac{x}{y}+\frac{y}{x}=2 \quad ①$$

$$x-y=4 \quad ②$$

①に xy を乗じて変形すれば $x^2+y^2=2xy$，$(x-y)^2=0$ となり，よっ

て $x = y$ となる．これを②に代入すれば $x - x = 0 = 4$，結果的に $0 = 4$ を得てしまう．どこに誤りがあったのだろう？

与えられた方程式から x と y は0でないことを仮定しなければならない．実はこの連立方程式は解をもたないのだ．これをグラフ的にみると，平行な2直線が見つかる．

これらは共有点をもたないので，連立方程式は共通の解をもたないことが確かめられる(図3.2)．

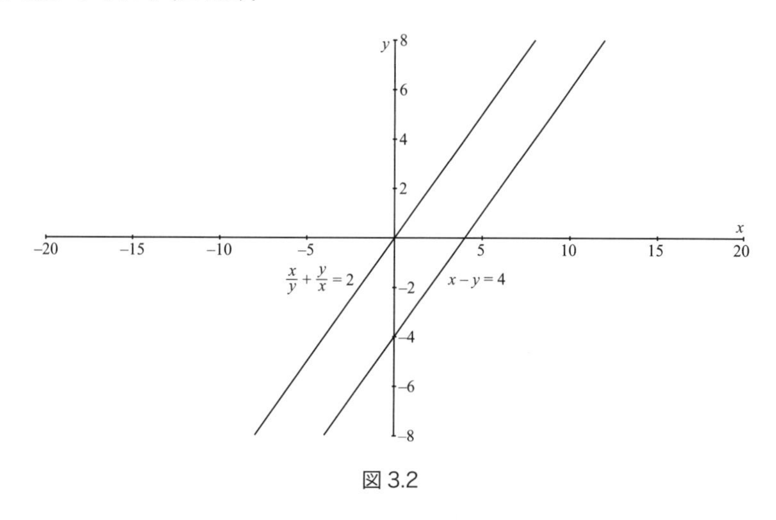

図3.2

平方根の計算で違反すると奇妙な結論になる

ここでは，以下に示す式変形をたどっていただきたい．

$$2 = 2$$
$$3 - 1 = 6 - 4$$
$$1 - 3 = 4 - 6$$
$$1 - 3 + \frac{9}{4} = 4 - 6 + \frac{9}{4}$$
$$1 - 2 \times \frac{3}{2} + \frac{9}{4} = 4 - 4 \times \frac{3}{2} + \frac{9}{4}$$
$$\left(1 - \frac{3}{2}\right)^2 = \left(2 - \frac{3}{2}\right)^2$$

$$1 - \frac{3}{2} = 2 - \frac{3}{2}$$
$$1=2$$

どこに誤りがあるのだろうか？　実は，次に示す平方根をとるところに誤りがあった．

$$\left(1 - \frac{3}{2}\right)^2 = \left(2 - \frac{3}{2}\right)^2$$

ここから $1 - \frac{3}{2} = 2 - \frac{3}{2}$ が成り立つとしてしまったところが問題で，本来きちんと考えなければならない平方根の正負を無視してしまっている．本当は絶対値を考えて

$$\left|1 - \frac{3}{2}\right| = \left|2 - \frac{3}{2}\right|$$

としなければならず $\left|-\frac{1}{2}\right| = \left|\frac{1}{2}\right|$ もしくは $\frac{1}{2} = \frac{1}{2}$ が正しい答えだ．正しい平方根をとることに注意しないととんでもない誤りに到達してしまうから注意しよう．

似たような例として $-20 = -20$ から始めて，これを $16 - 36 = 25 - 45$ と書き直す．両辺に $\frac{81}{4}$ を加えて変形すると $16 - 36 + \frac{81}{4} = 25 - 45 + \frac{81}{4}$，よって

$$\left(4 - \frac{9}{2}\right)^2 = \left(5 - \frac{9}{2}\right)^2$$

を得る．今度も(上でおこなったように誤った)平方根のとり方をしてしまうと $4 - \frac{9}{2} = 5 - \frac{9}{2}$ となり，$4 = 5$ と結論してしまう！

しかしながら，われわれは，平方根は絶対値の結論をもたらすということを考えることで正しく計算できることを見てきた．それによって，$\left|4 - \frac{9}{2}\right| = \left|5 - \frac{9}{2}\right|$ を得て，道理にかなった $\frac{1}{2} = \frac{1}{2}$ という結論が導かれる．

✕ 方程式を解くときのちょっとしたミスが重大なまちがいに！ ✕

方程式 $3x - \sqrt{2x-4} = 4x - 6$ を解くことを考えよう（ここで x は2以上の実数とする）．この方程式を解く通常の方法は，まず移項してルートの項だけ左辺にもってきて2乗して

$$\sqrt{2x-4} = -(x-6)$$
$$2x - 4 = [-(x-6)]^2 = (x-6)^2$$

とする．この式を簡単にすれば $x^2 - 14x + 40 = 0$ となるので，これを因数分解すれば2つの解 $x_1 = 10$ と $x_2 = 4$ を得る．しかし，実際にこれら2つの値をもともとの方程式に代入して確かめてみると $x_2 = 4$ だけが解で解 $x_1 = 10$ のほうは解でないことがわかる．なぜ x_1 は正しい解でないのだろうか．

われわれが起こしたミスは平方根をとるところにある．それは同値変形

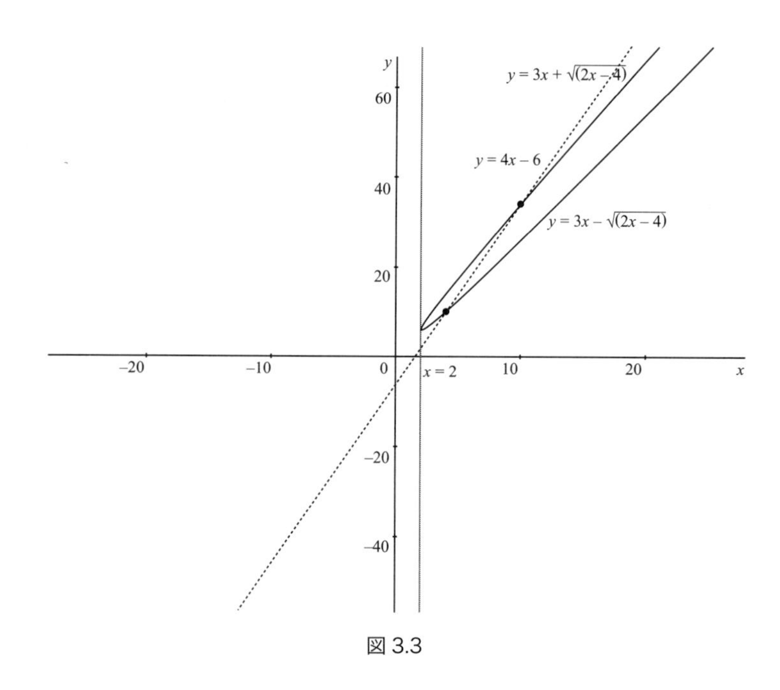

図 3.3

になっていないのだ．言い換えると仮定 $T_1 = T_2$ から結論 ${T_1}^2 = {T_2}^2$ は従うのだが，逆は正しくない（上の考察では逆も成り立つと勝手に信じ込んでしまったのだ）．

図 3.3 ではもともとの方程式の両辺のグラフを示した（黒い曲線の下側部分と点線）．2 つのグラフがどこで交わるかを見てとれるだろう．ちなみに，図中の黒い曲線の上側部分と点線との交点の x 座標が，上で誤って求めてしまった解 $x_2 = 10$ である．

✕ 平方根をとるときの誤りで 0 = 100 になってしまう ✕

$y = 100$ および $z = 0$ からスタートしよう．$x = \dfrac{y+z}{2}$ とおけば $2x = y + z$ である．

両辺に $y - z$ を掛け，$2x(y - z) = (y + z)(y - z)$ を展開して $2xy - 2xz = y^2 - z^2$．移項して整理すれば $z^2 - 2xz = y^2 - 2xy$．さらに x^2 を加えて $z^2 - 2xz + x^2 = y^2 - 2xy + x^2$ よって $(z - x)^2 = (y - x)^2$ となった．

平方根をとれば $z - x = y - x$，よって $z = y$ つまり $0 = 100$　を結論できてしまう．

今度も誤りは，本来負の数であるはずの平方根を，正の数であると勝手に仮定しまっている点にある．実は，上の変形の最後から 2 番目は，正しくは $z - x = -(y - x)$ であり，これなら $2x = y + z$ と元の式に戻れるのだ．

✕ $a \neq b$ から $a = b$ を証明できる？ ✕

似たようなまちがいのうち，誤りがうまく隠れていて見過ごされがちな次の例を見てみよう．

$a \neq b$ とする．一般性を失うことなく $a < b$ と仮定する．さらに $c = \dfrac{a+b}{2}$ とおくと，$a + b = 2c$ と変形できる．さらに，両辺に $(a - b)$ を掛けると $a^2 - b^2 = 2ac - 2bc$ となる．

両辺に $b^2 - 2ac + c^2$ を加えると $a^2 - 2ac + c^2 = b^2 - 2bc + c^2$．両

辺とも平方数になっているから因数分解して $(a-c)^2=(b-c)^2$．平方根をとると $\sqrt{(a-c)^2}=\sqrt{(b-c)^2}$ よって $a-c=b-c$ つまり $a=b$ が証明できた？

最初は $a\neq b$ の仮定から出発したのにこれはどうしたことか．どこが誤りなのだろう？

この計算の代数的な議論はほとんど正しく見える．ただし最後のステップで平方根をとるときにのみ符号を忘れているのだ．仮定した数の大小を考慮すると，$\sqrt{(a-c)^2}=\sqrt{(b-c)^2}$ より導かれる式は $a-c=-(b-c)$ つまり $a-c=-b+c$ であって，元の等式 $a+b=2c$ が出てくるだけなのである．

✕ 方程式を解くとき注意しないとまちえがえる ✕

方程式 $1+\sqrt{x+2}=1-\sqrt{12-x}$ を解くことを考えよう．ここで生じがちな誤りは，巧妙に隠されていて見過ごしやすいので注意してほしい．

まず，両辺に -1 を加える．そして両辺を 2 乗すれば，$x+2=12-x$ となり，結果として $x=5$ を得る．

この値を元の方程式に代入すれば $1+\sqrt{5+2}=1-\sqrt{12-5}$ となるから，両辺に -1 を足した $\sqrt{5+2}=-\sqrt{12-5}$ の両辺を 2 乗すれば $7=7$ となる．よって $x=5$ は正しい答えであると考えてよいだろうか？　違いますよ！　実際は $x=5$ を元の式に代入すると $1+\sqrt{7}=1-\sqrt{7}$ となって正しくない．よって $x=5$ はこの方程式の解ではない．

では，どこに誤りがあったのか？　実は，平方根をとるときはそれが正なのか負なのかをきちんと考慮に入れなければならなかった．われわれは考察の過程でこのことをいい加減にしてしまったのだ．

「等式の両辺を 2 乗することは，同値変形ではない」ことを思い出すとよい．2 乗すると，与えられた方程式とは別の新しい方程式（それが余分な解をもつかもしれない）を追加してしまうこともある．「2 乗された方程式」のすべての解は，元の方程式の解になるとは限らないのだ．これはきわめて重要な原理原則なのだが，きちんと表現されていることは稀である．だから，このミスがよく出現するのである．

方程式 $x+5-\sqrt{x+5}=6$ を解くことを考えよう．移項すると $x-1=\sqrt{x+5}$ となるので両辺を 2 乗して $x^2-2x+1=x+5$，簡単にすれば $x^2-3x-4=0$ となり解 $x=4,\ -1$ を得る．だが実は，$x=4,\ -1$ のうち，$x=4$ は解であるが $x=-1$ は解ではない．これは学校の代数学の授業でよく生じる典型的な誤りである．くり返しになるが，$\sqrt{\ }$ の記号では負の値をとることを考慮していないことに注意しよう．

この不合理な議論を用いれば，(お望みなら) $5=1$ も証明できてしまう．$5=1$ の両辺から 3 を引いて $2=-2$，両辺を 2 乗すれば $4=4$ となって正しい等式になる．したがって，5 は 1 に等しくなければならないって !?

✕ 指数のミスがあなたを困らせる ✕

誰かが指数方程式 $\left(\frac{2}{3}\right)^x=\left(\frac{3}{2}\right)^3$ を以下のように解いたと想像してほしい．

まず，分数の指数法則を用いて $\frac{2^x}{3^x}=\frac{3^3}{2^3}$ とする．分母を払って $2^3\times 2^x=3^3\times 3^x$．指数法則を用いると $2^{3+x}=3^{3+x}$ となる．

ここで，両辺が等しい指数 $3+x$ をもつから，底も同様に等しくなければならないと考え，したがって $2=3$ となる！　何か誤ったことをしてしまったはずだ．まちがいはどこにあるのだろうか？

実は最後の部分がまちがっている．正しい答えは $x=-3$ であり，これは $2^{3+x}=3^{3+x}$ の両辺の値を等しく 1 にする．

グラフにするとどのようになっているのか見たい読者もいると思うので，図 3.4 に 2 つの関数 $f(x)=2^{3+x}$，$g(x)=3^{3+x}$ のグラフを描いておく．ご覧いただきたい．

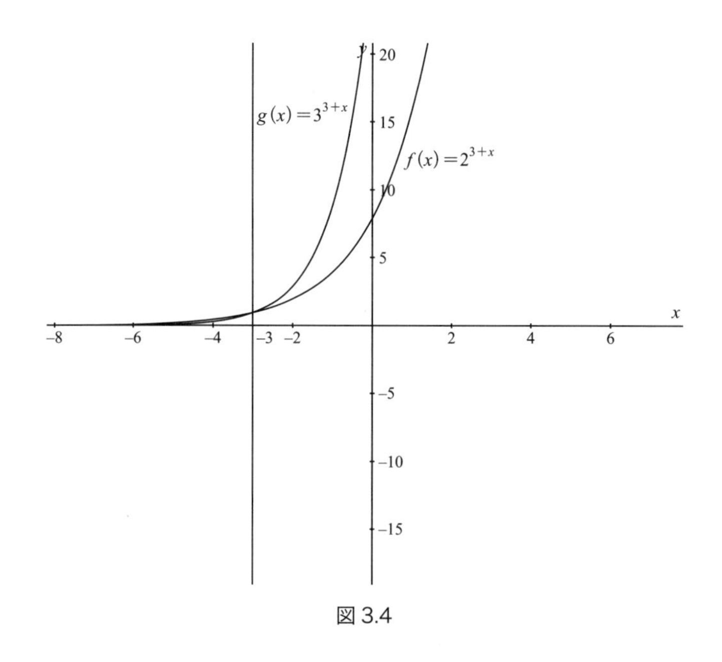

図 3.4

2 項定理におけるちょっとした見落とし

われわれは，$(a+b)^2=a^2+2ab+b^2$ が成り立つことを知っている．この等式は，**正の**整数 n を指数とする $(a+b)^n$ についての展開公式を与える「2 項定理」を適用すれば得られる．2 項定理をきちんと書くと

$$(a+b)^n=\underbrace{a^n+na^{n-1}b+\frac{n(n-1)}{2!}a^{n-2}b^2+\cdots+\frac{n(n-1)}{2!}a^2b^{n-2}+nab^{n-1}+b^n}_{(n+1)\text{項の和}}$$

$$=\sum_{k=0}^{n}{}_nC_k a^{n-k}b^k$$

$n=2$ なら，$(a+b)^2=a^2+2ab+b^2$ である．

$n=1$ なら，$(a+b)^1=a^1+b^1=a+b$ である（2 項の和となる）．

2 項定理の公式を用いることで，変な結論に導かれることもある．

$n=0$ のとき，$1=1+0+0+\cdots\cdots+0+0+1$，つまり $1=2$ となる．なぜなら，$(a+b)^0=1$ で，$a^0=b^0=1$ だからである．

奇妙な結論に到達してしまったということは，何かまちがいがあったと確信してよい．実際に1つ誤りがあるのだが，どこがおかしかったのだろうか？

まず $(a+b)^n = (a+b)^0 = 1$ はまちがいなく正しい．

次に，公式の右辺をもっと正確に見てみると，そこに誤りの原因が見つかる．$n = 0$ のときには公式の右辺にはたった1つの項しかないはずなのだ（2つの項でもそれ以上でもなく）．その項とは $\frac{1}{0!}a^{0-0}b^0 = 1 \times a^0 \times b^0 = 1 \times 1 \times 1 = 1$ である．

下のような2項展開

$$(a+b)^0 = 1$$
$$(a+b)^1 = 1a + 1b$$
$$(a+b)^2 = 1a^2 + 2ab + 1b^2$$
$$(a+b)^3 = 1a^3 + 3a^2b + 3ab^2 + 1b^3$$
$$\vdots$$
$$(a+b)^n = \frac{1}{0!}a^n + \frac{n}{1!}a^{n-1}b + \frac{n(n-1)}{2!}a^{n-2}b^2 + \cdots + \frac{n(n-1)}{2!}a^2b^{n-2} + \frac{n}{1!}ab^{n-1} + \frac{1}{0!}b^n$$

の係数を決定するためによく用いられるものに有名な「パスカルの三角形」がある（図3.5）．これを見ると，$n = 0$ の場合の等式が $1 = 1$ であることがわかる．

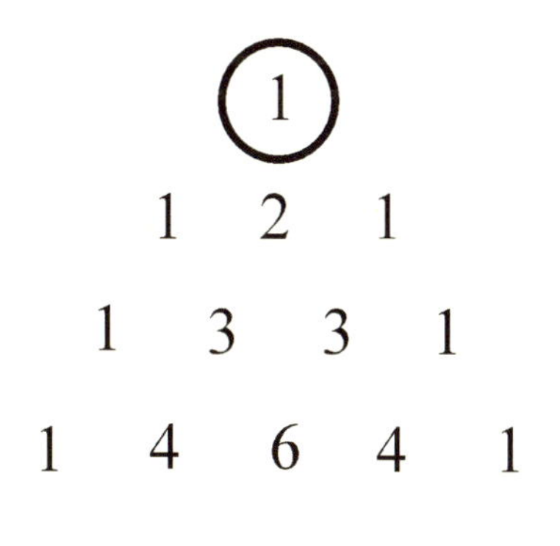

図3.5

だがちょっと待て．$a = b = 0$ だったらどうなるのか．これは問題かもしれない．0^0 っていくつだろう．これは今まで定義せず放置してきた数の表現である．多くの計算機はこの値のインプットには反応しないが，いくつかの計算機は値 1 をアウトプットで返してくる（なぜなら，どんな数の 0 乗も 1 だから）．

実は最初に述べたように，2 項定理は正の整数 n に対してのみ成立する定理である．そうすれば0を用いた誤りは生じないことに注意してほしい．なぜ n の値を特別なものに制限したのかというと，このようなばかげた結果が出てくることを避けるためである．

✕ 正の数が負の数になってしまう不等式のまちがい ✕

まず p, q がともに正の数であると仮定する．しかし，これから，p が負の数であることを証明してみせよう．

明らかに $2q - 1 < 2q$ は正しい．この両辺に $-p$ を乗ずると，$-2pq + p < -2pq$．両辺に $2pq$ を加えると $p < 0$．つまり p は負の数と結論できしまう．正の数 p から出発したのにどうしてこうなってしまうのか．どこに誤りがあったのだろう？

実は，「不等式の両辺を負の数で掛けたり割ったりすると不等号の向きが逆になる」という不等式における大原則を破ってしまったのだ．

簡単な例 $2 < 3$ を見てほしい．両辺に負の数 -1 を乗ずれば，実際に不等号の向きが逆になって $-2 > -3$ となる．

次の例では，この誤りがあまりはっきりしない形で実際におこなわれていることをご覧いただこう．

✕ すべての正の数が自分自身より大きい数になってしまう ✕

まず，p, q がともに正の数で，かつ $p > q$ であると仮定しよう．両辺に q を乗ずれば $pq > q^2$ となる．さらに両辺から p^2 を引けば，$pq - p^2 >$

$q^2 - p^2$ となる．因数分解すると $p(q-p) > (q+p)(q-p)$ を得る．

両辺を $(q-p)$ で割ると，$p > p + q$ となるが，これは p が自分自身より大きいことを意味する．ばかな，どこがまちがっているのか？　そう，$p > q$ だったから $(q-p)$ は負の数であるはずなのに，負の数で割ったときに不等号の向きをひっくり返さなかったのだ．

この例のしくみは，$1 = 2$ の「証明」のときの「0 で割ることから起こるまちがい」と酷似している．つまり等式を 0 で割る代わりに，ここでは不等式を負の数で割ってしまったことからミスが生じているのだ．このばかげた結果にはさらに続きがある．与えられた $p > q$ と得られた結果 $p > p + q$ の 2 式を加えると $2p > 2q + p$ となり，さらに両辺から p を引くと $p > 2q$ となる．つまり，$p > q$ を仮定すると $p > 2q$ が証明できてしまう．同様の理由で $p > 4q$, $p > 8q$……などをどんどん証明できてしまう．

$\frac{1}{8} > \frac{1}{4}$ が明らかに誤りであることを示すために，$\log(x)$ とは何であったのかを思い出してみよう．$y = \log_b(x)$ が $b^y = x$ を意味する．つまり「底 b を何乗すると x になるか」のべき乗（指数）が y ということだ．底 $b = 10$ の場合は 10 を省略して $y = \log_{10}(x) = \log(x)$ とも書く（常用対数という）．加えて $y\log(x) = \log(x^y)$ が成り立つことも思い出しておこう．

さて，自明な $3 > 2$ から出発して，両辺に $\log\frac{1}{2}$ を掛けると $3\log\frac{1}{2} > 2\log\frac{1}{2}$ を得る．上の公式を用いて書き直すと $\left(\frac{1}{2}\right)^3 > \left(\frac{1}{2}\right)^2$ となるが，これを見やすくすると $\frac{1}{8} > \frac{1}{4}$ が導かれてしまった．明らかにおかしいではないか．

どこでまちがいを犯したのか？　今回は非常にうまくカモフラージュされているが，実は $\log\frac{1}{2}$ は負の数であることに気がつかなければならなかったのだ．だから，それを掛けたとき不等号の向きを逆にしなければならなかった．つまり「10 を何乗すると $\frac{1}{2}$ になるか？」と考えれば，必然的に負のべき乗（指数）が登場するのだ．

対数にまつわるトピックスを続けるため，次の例を考えよう．

✕ 1 = −1 になってしまう対数のまちがい ✕

$(-1)^2 = 1$ はよく知られている．この両辺の対数をとると，もちろん等式になるはずだ．$\log(-1)^2 = \log 1$ より，$2\log(-1) = \log 1$．しかしながら $\log 1 = 0$ であるから（なぜならどんな数の 0 乗も 1 であるから），$2\log(-1) = 0$．よって $\log(-1) = 0$ となる．

$\log(-1)$ も $\log 1$ もどちらも 0 になったので，$\log(-1) = \log 1$．よって $-1 = 1$ が成り立たなければならない !?

しかし，すべての数，すなわち正の数も負の数も対数の値をもつのだろうか．実はここにミスが潜んでいた．負の数の対数は，実数だけを用いては定義できないのである．

✕ 対数を扱うときによくあるまちがい ✕

方程式 $2^x = 128$ を次のように解いてみよう．両辺の対数をとって $\log 2^x = \log 128$. 公式を用いると $x\log 2 = \log 128$ となる. よって次の式が導ける.

$$x = \frac{\log 128}{\log 2}$$

ここで，商の対数は分子，分母のそれぞれの対数の差になるから

$$x = \log 128 - \log 2 \approx 2.107209969 - 0.3010299956 = 1.806179973$$

となる……．しかしながら，これは正しい答えではない．正しい答えは $x = \dfrac{\log 128}{\log 2} = 7$ であり，$x = 1.806179973$ ではない．

どこがまちがっていたのだろう．商の対数ではなく，対数の商 $\dfrac{\log 128}{\log 2}$ を前にしたときには，きちんと割り算をおこなわなければならないのであって，$\log 128 - \log 2$ にはならないのだ．

✕ 不等式を扱うときには注意が必要 ✕

次の不等式を考えよう．

$$\left(\frac{1}{6}\right)^n \leqq 0.01$$

この不等式を満たすような自然数 n を求めたい．両辺の対数をとってみる．

$$\log\left(\frac{1}{6}\right)^n \leqq \log 0.01$$

このとき $n \times \log\left(\frac{1}{6}\right) \leqq \log 0.01$ となるから，両辺を $\log\frac{1}{6}$ で割ると次の式を得る．

$$n \leqq \frac{\log 0.01}{\log\frac{1}{6}} = \frac{\log\frac{1}{100}}{\log\frac{1}{6}} = \frac{\log 1 - \log 100}{\log 1 - \log 6} = \frac{0-2}{0-\log 6} = \frac{2}{\log 6} = 2.570194417\cdots$$

このことは，不等式を満たす自然数 n は 0, 1, 2 であることを示している．しかしながら，これらの n の値を元の不等式に代入してみると，すべてまちがった答えであることがわかる．では，どこでまちがいを犯したのだろう？

$\log\frac{1}{6} < 0$ なので，$\log\frac{1}{6}$ で割るときには，不等号 $\leqq$ を $\geqq$ にひっくり返さなくてはならない．そうすると，正しい解は，$n \geqq \frac{2}{\log 6} = 2.570194417\cdots$ となる．すなわち，$n > 2$ のすべての自然数がこの不等式を満たすのである．

✕ 分配法則を拡張してしまうよくあるが避けにくいまちがい ✕

分配法則は代数学における最も基本的な性質のひとつである．代数的に

は

$$a(b+c) = ab + ac \qquad (a+b)c = ac + bc$$

と表記すると明快である．したがって，$3(a+b) = 3a + 3b$ となる．

基本的なことだが，分配法則とは，足し算に対する掛け算が分配できる法則であって，その逆の，掛け算に対する足し算を分配する法則ではない．

$$a + (bc) \neq (a+b)(a+c) \qquad (ab) + c \neq (a+c)(b+c)$$

代数学においては,簡単に避けることができるまちがいがたくさんある．まず，誤った分配法則

$$(a+b)^2 = a^2 + b^2 \qquad (a-b)^2 = a^2 - b^2$$

をさらに誤った方向に一般化した式として

$$(a+b)^n = a^n + b^n \qquad (a-b)^n = a^n - b^n$$

などはもちろん成り立たないことに注意しよう．

$n = \dfrac{1}{2}$ の場合には，さらに次のような誤りがある．

$$\sqrt{a+b} = \sqrt{a} + \sqrt{b} \qquad \sqrt{a-b} = \sqrt{a} - \sqrt{b}$$
$$\sqrt[n]{a+b} = \sqrt[n]{a} + \sqrt[n]{b} \qquad \sqrt[n]{a-b} = \sqrt[n]{a} - \sqrt[n]{b}$$

$n = -1$ の場合にも，$(a+b)^n = a^n + b^n$ と $(a-b)^n = a^n - b^n$ の誤りにもとづいた次のようなまちがいがある．

$$(a+b)^{-1} = a^{-1} + b^{-1} \quad \text{すなわち} \quad \frac{1}{a+b} = \frac{1}{a} + \frac{1}{b}$$
$$(a-b)^{-1} = a^{-1} - b^{-1} \quad \text{すなわち} \quad \frac{1}{a-b} = \frac{1}{a} - \frac{1}{b}$$

分配法則が対数にも一般化できると思いこんでしまう次の誤りもよくある．

$$\log(a+b)=\log a+\log b \qquad \log(a-b)=\log a-\log b$$
$$\log(a\times b)=\log a\times\log b \qquad \log\frac{a}{b}=\frac{\log a}{\log b}$$

正しい分配法則は次のとおりである.

$$\log(a\times b)=\log a+\log b \qquad \log\frac{a}{b}=\log a-\log b$$

分配法則を絶対値にも適用してしまう次の誤りもよくある.

$$|a+b|=|a|+|b| \qquad |a-b|=|a|-|b|$$

三角関数に分配法則を誤って適用してしまう, 次の誤りも典型的である.

$$\sin(\alpha+\beta)=\sin\alpha+\sin\beta \qquad \sin(\alpha-\beta)=\sin\alpha-\sin\beta$$
$$\cos(\alpha+\beta)=\cos\alpha+\cos\beta \qquad \cos(\alpha-\beta)=\cos\alpha-\cos\beta$$

このような分配法則の誤りは, この重要な分配法則を正しく適用する方法がきちんと存在することを理解すれば避けることができるのだ. たとえば三角関数の加法定理が典型的な例である. 正しい分配法則は上の式ではなく, 加法定理とよばれる次の公式になる.

$$\sin(\alpha+\beta)=\sin\alpha\cos\beta+\cos\alpha\sin\beta$$
$$\cos(\alpha+\beta)=\cos\alpha\cos\beta-\sin\alpha\sin\beta$$

この種のまちがいは具体的に数字をあてはめれば, それが誤りであることがはっきりわかるので, 列挙しておこう(表 3.1).

表 3.1

誤った分配法則	誤った分配例	正しい計算
$(a+b)^2=a^2+b^2$	$2^2+1^2=4+1=5$	$(2+1)^2=3^2=9$
$(a-b)^2=a^2-b^2$	$2^2-1^2=4-1=3$	$(2-1)^2=1^2=1$
$(a+b)^n=a^n+b^n$ $(n=3:)$	$(2+1)^3=2^3+1^3=8+1=9$	$(2+1)^3=3^3=27$
$(a-b)^n=a^n-b^n$ $(n=3:)$	$(2-1)^3=2^3-1^3=8-1=7$	$(2-1)^3=1^3=1$

$\sqrt{a+b}=\sqrt{a}+\sqrt{b}$	$\sqrt{16+9}=\sqrt{16}+\sqrt{9}=4+3=7$	$\sqrt{16+9}=\sqrt{25}=5$
$\sqrt{a-b}=\sqrt{a}-\sqrt{b}$	$\sqrt{25-9}=\sqrt{25}-\sqrt{9}=5-3=2$	$\sqrt{25-9}=\sqrt{16}=4$
$\sqrt[n]{a+b}=\sqrt[n]{a}+\sqrt[n]{b}\ (n=3)$	$\sqrt[3]{27+8}=\sqrt[3]{27}+\sqrt[3]{8}=3+2=5$	$\sqrt[3]{27+8}=\sqrt[3]{35}\approx 3.2711$
$\sqrt[n]{a-b}=\sqrt[n]{a}-\sqrt[n]{b}\ (n=3)$	$\sqrt[3]{27-8}=\sqrt[3]{27}-\sqrt[3]{8}=3-2=1$	$\sqrt[3]{27-8}=\sqrt[3]{19}\approx 2.6684$
$\frac{1}{a+b}=\frac{1}{a}+\frac{1}{b}$	$\frac{1}{2+1}=\frac{1}{2}+\frac{1}{1}=\frac{3}{2}$	$\frac{1}{2+1}=\frac{1}{3}$
$\frac{1}{a-b}=\frac{1}{a}-\frac{1}{b}$	$\frac{1}{2-1}=\frac{1}{2}-\frac{1}{1}=-\frac{1}{2}$	$\frac{1}{2-1}=1$
$\log(a+b)=\log a+\log b$	$\ln(\mathrm{e}+\mathrm{e})=\ln \mathrm{e}+\ln \mathrm{e}=1+1=2$	$\ln(\mathrm{e}+\mathrm{e})=\ln 2\mathrm{e}=\ln 2+\ln \mathrm{e}=\ln 2+1\approx 1.693147180$
$\log(a-b)=\log a-\log b$	$\ln(2\mathrm{e}-\mathrm{e})=\ln 2\mathrm{e}-\ln \mathrm{e}=\ln 2+\ln \mathrm{e}-\ln \mathrm{e}=\ln 2\approx 0.693147180$	$\ln(2\mathrm{e}-\mathrm{e})=\ln \mathrm{e}=1$
$\lvert a+b\rvert=\lvert a\rvert+\lvert b\rvert$	$\lvert 3+(-4)\rvert=\lvert 3\rvert+\lvert -4\rvert=3-4=-1$	$\lvert 3+(-4)\rvert=\lvert -1\rvert=1$
$\lvert a-b\rvert=\lvert a\rvert-\lvert b\rvert$	$\lvert 3-(-4)\rvert=\lvert 3\rvert-\lvert -4\rvert=3-4=-1$	$\lvert 3-(-4)\rvert=\lvert 7\rvert=7$
$\sin(\alpha+\beta)=\sin\alpha+\sin\beta$	$\sin\left(\frac{\pi}{3}+\frac{\pi}{6}\right)=\sin\frac{\pi}{3}+\sin\frac{\pi}{6}=\frac{\sqrt{3}}{2}+\frac{1}{2}=\frac{\sqrt{3}+1}{2}$	$\sin\left(\frac{\pi}{3}+\frac{\pi}{6}\right)=\sin\frac{\pi}{2}=1$
$\sin(\alpha-\beta)=\sin\alpha-\sin\beta$	$\sin\left(\frac{\pi}{3}-\frac{\pi}{6}\right)=\sin\frac{\pi}{3}-\sin\frac{\pi}{6}=\frac{\sqrt{3}}{2}-\frac{1}{2}=\frac{\sqrt{3}-1}{2}$	$\sin\left(\frac{\pi}{3}-\frac{\pi}{6}\right)=\sin\frac{\pi}{6}=\frac{1}{2}$

✕「無限」の誤った理解がおかしな結果を導く✕

無限の概念を真に理解するのは難しく，理解の欠如から発生する奇妙な事実はたくさん存在する.

たとえば0以上の整数全体の集合A＝{0,1,2,3,4,・・・}は，そのうちの偶数の集合B＝{0,2,4,6,8,・・・}と同じ個数をもっている，という事実を理解するのはたいへん難しい．集合Bは集合Aのなかにすっぽり入っていて（BはAの真部分集合になっている），しかもAのなかに含まれるすべての奇数1,3,5,7,……をBは含んでいない．それなのに2つの集合の要素の個数が同じ大きさであるなんてことがあり得るのだろうか．

2つの集合A，Bの大きさを比べる方法として，Aの各構成員とBの各構成員2人ずつを組にしてカップルを作ればよい（これを「1対1の対応をつける」という）．実際に，集合Aの各要素に対応して偶数の集合Bの要素が必ず1つ存在する（Aの各要素を2倍したBの数がその相手になる）．つまり，集合Aから集合Bへは，Aの各要素を倍にすることで1対1の対応を与えることができるのだ．逆に集合Bから集合Aへは，Bの各要素を半分にすることで1対1の対応を与えることができる．したがって2つの集合A，Bは，その要素の個数においては，「同じ個数」をもたなければならない．

これは信じがたいけれども，厳然とした真実である．今述べたことは，まさに無限の概念をきちんと理解するということなのだ．

われわれは，こうした無限の概念を誤って用いていることがよくあるのだが，それをいくつかの例を通して見てみよう．

×「無限」の誤った理解が1＝0を証明してしまう×

$$S = 1 - 1 + 1 - 1 + 1 - 1 + \cdots\cdots$$

からスタートしよう．これを次のように組にして計算すると$S = 0$となる．

$$S = (1 - 1) + (1 - 1) + (1 - 1) + (1 - 1) + \cdots$$
$$S = 0 + 0 + 0 + 0 + \cdots$$
$$S = 0$$

また，これらの数を次のように組にしてから計算すると$S = 1$となる．

$$S = 1 - (1 - 1) - (1 - 1) - (1 - 1) - (1 - 1) - \cdots$$
$$S = 1 - 0 - 0 - 0 - \cdots$$
$$S = 1$$

これら2つの結果から $1 = 0$ が証明できたことになるのだろうか．もちろんならない．このまちがいの理由は，無限級数の収束性にある．

「絶対収束級数」では，各項の絶対値をとった級数が有限確定値に収束する．それだけでなく，項の順番をどのように並べ替えても収束値は変わらず同じになる．ドイツの数学者ベルンハルト・リーマン（1826～1866）は1854年に，絶対収束級数を除くすべての条件収束級数は，項の順番をうまく並べ替えることで収束値をどんな値にもできることを証明した（これを「リーマンの級数定理」という）．それゆえ，条件収束級数の項の順番を入れ替えることによって，いろいろと奇妙な結果を得ることになるのである【訳注：ただしこの節の無限級数は，実際は発散級数である】．

われわれは，1を n に置き換えることで，$(n - n) - (n - n) - \cdots\cdots = 0$ であるが $n - (n - n) - (n - n) - \cdots\cdots = n$ であるというように，$n = 0$ を証明できてしまうのだ．

このパラドックスは，数学者ベルナルト・ボルツァーノ（1781～1848）が著書『*Paradoxien des Unendlichen*』で最初に発表して以来知られている．無限級数（収束するしないにかかわらず）を扱うときには，注意して（　）を使わなければならないことを心に留めておこう．

✕ 2 = 3 になってしまう無限級数に関するまちがい ✕

自然数の列 1,2,3,4,5,……の逆数を考えて作ることができる無限級数を，「調和級数」という．では，次の調和級数を見てみよう．これは項を足していくにつれて確実に値が増えていき，有限の値には収束しない（無限大に発散する．

$$\frac{1}{1} + \frac{1}{2} + \frac{1}{3} + \frac{1}{4} + \frac{1}{5} + \frac{1}{6} + \frac{1}{7} + \frac{1}{8} + \frac{1}{9} + \frac{1}{10} + \cdots$$

このような級数は「発散級数」とよばれる．この級数を次のように分割してみよう．

$$\frac{1}{1}+\frac{1}{2}+\left(\frac{1}{3}+\frac{1}{4}\right)+\left(\frac{1}{5}+\frac{1}{6}+\frac{1}{7}+\frac{1}{8}\right)$$
$$+\left(\frac{1}{9}+\frac{1}{10}+\frac{1}{11}+\frac{1}{12}+\frac{1}{13}+\frac{1}{14}+\frac{1}{15}+\frac{1}{16}\right)+\left(\frac{1}{17}+\cdots\right.$$

それぞれの(　)の中の項の和は，$\frac{1}{2}$より大きくなっていることがわかるだろう．

さて，この調和級数において次のように＋と－の符号を交互に入れたとしよう．

$$\frac{1}{1}-\frac{1}{2}+\frac{1}{3}-\frac{1}{4}+\frac{1}{5}-\frac{1}{6}+\frac{1}{7}-\frac{1}{8}+\frac{1}{9}-\frac{1}{10}\pm\cdots$$

この和をsとする．sを求めるために，可換法則と結合法則を使って項の順番を次のようにアレンジし直す．

$$\begin{aligned}
s &= \frac{1}{1}-\frac{1}{2}-\frac{1}{4}+\frac{1}{3}-\frac{1}{6}-\frac{1}{8}+\frac{1}{5}-\frac{1}{10}-\frac{1}{12}\pm\cdots \\
&= \left(\frac{1}{1}-\frac{1}{2}\right)-\frac{1}{4}+\left(\frac{1}{3}-\frac{1}{6}\right)-\frac{1}{8}+\left(\frac{1}{5}-\frac{1}{10}\right)-\frac{1}{12}\pm\cdots \\
&= \frac{1}{2}-\frac{1}{4}+\frac{1}{6}-\frac{1}{8}+\frac{1}{10}-\frac{1}{12}\pm\cdots \\
&= \frac{1}{2}\times\left(\frac{1}{1}-\frac{1}{2}+\frac{1}{3}-\frac{1}{4}+\frac{1}{5}-\frac{1}{6}+\frac{1}{7}-\frac{1}{8}+\frac{1}{9}-\frac{1}{10}\pm\cdots\right) \\
&= \frac{1}{2}\times s
\end{aligned}$$

驚くべきことに，奇妙な結果$s=\frac{1}{2}s$つまり$s=0$を得てしまうではないか．しかしこれは道理に合わない．なぜなら，級数の分割を

$$\begin{aligned}
s &= \frac{1}{1}-\frac{1}{2}+\frac{1}{3}-\frac{1}{4}+\frac{1}{5}-\frac{1}{6}+\frac{1}{7}-\frac{1}{8}+\frac{1}{9}-\frac{1}{10}\pm\cdots \\
&= \left(\frac{1}{1}-\frac{1}{2}\right)+\left(\frac{1}{3}-\frac{1}{4}\right)+\left(\frac{1}{5}-\frac{1}{6}\right)+\ \cdots
\end{aligned}$$

のようにすれば，それぞれの(　)の中の項の和は0より明らかに大きいから，$s > 0$ でなければならず，上で得た結果と矛盾する．

さて，どこに誤りがあったのだろうか？　少し難しいが，正しい答えは $s = \ln 2$ $(= \log_e 2)$ *1 になるのである【巻末訳注3参照】．

級数の値を，次のように正の項を2つ加えてから負の項を1つ引く規則でアレンジし直す（ただし，余分な項は加えていないし，逆に必要な項を落としてもいない）．すると，さらに混乱した状況を招くことになる．

$$\frac{1}{1} + \frac{1}{3} - \frac{1}{2} + \frac{1}{5} + \frac{1}{7} - \frac{1}{4} + \frac{1}{9} + \frac{1}{11} - \frac{1}{6} \pm \cdots$$

この無限級数は，先ほどの調和級数の符号を変えた級数において，まず正の項を2つ足してから負の項を1つ引いて，また次の正の項を2つ足してから次の負の項を1つ引いて……というように単に順番を変えただけのものである．しかしこの無限級数の値は，実は $\frac{3}{2}\ln 2$ になり，結果が異なってしまうのだ【巻末訳注4参照】．したがって，$\ln 2 = \frac{3}{2}\ln 2$，つまり $1 = \frac{3}{2}$，または $3 = 2$ となってしまう！

このように級数の値がいろいろになってしまう理由は，それが絶対収束せずに，単に条件収束するだけであることによる【訳注：絶対収束する無限級数(つまり各項の絶対値を考えた級数も収束する級数）は自由に項の順番を入れ変えても和は同じ値になるが，単に条件収束するだけの無限級数では項の順番を変えると一般的には異なる値になるので（p.124で述べたリーマンの級数定理），項の順番を変えても和は常に等しいと考えてはならない】．

✕ −1を正の数にしてしまう無限級数のまちがい ✕

もうひとつ見ておいたほうがよい無限級数に関する誤りがある．

無限級数 $S = 1 + 2 + 4 + 8 + 16 + 32 + 64 + \cdots$ から始めよう．この式ではもちろん明らかに $S > 0$ である．両辺に2を掛けてから少し変形すると次のように書ける．

$$
\begin{aligned}
2S &= 2 + 4 + 8 + 16 + 32 + 64 + 128 + \cdots \\
&= (-1 + 1) + 2 + 4 + 8 + 16 + 32 + 64 + 128 + \cdots \\
&= -1 + (1 + 2 + 4 + 8 + 16 + 32 + 64 + 128 + \cdots) \\
&= -1 + S
\end{aligned}
$$

よって $2S = S - 1$，つまり $S = -1$ となった．われわれは正の値をもつ $S > 0$ から始めたのに，負の値 $S = -1$ を得てしまったではないか．これは，無限級数における（　）の誤用によるものである[*2]．

このパラドックスは有名なスイスの数学者ヤコブ・ベルヌーイ（1655～1705）によってすでに知られていた．

✕ 0を正の数にしてしまう無限級数のまちがい ✕

次の値 m，n について考えよう．

$$
\begin{aligned}
m &= \frac{1}{1} + \frac{1}{3} + \frac{1}{5} + \frac{1}{7} + \frac{1}{9} + \cdots \\
n &= \frac{1}{2} + \frac{1}{4} + \frac{1}{6} + \frac{1}{8} + \frac{1}{10} + \cdots \\
2n &= \frac{2}{2} + \frac{2}{4} + \frac{2}{6} + \frac{2}{8} + \frac{2}{10} + \cdots \\
&= \frac{1}{1} + \frac{1}{2} + \frac{1}{3} + \frac{1}{4} + \frac{1}{5} + \frac{1}{6} + \frac{1}{7} + \frac{1}{8} + \frac{1}{9} + \frac{1}{10} + \cdots
\end{aligned}
$$

したがって $2n = m + n$，よって $m - n = 0$ である．

しかしながら $m - n$ を，1 項ごとに引き去っていくと

$$
m - n = \left(\frac{1}{1} - \frac{1}{2}\right) + \left(\frac{1}{3} - \frac{1}{4}\right) + \left(\frac{1}{5} - \frac{1}{6}\right) + \left(\frac{1}{7} - \frac{1}{8}\right) + \left(\frac{1}{9} - \frac{1}{10}\right) + \cdots
$$

と書ける．（　）でくくられた各項の和は正であるから，$m - n$ も正にならなければならない．それだと 0 が正の数になってしまうではないか．まちがいはどこにあったのだろう？　前節で述べた誤りと同じだから，みなさ

んにはわかるはずだ．

×∞＝−1にしてしまう無限級数のまちがい×

1＋1＋1＋1＋1＋……を無限まで足したとしよう．この級数は

$$(-1+2)+(-2+3)+(-3+4)+(-4+5)+\cdots\cdots$$

と書き直すことができ，その値は∞でなければならない．しかしながら項の順番を次のようにアレンジしてみよう．

$$-1+[2+(-2)]+[3+(-3)]+[4+(-4)]+\cdots=-1+0+0+0+\cdots=-1$$

すると，$-1=\infty$ が導かれてしまうではないか．どこにまちがいがあったのだろうか？

われわれがおこなった変形は，数を数える場合に限ってはうまくいく．しかし，ここでは無限に多くの数を扱っているので，この変形は誤りとなるのだ．たいへん興味深いことだが，現代数学のある分野においては，無限級数のこうした欠陥のある定義が非常に生産的であることを見つけており，それが正しいと仮定して考察を進めると思わぬ新発見に行きつくこともある．アンドリュー・ワイルズは，「フェルマーの最終定理」を証明する際に，この交代システムの性質を用いたのだ．

×0＝1にしてしまう無限級数のまちがい×

今度は，無限級数 $\frac{1}{1\times2}+\frac{1}{2\times3}+\frac{1}{3\times4}+\frac{1}{4\times5}+\cdots\cdots$ からスタートしよう．実はこの値は1であることを次のように容易に示すことができる．

$$\frac{1}{1\times2}+\frac{1}{2\times3}+\frac{1}{3\times4}+\frac{1}{4\times5}+\cdots=\frac{1}{2}+\frac{1}{6}+\frac{1}{12}+\frac{1}{20}+\cdots$$
$$=\left(\frac{1}{1}-\frac{1}{2}\right)+\left(\frac{1}{2}-\frac{1}{3}\right)+\left(\frac{1}{3}-\frac{1}{4}\right)+\left(\frac{1}{4}-\frac{1}{5}\right)+\cdots$$

$$=\frac{1}{1}+\left(-\frac{1}{2}+\frac{1}{2}\right)+\left(-\frac{1}{3}+\frac{1}{3}\right)+\left(-\frac{1}{4}+\frac{1}{4}\right)+\left(-\frac{1}{5}+\frac{1}{5}\right)+\cdots$$

と変形すると，それぞれの(　)の中は0であるから，この級数の値は1となり，次のように書けることになる．

$$1=\frac{1}{1\times 2}+\frac{1}{2\times 3}+\frac{1}{3\times 4}+\frac{1}{4\times 5}+\frac{1}{5\times 6}+\frac{1}{6\times 7}+\cdots$$

この式の両辺から $\frac{1}{2}=\frac{1}{1\times 2}$ を引くと

$$\frac{1}{2}=\frac{1}{2\times 3}+\frac{1}{3\times 4}+\frac{1}{4\times 5}+\frac{1}{5\times 6}+\frac{1}{6\times 7}+\cdots$$

さらにこの式の両辺から $\frac{1}{6}=\frac{1}{2\times 3}$ を引くと

$$\frac{1}{3}=\frac{1}{3\times 4}+\frac{1}{4\times 5}+\frac{1}{5\times 6}+\frac{1}{6\times 7}+\cdots$$

さらにこの過程を続けていく．

$$\frac{1}{4}=\frac{1}{4\times 5}+\frac{1}{5\times 6}+\frac{1}{6\times 7}+\cdots$$

このようにして作り出した式の左辺を足し合わせると $1+\frac{1}{2}+\frac{1}{3}+\frac{1}{4}+\cdots\cdots$ となる．一方，右辺の和は

$$\begin{aligned}&=\left(\frac{1}{1\times 2}+\frac{1}{2\times 3}+\frac{1}{3\times 4}+\frac{1}{4\times 5}+\frac{1}{5\times 6}+\frac{1}{6\times 7}+\cdots\right)\\&+\left(\frac{1}{2\times 3}+\frac{1}{3\times 4}+\frac{1}{4\times 5}+\frac{1}{5\times 6}+\frac{1}{6\times 7}+\cdots\right)\\&+\left(\frac{1}{3\times 4}+\frac{1}{4\times 5}+\frac{1}{5\times 6}+\frac{1}{6\times 7}+\cdots\right)+\left(\frac{1}{4\times 5}+\frac{1}{5\times 6}+\frac{1}{6\times 7}+\cdots\right)+\cdots\\&=\frac{1}{1\times 2}+2\times\frac{1}{2\times 3}+3\times\frac{1}{3\times 4}+4\times\frac{1}{4\times 5}+\cdots\end{aligned}$$

$$= \frac{1}{2} + \frac{1}{3} + \frac{1}{4} + \cdots$$

となるから，よって

$$1 + \frac{1}{2} + \frac{1}{3} + \frac{1}{4} + \cdots = \frac{1}{2} + \frac{1}{3} + \frac{1}{4} + \cdots$$

を得たことになる．またしても，ありえない結果 $1 = 0$ を得てしまった！

再度，どこが誤りであったのかを考えよう．その答えは，収束する級数と発散する級数との違いに隠れている．

✕ 無限を考えるときに混乱して 0 = ∞を導いてしまう ✕

手品師が 1 枚のコインを箱の中に入れた．30 分後に彼はコインを取り出し，3 枚の新しいコインを箱の中に入れた．その 15 分後，箱の中からコインを 1 枚取り出し 3 枚の新しいコインを箱の中に入れた．さらにその 7.5 分後，箱の中からコインを 1 枚取り出し 3 枚の新しいコインを箱の中に入れた．手品師はこのプロセスを 1 時間続けておこなった．最終的に 1 時間後に箱の中には何枚のコインがあるだろうか？

解答 1　すべてのステップにおいて，1 枚のコインが取り出され新しい 3 枚のコインが箱の中に加わる．このことはすべてのステップにおいて 2 枚のコインが箱の中のコインのコレクションに加わることを意味する．ということは n 回目のステップの後の箱の中には $2n + 1$ 枚のコインがあることになる．手品師は 1 時間にこのステップを無限回おこなうことになる．よって箱の中には無限個のコインがあるに違いない．

解答 2　箱の中に最後に存在したコインはどれだろうか？　箱の中に入れられたすべてのコインに番号をつけることができる．箱の中のあるコインのなかに番号 n というものがあるとする．n 回目のステップの後にこのコインが取り出される予定と仮定するのだ．手品師のおこなうステップは無限回あるわけだから，箱の中にひとときでも置かれたすべてのコインは，いつかは箱の中から取り出されることになる．結果として，最終的に1時間後，箱の中にはコインは存在しないことになる．

これだと∞＝0になってしまうではないか．どこに誤りがあるのだろう．ヒントは，無限級数の特性を思い出すことだ．

虚数(負の数の平方根として定義される数)が実数と同じような性質をもつと仮定することによっても，大きなまちがいを犯すことがある．このことを次の例で見てみよう．

✕ 複素数を誤って用いると−1＝1を導いてしまう ✕

2つの虚数 $\sqrt{-1}$ の積を考えよう．実数のときに成り立つ法則を虚数に適用すると次のようになる．

$$\sqrt{-1} \times \sqrt{-1} - \sqrt{(-1) \times (-1)} = \sqrt{+1} = 1$$

今度は定義どおり次のように積を計算してみる．

$$\sqrt{-1} \times \sqrt{-1} = (\sqrt{-1})^2 = -1$$

このように積は2つの値となり，$-1 = 1$ と結論できてしまう．-1 は1ではないから何かがまちがっているはずだ．

この誤りは数学の定義に起因しているものの1つだ．つまり $\sqrt{a}\sqrt{b} = \sqrt{ab}$ は a と b が負の数の場合には成り立たないのだ．したがって $\sqrt{-1}\sqrt{-1} = \sqrt{(-1)(-1)}$ はまちがっているのである．しかし，$\sqrt{(-1)(-1)} = \sqrt{1}$ は正しい．

同じように，正の数 a, b に対しては成り立つ関係式 $\dfrac{\sqrt{a}}{\sqrt{b}} = \sqrt{\dfrac{a}{b}}$ を，うっかり負の数でも成り立つとしてはいけない．

$\sqrt{\dfrac{1}{-1}} = \sqrt{\dfrac{-1}{1}}$ は明らかに正しい（なぜなら両辺とも $\sqrt{-1}$ であるから）．しかし，上の不注意な一般化を適用し $\dfrac{\sqrt{1}}{\sqrt{-1}} = \dfrac{\sqrt{-1}}{\sqrt{1}}$ としてしまうとまちが

いである．ここで何が起こっているかをよく見てみよう．この誤りの式の分母を払うと $(\sqrt{1})^2 = (\sqrt{-1})^2$ となってしまい，これは本質的に $1 = -1$ を主張している．またもや定義が混乱して，誤った結果を導いてしまったのだ．

この「証明」の化けの皮をはがすためには，もっと複素数について知らなければならないが，ここはこれでとどめておく．

× 微妙な誤りが大きなまちがいを招く ×

次の方程式(未知数は実数 x)を解いてみるので，よく見ていてほしい．

$$-\frac{6}{x-3}-\frac{9}{x-2}=\frac{1}{x-4}-\frac{4}{x-1}$$

まず各辺の分数をそれぞれの最小公倍数で通分すると次のようになる．

$$\frac{6(x-2)}{(x-2)(x-3)}-\frac{9(x-3)}{(x-2)(x-3)}=\frac{x-1}{(x-1)(x-4)}-\frac{4(x-4)}{(x-1)(x-4)}$$

(　　)を展開して分子を足し合わせて整理すると

$$\frac{6x-12-9x+27}{x^2-3x-2x+6}=\frac{x-1-4x+16}{x^2-4x-x+4}$$

$$\frac{-3x+15}{x^2-5x+6}=\frac{-3x+15}{x^2-5x+4}$$

となる．ここで両辺を$(-3x+15)$で割れば

$$\frac{1}{x^2-5x+6}=\frac{1}{x^2-5x+4}$$

となり，分数と分子が等しいので，分母も等しいとできる．すなわち，$x^2-5x+6=x^2-5x+4$ となる．よって $6=4$ が導かれた．

このばかげた結果を得たことで，もともとの方程式は実は解をもたないのだと思うかもしれない．しかしそれは誤っている．実際，この方程式の解は $x = 5$ であり，その事実は下のように，元の方程式の両辺ともに $x = 5$ を代入すると 0 になることで確かめられる．

$$\frac{6}{5-3} - \frac{9}{5-2} = \frac{6}{2} - \frac{9}{3} = 3 - 3 = 0 \quad \frac{1}{5-4} - \frac{4}{5-1} = \frac{1}{1} - \frac{4}{4} = 1 - 1 = 0$$

なお，x は 1，2，3，4 の値をとることができないことには注意しておこう（なぜならこれらの値は方程式の分母のいずれかを 0 にしてしまうから）．

さて，どこに誤りがあったのだろうか．実は，$-3x + 15$ で割ったときに $-3x + 15 = 0$ となる可能性を除去してしまっていたのだ．ところが除去してしまったこの場合がまさにこの方程式の正しい答えを与えていた．驚くべきことだが，われわれはまた知らないうちに 0 で割っていたのだ．最初に述べた古い教えだというのに．

✕ 解の抜け落ちにうってつけの複雑な方程式 ✕

次の方程式（未知数は実数 x）を解いてみよう．

$$3 - \frac{2}{1+x} = \frac{3x+1}{2-x}$$

まず左辺の項を通分して加えると $\frac{3(1+x)}{1+x} - \frac{2}{1+x} = \frac{3x+1}{1+x}$ となる．よって $\frac{3x+1}{1+x} = \frac{3x+1}{2-x}$ を得る．分子が等しいから分母も同様に等しくならなければならず，$1 + x = 2 - x$．まず，これを解いて $x = \frac{1}{2}$ となる．これは実際にもともとの方程式の解になることは，$x = \frac{1}{2}$ を代入して下のようにして確かめられる．

$$\text{左辺は，}3-\frac{2}{1+\frac{1}{2}}=3-\frac{2}{\frac{3}{2}}=3-\frac{4}{3}=\frac{5}{3}$$

$$\text{右辺は，}\frac{3\times\frac{1}{2}+1}{2-\frac{1}{2}}=\frac{\frac{5}{2}}{\frac{3}{2}}=\frac{5}{3}$$

左辺が右辺と等しくなって，方程式が成り立つことが気持ちよく確かめられた．

だが不運なことに，この方程式の解はこれだけではない．別の方法でもうひとつの解を見つけてみよう．

$$3-\frac{2}{1+x}=\frac{3x+1}{2-x}$$

両辺に$(1+x)(2-x)$を掛けると

$$3\times(1+x)(2-x)-2\times(2-x)=(3x+1)(1+x)$$

を得る．(　　)を外して計算すると

$$-3x^2+3x+6-4+2x=3x^2+3x+x+1$$
$$-3x^2+5x+2=3x^2+4x+1$$

この式の両辺に$3x^2-5x-2$を加えると，$0=6x^2-x-1$となる．この両辺を6で割ると次の式になる．

$$x^2-\frac{1}{6}x-\frac{1}{6}=0$$

これを解くために，よく知られている二次方程式の解の公式を使うと，次のように，2つのxの解が得られる．

$$x_{1,2} = \frac{1}{12} \pm \sqrt{\frac{1}{12^2} + \frac{1}{6}} = \frac{1}{12} \pm \sqrt{\frac{1}{144} + \frac{24}{144}} = \frac{1}{12} \pm \frac{5}{12}$$

別々に書くと，$x_1 = \frac{1}{12} + \frac{5}{12} = \frac{1}{2}$　　$x_2 = \frac{1}{12} - \frac{5}{12} = -\frac{1}{3}$

$x_2 = -\frac{1}{3}$ はこの方程式の 2 つめの解である．解は，先ほど導き出した $x_1 = \frac{1}{2}$ だけではなかったのだ．この 2 つめの解 $x_2 = -\frac{1}{3}$ が本当に正しいかどうか確かめておこう．$x_2 = -\frac{1}{3}$ を元の方程式の左辺と右辺にそれぞれ代入すると次のようになる．

$$\text{左辺}：3 - \frac{2}{1 - \frac{1}{3}} = 3 - \frac{2}{\frac{2}{3}} = 3 - 3 = 0$$

$$\text{右辺}：\frac{3 \times \left(-\frac{1}{3}\right) + 1}{2 + \frac{1}{3}} = \frac{0}{\frac{7}{3}} = 0$$

この 2 つめの解が正しいことが明らかになった．今回われわれが犯したまちがいは，方程式を解いたときに，2 つの解があり得るのに 1 つだけで満足してしまったことだ．

似たような状況が起こる例として，方程式 $\frac{a-x}{1-ax} = \frac{1-bx}{b-x}$ (a, b, x は実数で x は未知数) を解く．どこでまちがいが起きるかを確かめながら見ていこう．

$$(a-x)(b-x) = (1-ax)(1-bx)$$
$$ab - ax - bx + x^2 = 1 - bx - ax + abx^2$$
$$x^2 = 1 + abx^2 - ab$$
$$x^2(1-ab) = 1 - ab$$

まず $1 - ab = 0$ のときはすべての x が方程式を満たす．そして，$1 - ab \neq 0$ のときは $x^2 = 1$ となるので，$x = 1$，-1 である．これらはどちらも解であることを，代入して確かめてみる．

$$\frac{a+1}{1+a}=\frac{1+b}{b+1} \quad \text{ゆえに} \quad a \neq -1 \quad \text{かつ} \quad b \neq -1$$

$$\text{同じように} \quad \frac{a-1}{1-a}=\frac{1-b}{b-1} \quad \text{ゆえに} \quad a \neq 1 \quad \text{かつ} \quad b \neq 1$$

では，$1-ab$ というのは何を意味するのだろうか．実は，a と b がある関係にあるとき，x はあらゆる値をとる．$b=\frac{1}{a}$ を元の方程式に代入すると

$$\frac{a-x}{1-ax}=\frac{1-\frac{x}{a}}{\frac{1}{a}-x}=\frac{a-x}{1-ax}$$

となり，両辺は等しくなる．これは，すべての x の値が解になることを示す．ただし，$x=\frac{1}{a}$ のときは分母が 0 になってしまう．

以上のことをまとめると，正しい解は以下のとおりである．

1. $ab \neq 1$ でかつ $a \neq -1$ かつ $b \neq -1$ かつ a または b が 1 のときは，$x=-1$
2. $ab \neq 1$ でかつ $a \neq 1$ かつ $b \neq 1$ かつ a または b が -1 のときは，$x=1$
3. $ab=1$ のときは，すべての数 x（ただし $|x| \neq 1$, $x \neq \frac{1}{a}$）
4. $ab \neq 1$ でかつ $a \neq -1$ かつ $b \neq -1$ かつ $a \neq 1$ かつ $b \neq 1$ のときは，$x=1, -1$
5. $ab \neq 1$ でかつ a または b が -1 かつ a または b が 1 のときは，解なし

✕ 誤った解を導きやすい方程式 ✕

方程式 $x^2+9y^2=0$ の解 (x, y) を探しているとしよう（x と y は実数）．

両辺から x^2 を引いて，$9y^2=-x^2$

両辺を 9 で割って，$y^2 = -\frac{x^2}{9}$
平方根をとって，$y = \pm\frac{x}{3}$

これはまちがいであって，正しい解ではない！

$x^2 \geqq 0$，$9y^2 \geqq 0$ であるから $x^2 + 9y^2 \geqq 0$ であるのに，方程式 $x^2 + 9y^2 = 0$ が与えられている．したがって，$x^2 = 0$ かつ $9y^2 = 0$ でなければならず，この方程式は $(x, y) = (0, 0)$ しか実数解をもたないことになる．$y = \pm\frac{x}{3}$ は解ではない（複素数の範囲に拡げれば，$y = \pm\frac{i}{3}x$ という無数の解をもつ）．

✕ 注意しないとまちがえやすい不等式の解き方 ✕

実数 a, b に対して次の不等式は満たされるだろうか？

$$\frac{a}{b} + \frac{b}{a} > 2$$

まず，a と b は 0 にはなれないことに注意しておこう．

両辺に ab を掛けると $a^2 + b^2 > 2ab$ となるので $-ab - b^2$ を加えて $a^2 - ab > ab - b^2$．因数分解すると $a(a - b) > b(a - b)$ となる．

最後に $(a - b)$ で割ると結果として $a > b$ を得る．

よってこの不等式を満たす解は $a > b$ となりそうだが，これは正しいだろうか．ここまで読んでこられた読者は，この解法が誤りであることにお気づきだろう．

では，この不等式の別の解法を見てみよう．まず，ab が負のとき（つまり a と b が異なる符号をもつとき）はこの不等式は成り立たないことは明らかなので，ab は正と仮定してよい．このとき，元の不等式の両辺に ab を掛けてから $-2ab$ を加えると $a^2 - 2ab + b^2 > 0$ となる．よって，$(a - b)^2 > 0$．平方根をとって $|a - b| > 0$ を得る．よって $a \neq b$ が答えとなる．

先ほど述べた $ab > 0$ の条件に注意すると，正しい答えは以下の 2 つの場合となる．

1. $a \neq b$ かつ $a > 0$, $b > 0$
2. $a \neq b$ かつ $a < 0$, $b < 0$

先に述べたように $ab < 0$ のときは解にならないのだが，これを図にすると図 3.6 のようになる．

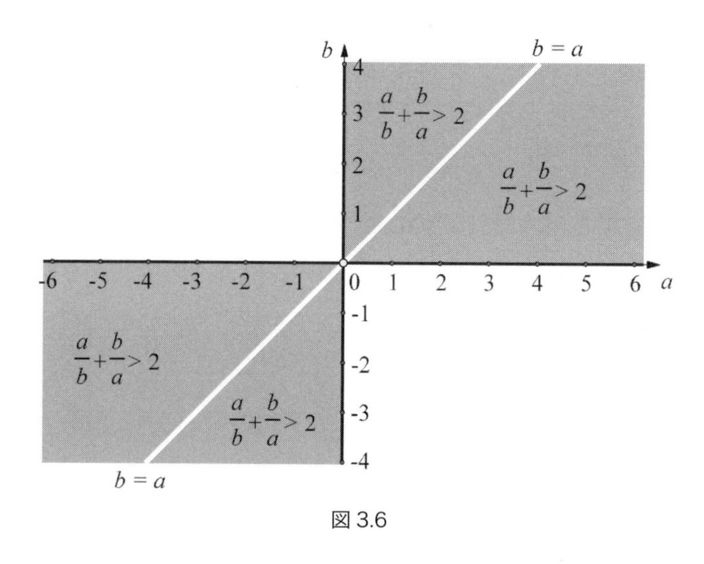

図 3.6

さらなる不等式のまちがい

不等式におけるよくあるまちがいは，逆数をとったときや，負の数で割ったり掛けたりするときに起こる．この 2 つの操作をする場合は不等号の向きが逆になる．簡単な例を示すと，$2 < 3$ の場合，$\frac{1}{2} > \frac{1}{3}$，$-2 > -3$ となるということである．

似たようなまちがいの例があるので見ていただきたい．次の式を満たす n の値の範囲を求めたいとする（n は実数とする）．

$$n \times \log 0.1 < \log 0.01$$

両辺を $\log 0.1$ で割ると次を得る．

$$n < \frac{\log 0.01}{\log 0.1} = \frac{-2}{-1} = 2 \quad \text{簡単にすると} \quad n < 2$$

しかし，正しい論理では $n > 2$ なのでなある．log 0.1 がどんな値であるかを思い出してほしい．そうすればミスに気づくだろう（そう，もちろん log 0.1 は負の数である！）．

× 正しい答えを導く重大なまちがい ×

この節では，とてもヘンテコで完全に誤った計算法則なのに，正しい結果に到達してしまう例を示す．これを第2章で述べた分数の誤った約分 $\left(\frac{16}{64} = \frac{1\not{6}}{\not{6}4} = \frac{1}{4}\right)$ と比較してもおもしろいだろう．

ルート記号の中に入っている数を単にそのままルート記号の外に出してはもちろんいけないのだが，ここでは，その誤った計算が正しい値を導く例を紹介する．

$$\sqrt{2\frac{2}{3}} = 2 \times \sqrt{\frac{2}{3}}$$

$$\sqrt{3\frac{3}{8}} = 3 \times \sqrt{\frac{3}{8}}$$

$$\sqrt{4\frac{4}{15}} = 4 \times \sqrt{\frac{4}{15}}$$

$$\sqrt{5\frac{5}{24}} = 5 \times \sqrt{\frac{5}{24}}$$

$$\sqrt{12\frac{12}{143}} = 12 \times \sqrt{\frac{12}{143}}$$

$$\sqrt[3]{2\frac{2}{7}} = 2 \times \sqrt[3]{\frac{2}{7}}$$

$$\sqrt[3]{3\frac{3}{26}} = 3 \times \sqrt[3]{\frac{3}{26}} \quad \text{など}$$

これらは驚くべきことにすべて正しい．どのような条件下でこの計算が正しくなっているのかを知りたいことだろう．それは，$\sqrt[n]{a+b} = a\sqrt[n]{b}$ が成り立つときだ．n 乗して $a + b = a^n \times b$ が成り立つときともいえる．さらに次のように計算すれば，この法則が成り立つ a と b の関係式が得られる．

$$b - ba^n = -a$$
$$b(1 - a^n) = -a$$
$$b = \frac{a}{a^n - 1}$$

熱心な読者のために，本来はまちがっているこの計算がうまく働く状況を説明しよう．式を一般化すると下のように書けそうである．

$$\sqrt[n]{a + \frac{a}{a^n - 1}} = a \times \sqrt[n]{\frac{a}{a^n - 1}}$$

そして，$a > 1$ のときには次のように整理できる．

$$\sqrt[n]{a + \frac{a}{a^n - 1}} = \left(a + \frac{a}{a^n - 1}\right)^{\frac{1}{n}} = \left(\frac{a(a^n - 1)}{a^n - 1} + \frac{a}{a^n - 1}\right)^{\frac{1}{n}} = \left(\frac{a(a^n - 1 + 1)}{a^n - 1}\right)^{\frac{1}{n}}$$
$$= \left(\frac{a \times a^n}{a^n - 1}\right)^{\frac{1}{n}} = a \times \left(\frac{a}{a^n - 1}\right)^{\frac{1}{n}} = a \times \sqrt[n]{\frac{a}{a^n - 1}}$$

しかしながら，さらに計算法則の一般化を広げようとすると，ミスが生じるから注意が必要だ．第 2 章で述べた分数のヘンテコな約分のときと同じように，次の等式(不思議なことに正しい)について考えてみよう．

$$\sqrt{2^2 + \frac{4}{3}} = 2 \times \sqrt{\frac{4}{3}} \qquad \sqrt{3^2 + \frac{9}{8}} = 3 \times \sqrt{\frac{9}{8}}$$

この式を一般化して下の式が成り立つといってよいのだろうか？

$$\sqrt{a^2 + b} = a \times \sqrt{b}$$

残念ながらもちろん正しくない．ただ，どのような場合にこのような奇妙なルート計算が可能になるのだろうか．両辺を 2 乗して整理すると

$$a^2 + b = a^2 \times b$$
$$a^2 = a^2 \times b - b = b(a^2 - 1)$$
$$b = \frac{a^2}{a^2 - 1}$$

となることがわかる．これは，この等式が成り立つ条件を示している．

この節で述べた奇妙な計算法則は「重大なまちがい」とよんでよいだろう．なぜなら，完全に誤った計算をしたのに，正しい結果を導いてしまうからだ．

まちがいが正しい答えを導くさらなる例

前節の例で見たように，誤った計算法則がいつでもばかげたとんでもない答えをはじき出すわけではない．ここでは，そのような例をもうひとつ紹介する．その計算法則は決して認められるものではないのだが，ちょっとした楽しみを与えてくれる．

$x - 2 = 3$ という方程式からスタートしよう．もちろん答えは $x = 5$ である． 方程式の左辺のみに 12 を加えると $x + 10 = 3$ となる．さらに両辺に $x - 5$ を掛けると $(x + 10)(x - 5) = 3(x - 5)$ となり，移項して因数分解すれば $(x + 7)(x - 5) = 0$．この時点では $x = -7, 5$ が解になり，誤っている．しかし，この両辺を $x + 7$ で割れば $x - 5 = 0$ である．つまり最初に出した $x = 5$ が解になる．なんと，左辺のみに 12 を加えたにもかかわらず，正しい答えが導けてしまった．

12 を左辺のみに加えるのではなく，本来しなければならないように両辺に加えれば，右辺の $3(x - 5)$ が $15(x - 5)$ に代わるから，$(x - 5)^2 = 0$ となって $x = 5$ しか解が出ない．もちろん誤った解 $x = -7$ は消滅してしまっている．

滑稽な誤りなのに正しい答えを導くもうひとつの例を見よう．次の方程式を解くことを考える．

$$(5-3x)(7-2x)=(11-6x)(3-x)$$

ここで，各辺を「掛けるのではなく加える」計算に変えると次の式を得る．

$$(5-3x)+(7-2x)=(11-6x)+(3-x)$$

これを計算すると

$$12-5x=14-7x$$
$$2x=2 \quad \text{よって} \quad x=1$$

となり，驚くべきことに正しい答えになっているのだ！

実際に正しい計算を実行すると

$$(5-3x)(7-2x)=(11-6x)(3-x)$$
$$6x^2-31x+35=6x^2-29x+33$$

となって，やはり $x=1$ を得る[*3]．

そのほか，下のように，2回まちがうと正しい答えに戻ることもよくあるから注意しよう．

$$\sqrt{\frac{2.8}{70}}=\sqrt{0.4}=0.2$$

これは，2回目のまちがいが1回目のまちがいを正してしまう例だ．

× 正しく始め，ばかげた誤りを犯し，正しい答えが出た ×

次の方程式を解くことを考えよう．

$$\frac{x-7}{x+7}+\frac{x+10}{x+3}=2$$

両辺に $(x+7)(x+3)$ を掛けるところまではよい（これは分数方程式を

解くときの常套手段である）．この後，次のようなとんでもないまちがい（約分）をしたのだが，結果的に正しい答えに行き着いてしまった．

$$(x-7)\times\cancel{(x+3)}+(x+10)\times\cancel{(x+7)}=2\cancel{(x+7)}\times\cancel{(x+3)}$$

$$x-7+x+7=2$$

$$2x=2$$

$$x=1$$

この誤りは滑稽に見えるかもしれないが，実際に何度もあったものだ．

✕ 誤った方程式を解く正しいプロセス ✕

方程式 $\dfrac{1}{x+1}+\dfrac{x}{x+2}+\dfrac{1}{x+3}=1$ を解くことを考えよう．解答に至る第一歩は，両辺に分母の最小公倍数 $(x+1)(x+2)(x+3)$ を掛けることだ．しかし，各分数の分母・分子に $\dfrac{(x+1)(x+2)(x+3)}{(x+1)(x+2)(x+3)}$ を掛けて

$$\frac{(x+2)(x+3)}{(x+1)(x+2)(x+3)}+\frac{x(x+1)(x+3)}{(x+1)(x+2)(x+3)}+\frac{(x+1)(x+2)}{(x+1)(x+2)(x+3)}=1$$

としてもよいだろう．各分子を展開してからまとめると

$$\frac{x^3+6x^2+11x+8}{x^3+6x^2+11x+6}=1$$

となり，次のような奇妙な結果に行きつく．

$$x^3+6x^2+11x+8=x^3+6x^2+11x+6$$

結果的に $8=6$ を得てしまう．

どこでまちがいを犯したのだろうか．0 で割っていることはしていないのに……．実は，まちがいの原因はこの方程式が解をもたない点にある．値は 1 に近づいていくが，決して 1 にはならないのだ．その様子を図 3.7 でグラフとして見ることができる．

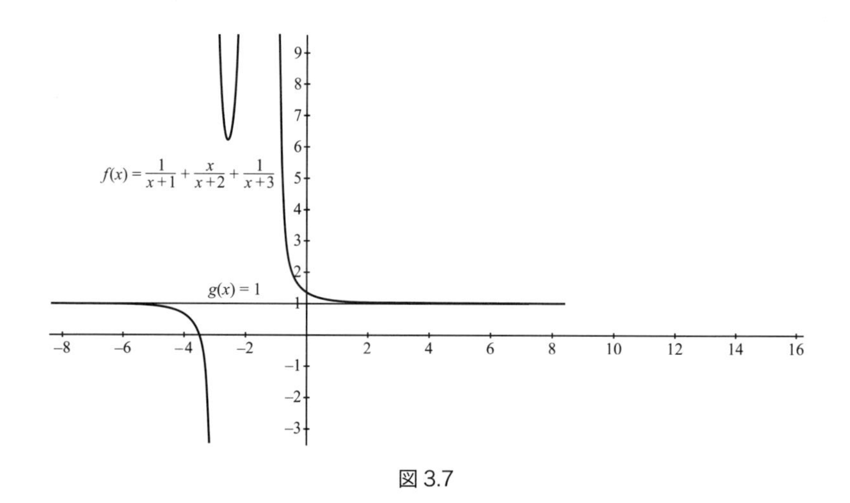

図 3.7

われわれはこの状況を次のように見ることもできるだろう．方程式

$$\frac{1}{x+1} + \frac{x}{x+2} + \frac{1}{x+3} = 1$$

において，$y = x + 2$ とおくと

$$\frac{1}{y-1} + \frac{y-2}{y} + \frac{1}{y+1} = 1 \quad \text{よって} \quad \frac{1}{y-1} + \frac{y}{y} - \frac{2}{y} + \frac{1}{y+1} = 1$$

を得る．さらに変形すると

$$\frac{1}{y-1} - \frac{1}{y} - \frac{1}{y+1} - \frac{1}{y} = 0$$
$$\frac{1}{y(y-1)} = \frac{1}{y(y+1)}$$

となってしまい，これは矛盾である．よってこの方程式は解をもたない．

✕ 計算機に原因があるまちがい ✕

数学におけるまちがいには，われわれ人間には責任がないものもある．それは，われわれが何の疑いもなく信頼していることが多い計算機が原因となるまちがいである．

たとえば分数関数 $\dfrac{1}{\sqrt{a+b}-\sqrt{a}}$ を例にして，代数的に正しく，分母分子に $\dfrac{\sqrt{a+b}+\sqrt{a}}{\sqrt{a+b}+\sqrt{a}}=1$ を掛けて，次のように計算してみよう．

$$\frac{1}{\sqrt{a+b}-\sqrt{a}}=\frac{1}{\sqrt{a+b}-\sqrt{a}}\times\frac{\sqrt{a+b}+\sqrt{a}}{\sqrt{a+b}+\sqrt{a}}=\frac{\sqrt{a+b}+\sqrt{a}}{(\sqrt{a+b})^2-(\sqrt{a})^2}$$

$$=\frac{\sqrt{a+b}+\sqrt{a}}{(a+b)-a}=\frac{\sqrt{a+b}+\sqrt{a}}{b}$$

そして理論的にまったく等しいこれら2つの値 $\dfrac{1}{\sqrt{a+b}-\sqrt{a}}$ と $\dfrac{\sqrt{a+b}+\sqrt{a}}{b}$ を実際に計算機で計算して比較してみよう（表 3.2）．

表 3.2

代入値		$\dfrac{1}{\sqrt{a+b}-\sqrt{a}}$	$\dfrac{\sqrt{a+b}+\sqrt{a}}{b}$
$a=1.000$ $b=0.001$	計算機での 8 桁計算	63,2**91.139**	63,2**45.569**
	計算ソフトでの 20 桁計算	63,245.5690147519**92618**	63,245.5690147519**34636**
$a=100$ $b=0.01$	計算機での 8 桁計算	2000.**4001**	2000.**05**
	計算ソフトでの 20 桁計算	2000.049998750062496**8**	2000.049998750062496**0**

2つの値に差があることに気がつくだろう．このミスは，先ほど述べたように，計算機を原因とする誤りである．これらは純粋に数学的な誤りではない．現代において人間の代わりに計算をしてくれる機械が，その計算をはしょったことから生じるまちがいと言っていいかもしれない．

✕「比」の関係式のまちがい ✕

「比」の意味をきちんと理解していないと生じる残念な誤りを見てみよ

う.

ある女性が年齢を尋ねられて次のように答えたとする.「私は夫と結婚したときに20歳でしたが，そのとき夫は30歳でした. 今日彼は60歳で30歳の倍になりますから，私も今は20歳の倍の40歳です」.

つまり，彼女は次のように考えたわけだ.

$$\frac{x}{20} = \frac{60}{30} \qquad x = 20 \times 2 = 40$$

残念ながら，この考えはまちがっている. この場合に「比」の考え方を適用するのはまちがいで, 単にいくつ違うのかの「差」を考えればよいだけだ. 今の場合，夫と妻の間に10歳の年齢差がある. よって，彼女の正しい年齢は $60 - 10 = 50$ 歳である.

✕ 比に関するさらにおかしなまちがい ✕

比においては，第1項が第2項よりも大きい場合は，第3項も第4項より大きくなければならない. すなわち $ad = bc$ のときは $\frac{a}{b} = \frac{c}{d}$ となるが，もし $a > b$ ならば $c > d$ である. ここで $a = d = 1$，$b = c = -1$ としてみると，$ad = bc$ を満たすことがわかり，かつ $a > b$ である.

したがって，上で述べたことにより $c > d$ となるはずだが，それだと $-1 > 1$ となってしまいおかしい. これは明らかにまちがっているが，どこが誤りだったのであろうか？

ここでのまちがいは，「$\frac{a}{b} = \frac{c}{d}$ のとき，$a > b$ ならば $c > d$ である」としたことである. これは，正の数のときのみに言えることで，一般化はできない. たとえば，「$\frac{a}{b} = \frac{c}{d}$ のとき $a > b$」の例として，$\frac{5}{4} = \frac{-10}{-8}$ のとき $5 > 4$ が挙げられる. しかし，$-10 > -8$ ではない. この場合は $c < d$ なのである.

✕ 方程式を加えるときの理解不足によるまちがい ✕

正しい2つの等式の左辺どうし・右辺どうしをそれぞれ加えると，再び正しい等式が得られることは誰でも知っている．

では次の例を見てみよう．

①1匹の猫は4本の足をもっている．

②どの猫も3本の足を持っていない(0匹の猫が3本の足をもっている)．

われわれは2つの正しい等式があるので，これら2式を加えると次を結論することができる．

③1匹の猫は7本の足をもっている．

なぜなら，猫の数の和が $(1 + 0 = 1)$ で，足の数の和が $(4 + 3 = 7)$ であるから．しかし明らかにこれはまちがっている．だって，結果がばかげている．

この誤りは「もっている」という語を「＝」と同じ意味だと勘違いしたことによる．実際は，主張①と②は等式ではないので，もちろん加えることはできないのだ！

✕ 連立方程式の理解不足がまちがいにつながる ✕

次の連立方程式を考えよう．

$$-x + 2y + z = -2 \quad ①$$

$$x - y - z = 1 \quad ②$$

$$x - 2y + z = -2 \quad ③$$

$$x - y + z = 1 \quad ④$$

この方程式を解くために，①と②を加えて，②から④を引いてみると，次のようになる．

①＋②より，$y=-1$　⑤

②－④より，$z=0$　⑥

⑤⑥で得られた式を③に代入すると，次の式を得る．

$$x=-4 \qquad ⑦$$

よって，最初の連立方程式の解は $x=-4$，$y=-1$，$z=0$ となる．

同じ方程式を別の方法で次のように解くこともできるだろう．①の左辺と③の左辺は等しい(なぜならそれぞれの右辺が -2 で等しい)ので，

$$-x+2y+z=x-2y+z$$
$$4y=2x$$
$$x=2y \qquad ⑧$$

となり，⑧を②に代入すると

$$2y-y-z=1 \quad より \quad y-z=1 \qquad ⑨$$

一方で⑧を④に代入すると

$$2y-y+z=1 \quad より \quad y+z=1 \qquad ⑩$$

⑨と⑩を加えると $y=1$，⑨から⑩を引くと $z=0$，最後にこれらを①に代入すれば $x=4$．よって，解は $x=4$，$y=-1$，$z=0$ となるが，これは最初に導き出した解と異なっている．

ではどこが誤りであったのだろう．実はどちらの解もまちがっていて，この連立方程式は解をもたないのである．実際，各方程式は $z=0$ と $z=-2$ のように，お互いに相容れない答えをはじき出してしまう．

× 与えられた情報の理解不足によるまちがい ×

2本のペンを購入しようとしている．1本は赤色のペンで，もう1本は

黒色のペンとする．赤色のペンは黒色のペンより1ドル高く，両方の支払いの合計が1.10ドルだったとすれば，それぞれのペンの値段はいくらだろうか．多くの人がまちがえて出してしまう解答は，「赤色のが1ドルで黒色のが10セント」というものだ．

この論理のどこに誤りがあるのかを見つけたいなら，与えられている状況を次のように代数化してみるのがよいだろう．黒色のペンの値段をxセントとするとき，$x + (x + 100) = 110$，これを解いて$x = 5$セントとなる．

したがって，赤色のペンは1.05ドル，黒色のペンは0.05ドルとなるのだ．

早く結論を言いたいばかりに，出した答えの合理性を確認しないままでいると，思わぬミスにつながってしまうよい例だ．

この種のまちがいは，次の例にも見られる．

100 kgの混合物がある．その99%は水である．しばらくすると，水が蒸発し，水は98%になった．水が減ったことによって，混合物の重さはいくらになったであろうか．

典型的なまちがいは，99% − 98% = 1%の水が蒸発したので，100 kgの1%である1 kgの重さが減り，混合物は99 kgになるというものだ．これはどこがまちがっているのだろうか．表3.3を見てほしい．

表3.3

	含まれる水 / %	含まれる水 / kg	水以外の部分 / %	水以外の部分 / kg
初期状態	99	99	1	1（不変である）
蒸発後の状態	98	???	2	1

この表は，水が蒸発した後，水以外の部分の1 kgが2%になることを示している．したがって，全体の混合物（100%）は50 kgとなり，そのうちの98%を占める水は49 kgである．

この答えは，直感に反するので，すっきりしないかもしれないが，正しい．

× 2つの答えがあり得るのに1つしか答えないまちがい ×

数列1, 2, 4, 7を考えよう．規則を考えると，この数列にはどんな数が続くだろうか．これはよく知能テストの問題に出されるが，解答者の出した答えが出題者が期待している答えと異なっている場合，本当は正しいのにまちがいであるとされてしまうことがよくある．

上の数列に続くべきものとして，次の答えがひとつ考えられる．

1, **2**, **4**, **7**, 11, 16, 22, 29, 37, 46, 56, 67, 79, 92, 106, …

この数列は，$2-1=1$，$4-2=2$，$7-4=3$，……というように，階差が1つずつ増えていく規則に従っている．この一般項 a_n を求めてみると，$a_n=\dfrac{n(n+1)}{2}+1$，$n=0, 1, 2, 3, \cdots$ となる．これはパンケーキに n 回包丁を入れた(ただしどの切り方も平行にならないように)ときに生じるケーキのピースの最大の個数に等しい．

数列に続くべき数として別の解釈が可能となるとき，よく議論と混乱が起こるのだ．次の数の並びは，1, 2, 4, 7 に続く最初の数こそ上と同じ 11 になっているが，それ以下はまったく別の規則に従って数が並ぶ，別の答えの例である．

1, **2**, **4**, **7**, 11, 13, 14, 16, 22, 23, 26, 28, 29, 37, 44, …

今度は，$16n+15$ が素数になる自然数 n を小さい方から順に並べたものである．表3.4を見てほしい．$16n+15$ が素数になる数 n を太文字にしてある．

この答えは，はじめの答えよりいくぶん複雑であるが，厳然と正しい答えなのだ．

このように複数の正しい解答があり得る数列を，知能テストの問題に出すのはよくないかもしれない．熱意ある読者のみなさんなら，さらに別の正しい答えを発見できるかもしれない．

表 3.4

n	$16n+15$	素数か否か	n	$16n+15$	素数か否か
0	15	–			
1	31	yes	**16**	271	yes
2	47	yes	17	287	–
3	63	–	18	303	–
4	79	yes	19	319	–
5	95	–	20	335	–
6	111	–	21	351	–
7	127	yes	**22**	367	yes
8	143	–	**23**	383	yes
9	159	–	24	399	–
10	175	–	25	415	–
11	191	yes	**26**	431	yes
12	207	–	27	447	–
13	223	yes	**28**	463	yes
14	239	yes	**29**	479	yes
15	255	–	30	495	–

✕ まちがった一般化 ✕

1 乗，2 乗，……7 乗に関する次の驚くべき（正しい）等式に注目していただきたい．

$$1^0+13^0+28^0+70^0+82^0+124^0+139^0+151^0=4^0+7^0+34^0+61^0+91^0+118^0+145^0+148^0$$

$$1^1+13^1+28^1+70^1+82^1+124^1+139^1+151^1=4^1+7^1+34^1+61^1+91^1+118^1+145^1+148^1$$

$$1^2+13^2+28^2+70^2+82^2+124^2+139^2+151^2=4^2+7^2+34^2+61^2+91^2+118^2+145^2+148^2$$

$$1^3+13^3+28^3+70^3+82^3+124^3+139^3+151^3=4^3+7^3+34^3+61^3+91^3+118^3+145^3+148^3$$

$$1^4+13^4+28^4+70^4+82^4+124^4+139^4+151^4=4^4+7^4+34^4+61^4+91^4+118^4+145^4+148^4$$

$$1^5+13^5+28^5+70^5+82^5+124^5+139^5+151^5=4^5+7^5+34^5+61^5+91^5+118^5+145^5+148^5$$

$$1^6+13^6+28^6+70^6+82^6+124^6+139^6+151^6=4^6+7^6+34^6+61^6+91^6+118^6+145^6+148^6$$

$$1^7+13^7+28^7+70^7+82^7+124^7+139^7+151^7=4^7+7^7+34^7+61^7+91^7+118^7+145^7+148^7$$

この 7 つの驚異的な例から考えると，すべての自然数に対して次の等式が成り立つという一般化が可能ではないかと思いたくなるだろう．

$$1^n+13^n+28^n+70^n+82^n+124^n+139^n+151^n=4^n+7^n+34^n+61^n+91^n+118^n+145^n+148^n$$

これらの値は表 3.5 のようになる．

表 3.5

n	合計
0	8
1	608
2	70,076
3	8,953,712
4	1,199,473,412
5	165,113,501,168
6	23,123,818,467,476
7	3,276,429,220,606,352

この一般化は，予想できる行為だろう．しかし，同時に大きなまちがいにもなりうる．これがまちがいであることは，次の $n=8$ の場合を調べるまではわからないのである．

2 つの和の値は，次のように $n=8$ ではもはや等しくはならない．

$$1^8+13^8+28^8+70^8+82^8+124^8+139^8+151^8$$
$$=468{,}150{,}771{,}944{,}932{,}292$$
$$4^8+7^8+34^8+61^8+91^8+118^8+145^8+148^8$$
$$=468{,}087{,}218{,}970{,}647{,}492$$

実際，2 つの数の差は

$$468{,}150{,}771{,}944{,}932{,}292-468{,}087{,}218{,}970{,}647{,}492=63{,}552{,}974{,}284{,}800$$

となる．n が増加してくると 2 つの数の差も大きくなり，たとえば $n=20$ での差は，次のようになる．

$$3{,}388{,}331{,}687{,}715{,}737{,}094{,}794{,}416{,}650{,}060{,}343{,}026{,}048{,}000$$

このような誤りを避けるためには，帰納法的に認めてしまう前に，一般化できるかどうか証明して確かめるなどしなければならないのだ．

✕ 数学的帰納法に関してよくあるまちがい ✕

高校の授業で数学的帰納法の考え方を扱うことはとてもよいことだ．これは，ある関係式がすべての場合に正しいことを証明したいときに，よく使われる．

まず，その関係式が1や2などの場合に正しいことを確かめることから始める．次に，関係式がk番目の項に対して正しいと仮定した場合に，$(k+1)$番目の項についても正しいことを証明しなければならない．それができれば，関係式はすべての場合に正しいことがわかるという原理だ．

数学的帰納法を用いるときのよくあるまちがいについて説明するため，次の例について考えよう．

われわれはすべての自然数に対して$2^n > 2n + 1$が成り立つことを証明したい．そのためには，$n = k$に対して$2^k > 2k + 1$が成り立つことを仮定した場合に，$n = k + 1$に対してもこの主張が正しいことを証明しなければならい．

すべての自然数k $(k > 0)$に対して$2^k \geqq 2$は正しく成り立つ．この式を仮定した不等式に加えると，$2^k + 2^k > 2k + 1 + 2$となる．書き換えると$2^k \times 2 = 2^{(k+1)} > 2(k+1) + 1$となる．これで数学的帰納法により，題意の不等式が証明されたといえるだろうか？

ちょっと待って．どこかにまちがいがあるはず．なぜなら$n = 0, 1, 2$の場合に不等式は成り立たないからである．3以上の自然数nに対してのみ，不等式は成り立つ[*4]．

このまちがいは，$n = 0, 1, 2$の場合に不等式を確かめることを怠って，いきなり$n = k$の場合からスタートしたことが原因だ．

× 結論を急いでしまったために起きたまちがい ×

1つの円を描き，その周上にいくつかの点をとってみよう．そして，それらの各2点どうしを線分でつなぐ．このとき（3本以上の線分が1点で交わることはないと仮定すると）円はいくつの領域に分けられるだろうか？[*5]

「数列1, 2, 4, 8, 16に続く数は何か」と問われれば，ほとんどの人は32と答えるだろう．そう, それは正しい.「次の数は32ではなく31が正解だ」とすると，「まちがいだ」という叫び声が聞こえてくるだろう．

しかし驚くなかれ，これも正しい答えになり得るのだ．1，2，4，8，16，31は規則的に並んだ数列で，誤りではない！

今やるべきことは，この数列が理にかなったものであることを確かめることだ．そのためには，幾何学的な説明をするのが一番よいだろう．なぜなら実際に証拠を見せてくれるからだ．その説明は後でおこなうことにして，しばらくはこの「奇妙な」数列の続く項をどんどん見つけてみよう．

階差数列(つまり，元の数列の隣り合う項の差をとってできる数列)の表を表3.6に示す．元の1, 2, 4, 8, 16, 31から始めて，その階差数列（第1階差数列)，さらにその階差数列（第2階差数列)，……というふうに求めてみて，規則性が見つかったところで（今の場合第3階差数列で規則が見つかるだろう)，逆に戻っていけばよい．

表3.6

元の数列	**1**		**2**		**4**		**8**		**16**		**31**
第1階差数列		1		2		4		8		15	
第2階差数列			1		2		4		7		
第3階差数列				1		2		3			
第4階差数列					**1**		**1**				

第4階差数列は定数列になっていることに注意しよう．この表3.6を逆転して表3.7のようにすれば，まず第3階差数列の続く項は4，5であるこがわかり，元の数列の続きの項も次々と得られる．

表 3.7

第 4 階差数列					1		1		**1**		**1**				
第 3 階差数列				1		2		3		**4**		**5**			
第 2 階差数列			1		2		4		7		**11**		**16**		
第 1 階差数列		1		2		4		8		15		**26**		**42**	
元の数列	1		2		4		8		16		31		**57**		**99**

表 3.7 の太い文字の数で示したように，第 3 階差数列の新しい項を用いて第 2 階差数列，第 1 階差数列と順に得られ，こうして元の数列に続く数は 57, 99 であることがわかる．その一般項は（4 回階差をとると定数列になったので）4 次の多項式で与えられる．【訳注：これは，ある関数を 4 回微分すると定数関数になったので，元の関数は 4 次関数であると結論するのに似ている】

$$\frac{n^4 - 6n^3 + 23n^2 - 18n + 24}{24}$$

この数列がさらに理にかなっていて，32 を 31 で置き換えることが決してまちがっていないことを確かめるためには，パスカルの三角形（図 3.8）を考えるとよい．有名なこの三角形は，頂上の 1 から始め，2 段目は 1, 1, 3 段目は両端の 1 の間に 2 段目の数を足した 2（＝ 1 ＋ 1）を置き，4 段目

1
1 1
1 2 1
1 3 3 1
1 4 6 4 1
1 5 10 10 5 1
1 6 15 20 15 6 1
1 7 21 35 35 21 7 1
1 8 28 56 70 56 28 8 1

図 3.8

は両端の1の間には3段目の隣り合う数を足した3 (＝1＋2), 3 (＝2＋1) を置く．以降の段も同様にして数を置いて得られる．

このパスカルの三角形の各段について，太線の右側にある数の和を考えると 1, 2, 4, 8, 16, 31, 57, 99, 163 となって，これが先に考えた数列になっていることに注目されたい．

いよいよ，幾何学的な説明に移ろう．幾何学的説明はこの数列の正当性と数学に内在する美しさと永続性を見せてくれるだろう．それをおこなうには，この節の最初に述べた円の領域の分割の図を描いてみればよい（図3.9）．

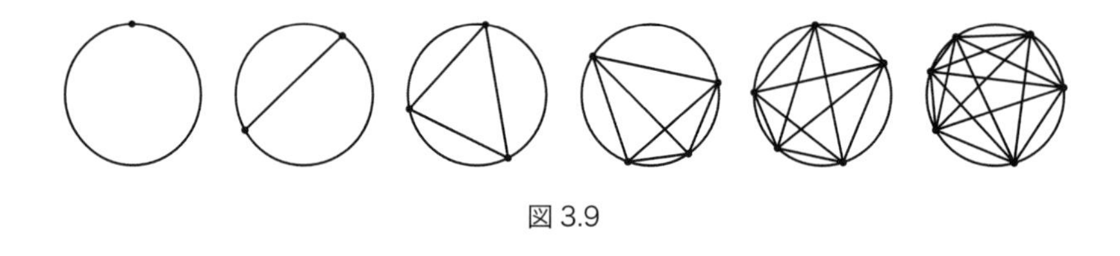

図 3.9

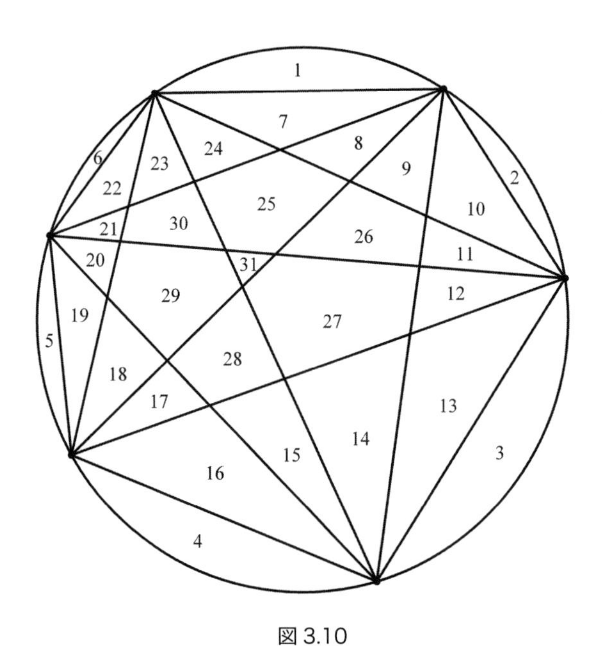

図 3.10

表 3.8

円周上の点の個数	領域の個数
1	1
2	2
3	4
4	8
5	16
6	31
7	57
8	99

$n = 6$ の場合（図 3.10）を見てみよう．領域は決して 32 個ではないことがわかる（表 3.8）．

この節で述べた一見普通ではないように見えた数列 1, 2, 4, 8, 16, 31, ……は，他のさまざまな文脈でも出現するのだ．最初「31」が登場したときには何か誤りがあるように感じたかもしれないが，実は何も誤りは存在しなかったことがよく理解できたと思う．こうしてわかることは，一見したところまちがいに見えても本当に誤りなのかどうか判断するのは難しい，ということだ．よく考えずに勝手に判断してはいけない！

第4章

幾何学におけるまちがい

幾何学的図形は，その描写によって人をだますことができ，そのさまざまな方法を目にすることができる．たとえば,錯覚によってまちがいを犯すこともある．幾何学は，しばしば，数学の視覚部分であるかのように言われ，われわれは，目に見えるものは信じ込んでしまう傾向がある．

それにもかかわらず，幾何学的な図形は，幾何学的な性質を決定したり幾何学的な関係を証明したりするときに，重要な役割を担う．幾何学における証明は図を用いなくてもなされるものだが，図形を視覚化することはいろいろな意味で助けになる．一方，それでだまされることもあり得る．

われわれは，幾何学の図形の見方によってまちがえることがある．この章では，視覚的なトリックのいくつかを紹介したい．それによって，目に見えている現象に対する識別力が高まるようになることを期待したい．最初に，見まちがえやすい例のいくつかを紹介する．それによって論理的な誤りがどのように引き起こされるかを示そう．また，直観に反するような性質のものもいくつか紹介するので，それによっていかに重大なまちがいが生じるかをよくご覧になっていただきたい．

錯 覚

図 4.1 の 2 つの線分の長さを比べることから始めよう．右側の線分のほうが長く見えないだろうか．図 4.2 でも下の線分のほうがやはり長く見えるが，実は 2 つの線分は同じ長さである*1．

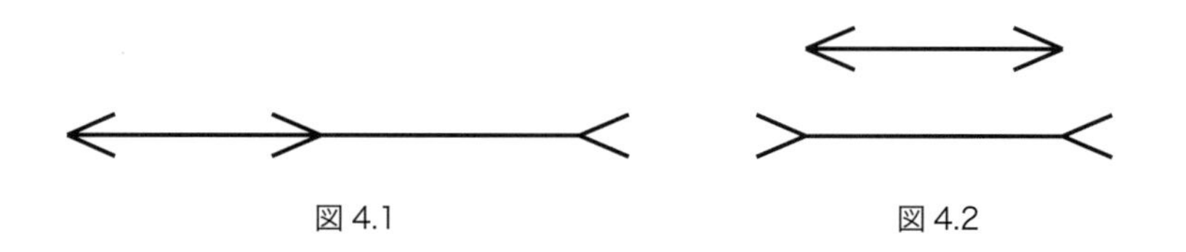

図 4.1　　図 4.2

図 4.3 ではクロスハッチされた線分のほうが単独のものより長く見えるだろう．また図 4.4 の右側の図では，垂直に立っている最も細い線分が他

の 2 つより長く見えるが，しかし，左の図に示したように，実は 3 本の線分は同じ長さであることがわかる．

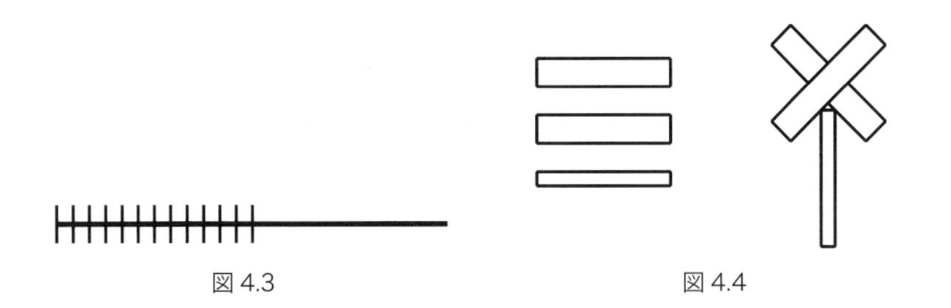
図 4.3　　図 4.4

さらなる錯覚が図 4.5 に見られる．線分 AB のほうが線分 BC より長く見える．しかしこれは正しくはない．実は $AB = BC$ なのである．

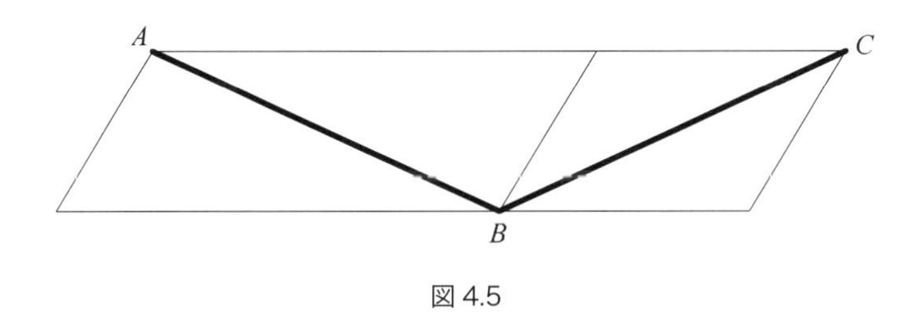

図 4.5

図 4.6 では，明らかに垂直な線分のほうが水平な線分より長く見えるが，実はそうではない．図 4.7 においては，上下の曲がった線は別の形に見える．しかし 2 つの曲線はまったく合同である！

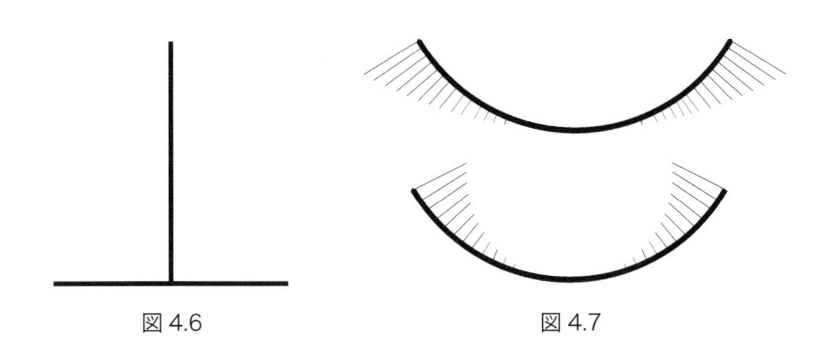
図 4.6　　図 4.7

図 4.8 においては，右の 2 つの半円に挟まれた正方形のほうが左の単独の正方形よりも大きく見えるが，実は 2 つは同じ大きさである．図 4.9 においては，大きな黒い正方形の中にある正方形のほうが右の正方形よりも小さく見えるが，やはりそれは錯覚で，2 つの正方形は同じ大きさである．

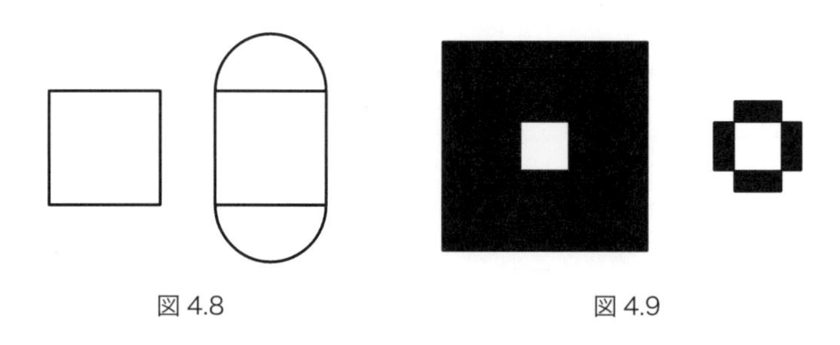

図 4.8　　　図 4.9

図 4.10 においては，左の正方形で囲まれた大きい円は，右の正方形を囲む小さな円よりも小さく見える．ここでも実は 2 つの円は同じ大きさである．

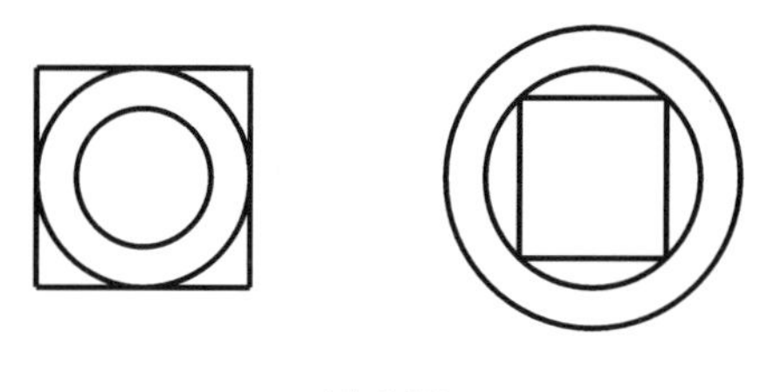

図 4.10

図 4.11，4.12，4.13 においては，いかにして図形の相対的な位置関係がわれわれの幾何学的な認識に影響を与えるかを示している．つまり，問題となっている図形が置かれている周りの状況によって大きさや形が変わって見えるのだ．まず，図 4.11 では，真ん中の正方形が一番大きく見えるが，実はそうではなくすべて同じ大きさである．図 4.12 では，左の真ん中の黒い円のほうが，右の真ん中に置かれた黒い円よりも大きく見えるが，やはりそうではなく同じ大きさである．図 4.13 では，左の図の真ん中の扇形のほうが，右の図の真ん中の扇形より小さく見える．これらすべての場

合において，2つの図形は同じ大きさにはとても見えないが，実はすべて同じ大きさなのだ！

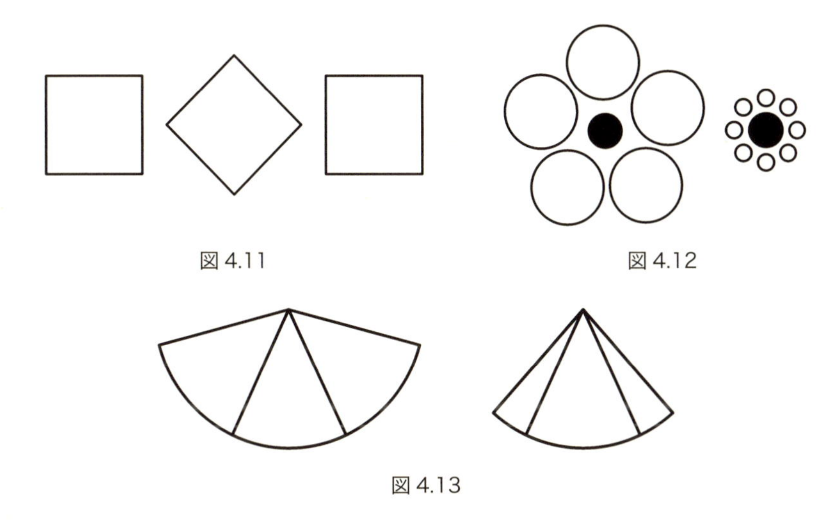

図 4.11

図 4.12

図 4.13

図 4.14 には，4分の3の扇形が4つあり，あたかも長方形の幻影が見えるように置いてあるが，実は長方形はどこにもない.

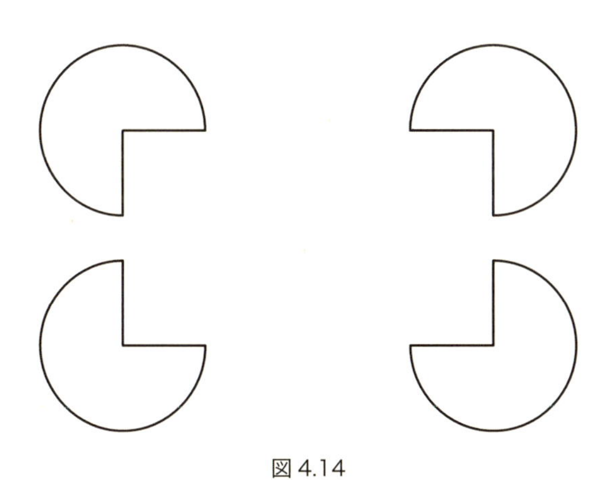

図 4.14

視覚的な幻影を故意に作ることもできる．次は「だまし絵」とよばれる技法で描かれた絵である，「ペンローズの三角形」(図 4.15) を紹介しよう．3

つの直角をもつ三角形が描かれている．この三角形はイギリスの数学者ロジャー・ペンローズ（1931～）によって1958年に有名になったものだが，すでに1934年にオスカー・ロイテスバルト(1915～2002)というスウェーデンの画家によって発明されていた．彼の発明に栄誉を称え，1982年に記念切手が発行されている(図4.16)*2.

図4.15

図4.16

これに似たような記念切手が1981年にオーストラリア政府によって発行されたのだが，これはインスブルックで開かれた第10回国際数学会議の記念としてのものだ(図4.17).

図4.17

これまで見たように，幾何学の世界には多くの視覚的な幻影があるのだが，それと同じように誤った「証明」も多く存在する．それは論理の誤りによるというより，むしろその幾何学的表現に関する仮定のなかに原因があることが多い．例で見てみよう．

✕ 多角形に関するまちがい ✕

凸多角形の内角の和を求めるときに，次のようなことをするのは特別なことではない．多角形を三角形に分割してその三角形の個数を数え，それに 180° を掛ければ内角の和が求まる．たとえば，十角形を例にとろう．図 4.18 に見るように，8 個の三角形に分割される．こうして，十角形の内角の和は $8 \times 180° = 1440°$ と計算される．

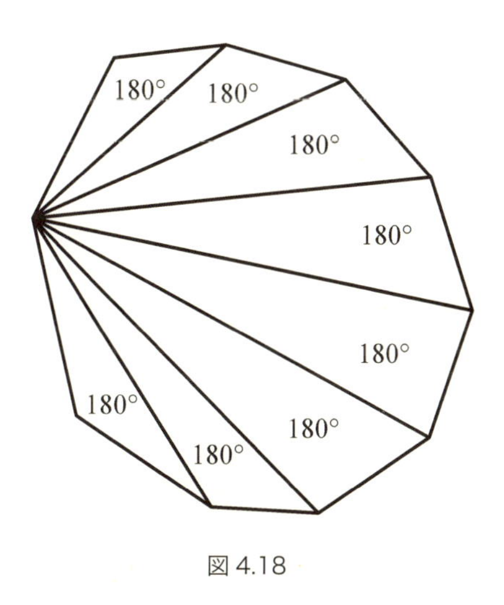

図 4.18

同じ十角形を図 4.19 のように分割することも可能である．ここでは対角線がお互いに交差しないように描いた．やはり正しい答え 1440° が求まる．

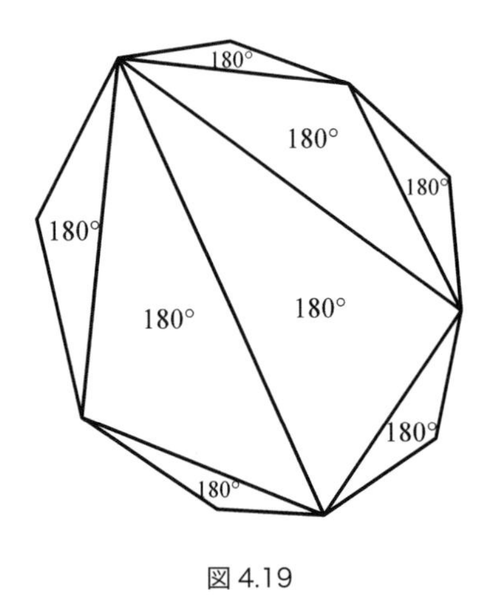

図 4.19

十角形の内角の和を求めるための次の分割を図 4.20 で見てみよう．ここでは三角形が 10 個になってしまっている．これによると，十角形の内角の和は $10 \times 180^\circ = 1800^\circ$ となって，これは正しくない！

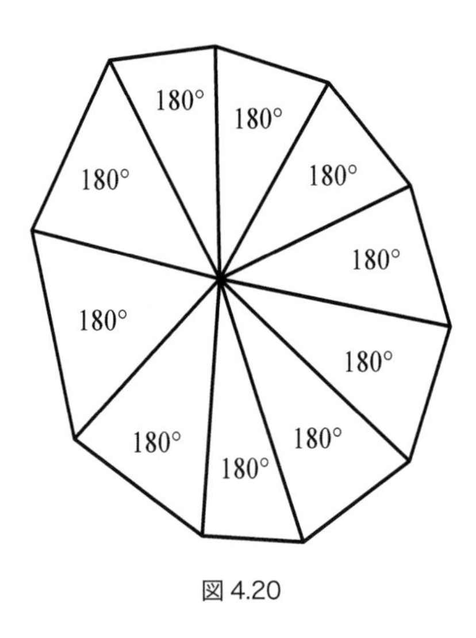

図 4.20

どれが本当の内角の和なのかをきちんと決めなければならない．まちがいは，図 4.20 のような三角形の分割のうち，十角形の内角の和と関係ない角の和を差し引かなければならなかったことだ．図 4.21 に見るように，その関係のない角の和とは，10 個の三角形の頂点が交わる点を中心とする円で示した 360° である．つまり，先ほどのまちがった和 1800° から 360° を引く必要がある．そうすると，正しい内角の和 1440° を得る．

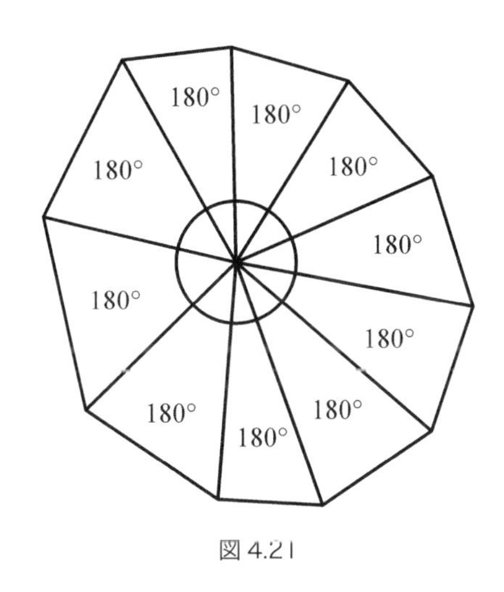

図 4.21

✕ 混乱を与える多角形の作り方 ✕

ここで今までとは少し違ったやり方をとってみる．正八角形について，いくつかの異なる構成法を述べよう．それらはすべて正しいように見えるだろう．しかし，それらのなかで，どれが本当に正しい八角形の構成法で，見かけは正しく見えるがまちがった構成法はどれなのか，読者のみなさんに判定していただきたいと思う．

◆正八角形の作り方①：図 4.22 においては，まず，正方形を描き，その各辺の中点をこれから作る正八角形の 4 頂点とする．次に，4 つの中点を順に線分でつないで小さな正方形を書くと，元の正方形の 4 頂点を各頂角として 4 つの合同な直角二等辺三角形ができるだろう．その直角二等辺三角形のとがった角（底角）を 2 等分する各線を引くと交点が 4 つできるが，これらを，これから作る正八角形の残りの 4 つの頂点とする．これで正八角形ができる．

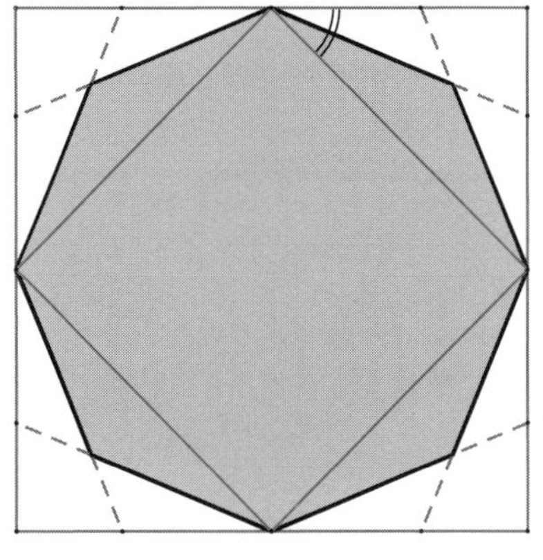

図 4.22

◆**正八角形の作り方②**：今度もまず正方形を描き，その各辺の中点を，それと反対側にある正方形の頂点と順に線分でつないでいく（図 4.23）．こうすると，元の正方形の中に正八角形が現れる．

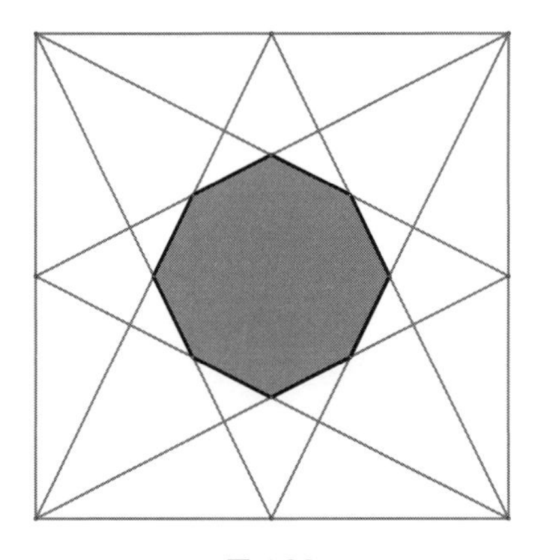

図 4.23

◆**正八角形の作り方③**：4 つの合同なそれぞれが接する円から始めて，図 4.24 のようにそれらを正方形で囲む．次に 4 つの円の各中心と正方形の

(2つの)頂点を図のように線分でつなぐ．これで正八角形ができる．

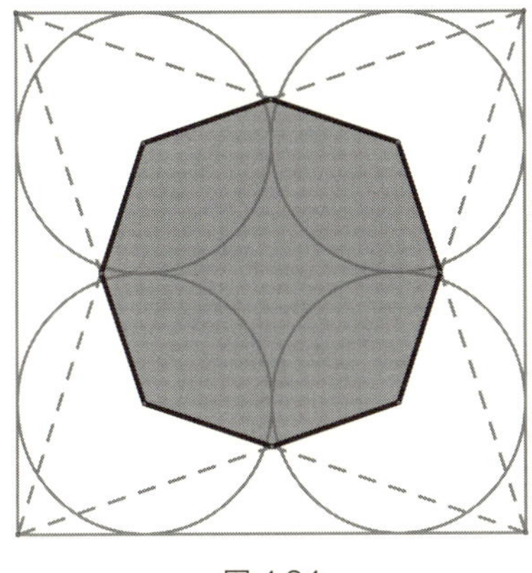

図 4.24

◆**正八角形の作り方④**：再び正方形から始めよう．各頂点を中心とする，半径が正方形の対角線の長さの半分であるような4つの4分円を描く．するとこれらの4分円が正方形の各辺と交わる点が8つできるが，それらを頂点として求める正八角形ができる．

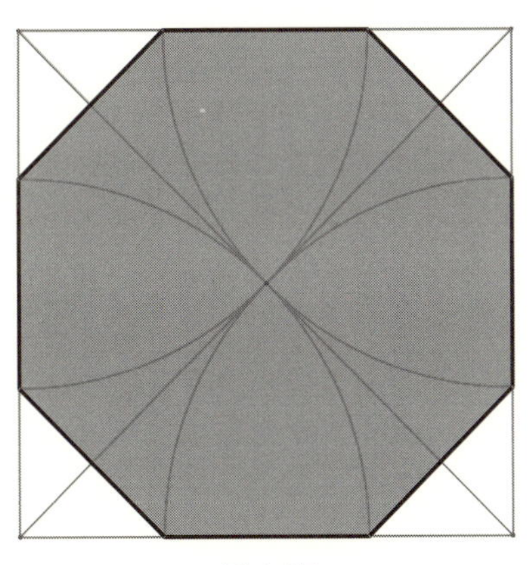

図 4.25

◆**正八角形の作り方⑤**：今回も正方形から始める．各頂点を中心とする，半径が正方形の1辺の長さであるような4つの4分円を描く．正方形の対角線が 4 分円と交わる点をマークしよう．その交点は 4 つできるが，その交点を通って正方形の各辺に平行な直線を引けば，それらと正方形の辺との交点として，求める正八角形の頂点ができる．

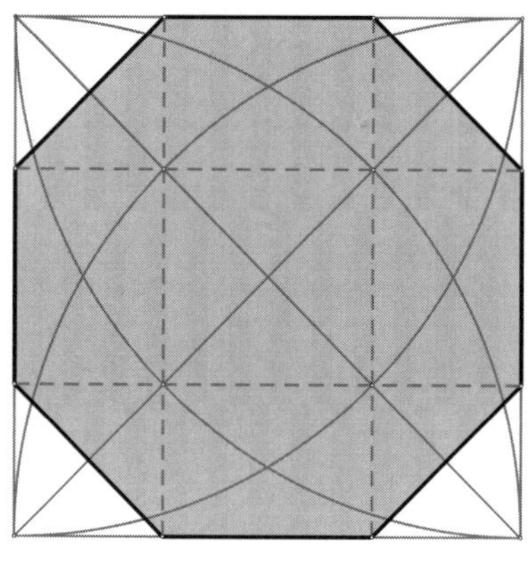

図 4.26

正八角形の 5 つの異なる構成法を紹介した．最初に述べた質問「どれが正しい正八角形を与え，どれが正八角形のまちがった構成法か」の答えはおわかりだろうか？　では，結論を述べよう．

◆**正八角形の作り方①**：これは正八角形の正しい構成法である．

◆**正八角形の作り方②**：これはアルキメデス（紀元前 287 ～ 212）による構成法として知られていて，辺の長さはすべて等しいが，すべての角が等しいわけではない．よって正しい正八角形の構成法ではない！

◆**正八角形の作り方③**：今度も，辺の長さはすべて等しいが，その角がすべては等しくならない八角形を作ってしまう．よって正しい正八角形の構成法ではない．

◆**正八角形の作り方④**：この構成法は正しく正八角形を与え，1534 年に芸術家であり幾何学者であったアウグスティン・ヒルシュボーゲル（1503 ～ 1553）によって最初に考案された．

◆**正八角形の作り方⑤**：この構成法も正しく正八角形を与え，1564 年にハインリッヒ・ラウテンザック (1522 ～ 1568) によって最初に考案された．

したがって，構成法②と③が誤りであった．

熱心な読者のために, これらの各構成法の詳細を記しておきたい. 図4.27を見ていただきたい．各図において，構成された八角形の内角の大きさをϕ，ψなどで表す．bは構成された正八角形の１辺の長さを表し，aは元の正方形の１辺の長さを表す．A_{Sq}は元の正方形の面積である．

５つの八角形を比べると

(1)	(2) アルキメデス	(3)	(4) ヒルシュボーゲル	(5) ラウテンザック
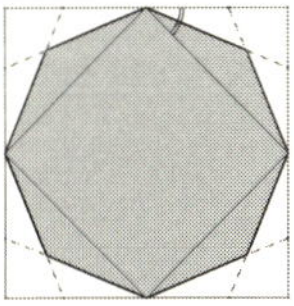		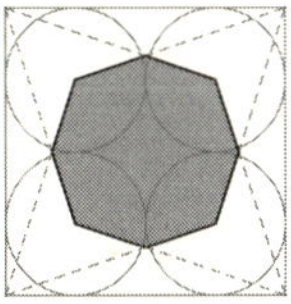	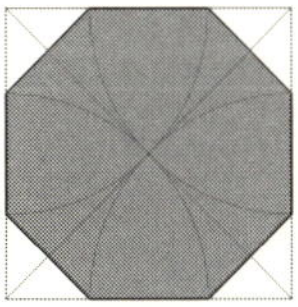	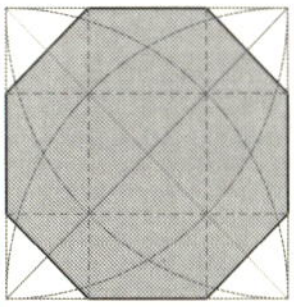
正八角形	等辺だが等角でない	等辺だが等角でない	正八角形	正八角形
$\phi = \psi = 135^\circ$	$\phi \approx 126.9^\circ$, $\psi = 143.1^\circ$	$\phi \approx 126.9^\circ$, $\psi = 143.1^\circ$	$\phi = \psi = 135^\circ$	$\phi = \psi = 135^\circ$
$b = \dfrac{a\sqrt{2-\sqrt{2}}}{2}$ $\approx 0.3827 \cdot a$	$b = \dfrac{a\sqrt{5}}{12}$ $\approx 0.1863 \cdot a$	$b = \dfrac{a\sqrt{10}}{12}$ $\approx 0.2635 \cdot a$	$b = a(\sqrt{2}-1)$ $\approx 0.4142 \cdot a$	$b = a(\sqrt{2}-1)$ $\approx 0.4142 \cdot a$
$A = \dfrac{a^2}{2}\sqrt{2}$ $\approx 0.7071 \cdot A_{\mathrm{Sq}}$	$A = \dfrac{a^2}{6}$ $\approx 0.1667 \cdot A_{\mathrm{Sq}}$	$A = \dfrac{a^2}{3}$ $\approx 0.3333 \cdot A_{\mathrm{Sq}}$	$A = 2a^2(\sqrt{2}-1)$ $\approx 0.8284 \cdot A_{\mathrm{Sq}}$	$A = 2(\sqrt{2}-1)a^2$ $\approx 0.8284 \cdot A_{\mathrm{Sq}}$

図 4.27

✕ 正六角形の対角線の交点の数をまちがえる ✕

凸多角形の対角線の交点の数を数えるときによくやるまちがいは，多角形が正多角形であると決めつけてしまう場合に起こる．われわれは，どんな多角形の対角線にもあてはまるような交点の数に興味をもっているのである．

図 4.28 を見ると，正六角形の対角線の交点の数を数えることができる．13 個である．

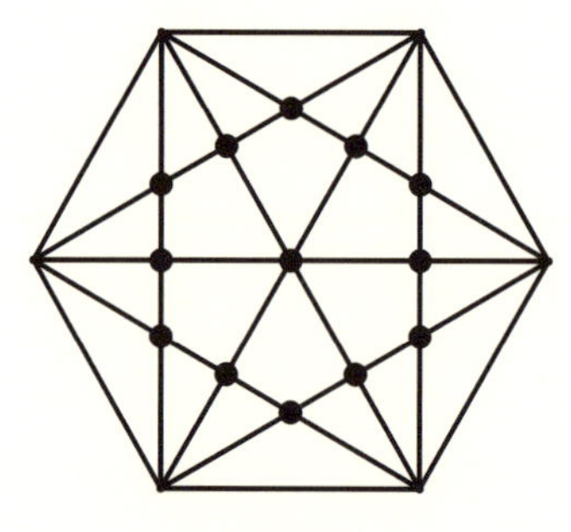

図 4.28

しかしながら図 4.29 のような別の六角形では，対角線の交点の数が 2 つ増えていることに気づくだろう．このようにして，一般的には，六角形の対角線の交点の数は 15 個であることがわかる．呼びもしないのに勝手に正六角形を使ってしまうことで，まちがった答えを導いてしまうのだ．

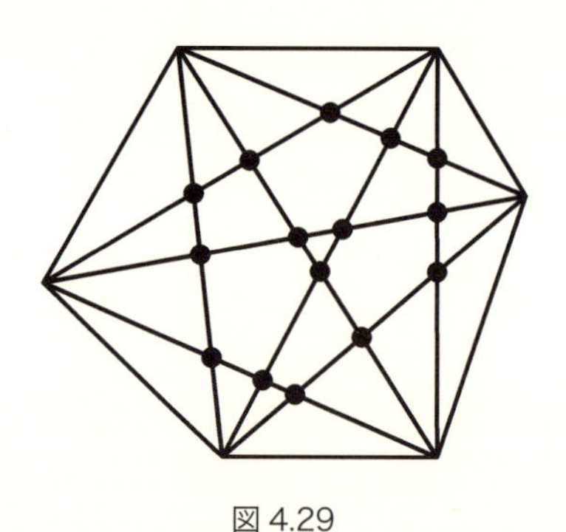

図 4.29

正五角形の中の三角形の数をまちがえる

正五角形の中にある三角形の数を数えるときに，ミスが生まれることがある．ここではいろいろな位置に置かれている同じ形の三角形を同一のものと考え，その種類を数えてみよう．図 4.30 の正五角形の中に，いくつの異なるタイプの三角形があるか数えてみてほしい．これを数えるときにほとんどの人が犯すまちがいは，システマティックな過程を踏まないことに起因している．この例では同じ形の（合同な）三角形がたくさんあって，誤った数え方を引き起こしてしまうのだ．

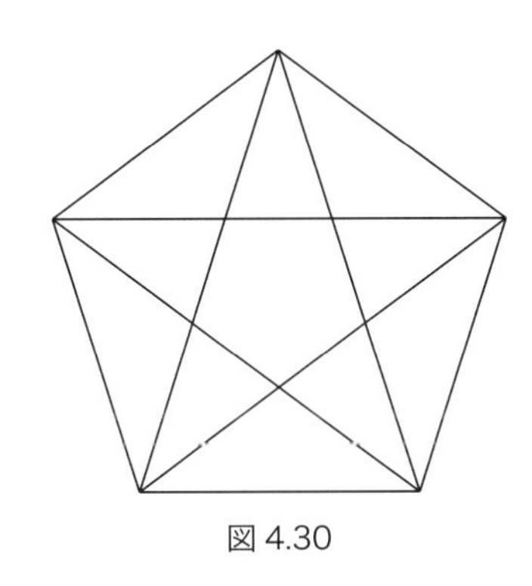

図 4.30

図 4.30 のように正五角形の中に対角線を引くと，全部で 35 個の異なる三角形が見つかるだろう．図 4.31 は，それらを，形ごとに分類して数えたものである

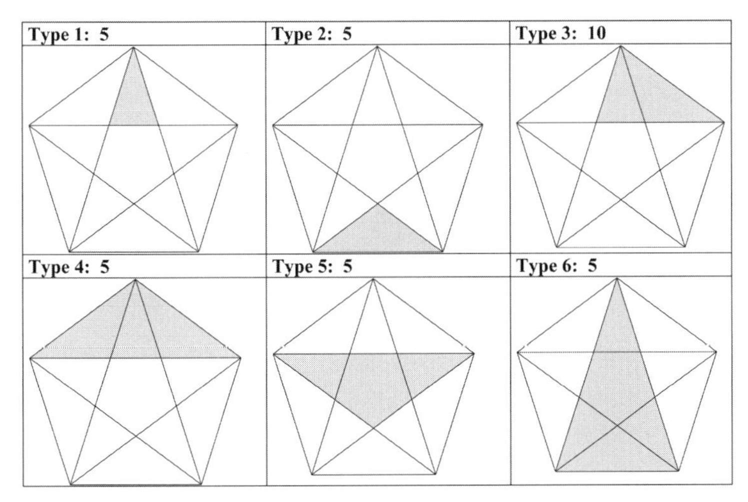

図 4.31

35 個の三角形の完全なリストを，それがどこにあるかも含めて，図 4.32 で示した．大事なのは，システマティックな形で，数えることである．そうすれば，数えまちがいを避けることができる場合が多い．

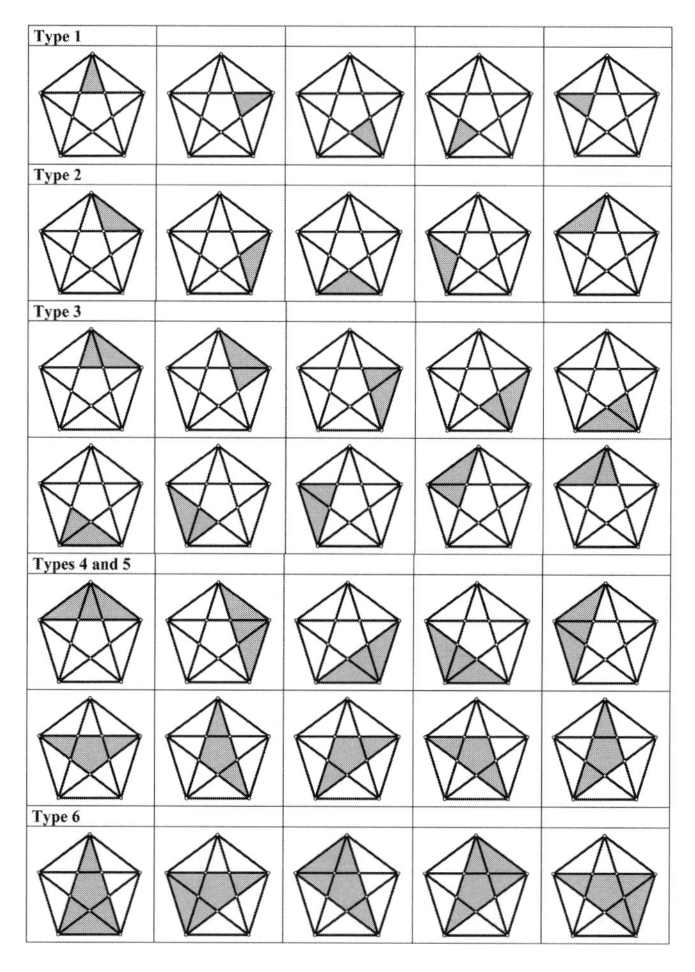

図 4.32

いったいいくつの異なる(合同ではない)三角形が，正五角形の中に見つかるのだろうか？　タイプ 4 とタイプ 5 は合同であるから，異なる三角形の種類は 5 つしかない．

× 直角が鈍角と等しくなる？ ×

この幾何学的なまちがいは，成立しなければならないいくつかの性質を明示するもので，無視できない．さらに，ごくまれにしか認識されない概念にスポットライトを当てるものでもある．これから，直角が鈍角（90°よりも大きい角）に等しいことを「証明」してみせるので，誤りを発見していただきたい．

図 4.33 のように，長方形 $ABCD$ からスタートし，$FA = BA$ となる点 F（ただし $F \neq B$ とする）をとり，また BC の中点を R, CF の中点を N とおく．さあ，直角 CDA が鈍角 FAD に等しいことを「証明」しよう．

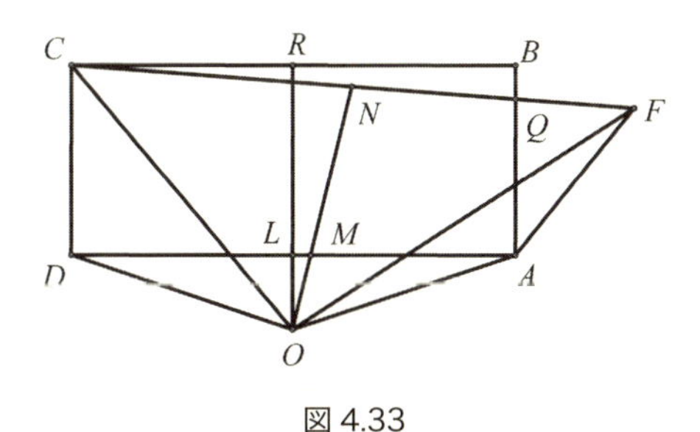

図 4.33

証明のために，CB の垂直 2 等分線 RL を引き，また CF の垂直 2 等分線 MN を引く（L と M は線分 AD 上にとる）．RL と NM の交点を O とする．もし RL と NM が交わらないとすると，これらが平行であるはずだから，それは CB と CF が平行かまたは一致することを意味するが，それは不可能である（F は B とは一致しないようにとったので）．証明を完成させるために，線分 DO，CO，FO，AO を描く．

これで「証明」の準備ができた．RO は CB および AD の両方の垂直 2 等分線であるから，$DO = AO$ である．同様にして NO は CF の垂直 2 等分線であるから，$CO = FO$ である．さらに，$FA = BA$, $BA = CD$ であるから，$FA = CD$ である．これらより $\triangle CDO \equiv \triangle FAO$ となる．

よって $\angle ODC = \angle OAF$ となる．続けて $OD = OA$ であるから，$\triangle AOD$

は二等辺三角形である．よって底角 ODA と OAD とは等しい．よって $\angle ODC - \angle ODA = \angle OAF - \angle OAD$ が成り立ち，結果として $\angle CDA = \angle FAD$ が導けた．なんと直角が鈍角と等しくなってしまった．どこかにまちがいがあるはず！

明らかに，この「証明」にはまちがいはない．しかし，定規とコンパスを使って図を描き直せば，図 4.34 のようになるのである．

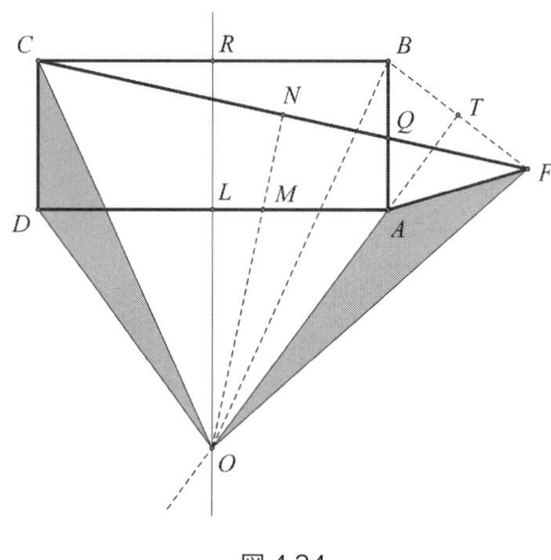

図 4.34

図 4.34 を見ればわかるように，このまちがいは，180° より大きい角の問題である．長方形 $ABCD$ において，AD の垂直 2 等分線は，BC の垂直 2 等分線でもある．それゆえ $OC = OB$，$OC = OF$ であり，そこから $OB = OF$ となる．A と O は BF の両端から等しい距離にあるので，AO は BF の垂直 2 等分線になるはずなのである．ここにまちがいが隠されていた．われわれは，$\angle OAF$ を 180° より大きい角と考えなければならなかったのだ．確かに $\triangle CDO \equiv \triangle FAO$ ではあるのだが，$\angle OAF$ から $\angle OAD$（$= \angle ODA$）を引くことはできない．

以上のように，この「証明」の難点は，不正確に描かれた図に依存していたことであった．

✕ すべての角が直角になってしまう「証明」✕

この「証明」は，図 4.35 のように，$AB = CD$ で $\angle BAD = \delta$ が直角な四角形 $ABCD$ から始める．$\angle ADC = \delta'$（これは任意の角）とおいて，δ' が実は直角であることを示そう．これができれば，任意の角が直角であることを示せたことになる．

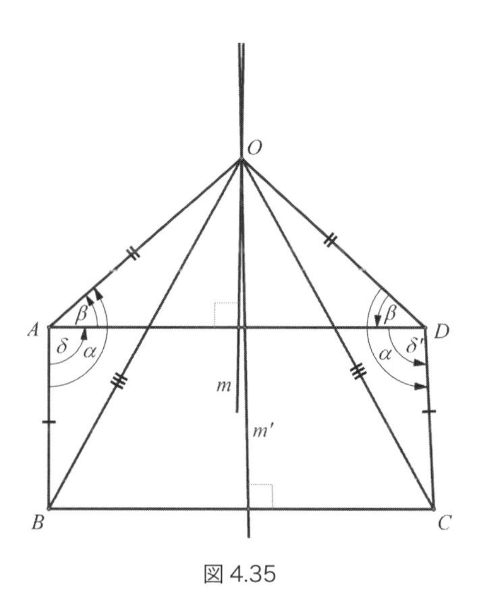

図 4.35

AD の垂直 2 等分線を m とし，さらに m' を BC の垂直 2 等分線とする．m と m' が点 O で交わると仮定する．点 O は明らかに A，D とは異なり，また B，C とも異なる．したがって $OA = OD$ でかつ $OB = OC$ である．したがって $\triangle OAB$ と $\triangle ODC$ は合同であることがわかる．

よって $\angle BAO = \angle CDO$（$= \alpha$ とおく）であり，したがって

$$\delta = \angle BAD = \angle BAO - \angle DAO = \alpha - \beta$$

一方，$\delta' = \angle ADC = \angle ODC - \angle ODA = \alpha - \beta$

となるから，$\delta = \delta'$ となり，両者は等しい．

しかしこの結果はきわめて奇妙である．どこかにまちがいがあるはずだ．

まちがいを見つけるために，もう一度図をきちんと描いてみよう

実は，図 4.35 に描かれた巧妙なトリックでわれわれはだまされてしまったのだ．鍵となるポイントは，2 つの垂直 2 等分線が交わる場所にある．交点 O は図に書いたよりもずっと四角形から離れているのだ．正しい図は，次の図 4.36 のようになる．それによれば，$\delta = \alpha - \beta$ であるが，$\delta' = 360^\circ - \alpha - \beta$ であることがわかるだろう．まちがった「証明」は，ここで破綻しているのだ．

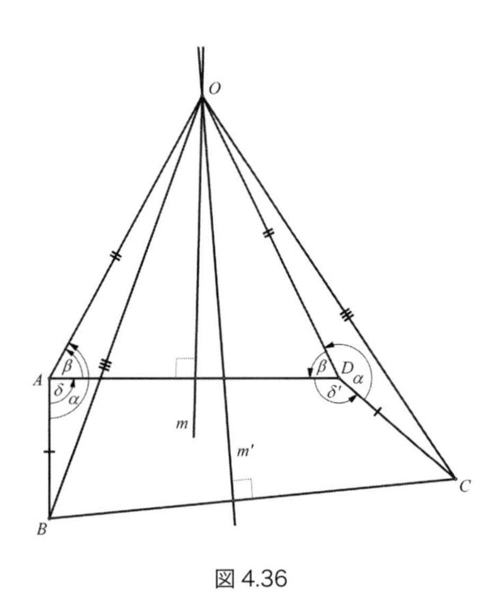

図 4.36

✕ 64 = 65 なんてことがあり得るのか？ ✕

ここでは，チャールズ・ラトウィッジ・ドッジソン (1832 ～ 1898) によって有名になった数学的誤りを紹介しよう．彼はルイス・キャロルというペンネームを用いて『不思議の国のアリス』を著した人物だ．図 4.37 では左側に面積 $8 \times 8 = 64$ の正方形が描かれており，それを 2 つの合同な台形と 2 つの合同な直角三角形に分割している．それを別の配置に組み換えて作ったのが右の長方形で，面積は $5 \times 13 = 65$ になってしまう．なぜ $64 = 65$ なのだろう．どこかにまちがいがあるはずだ．

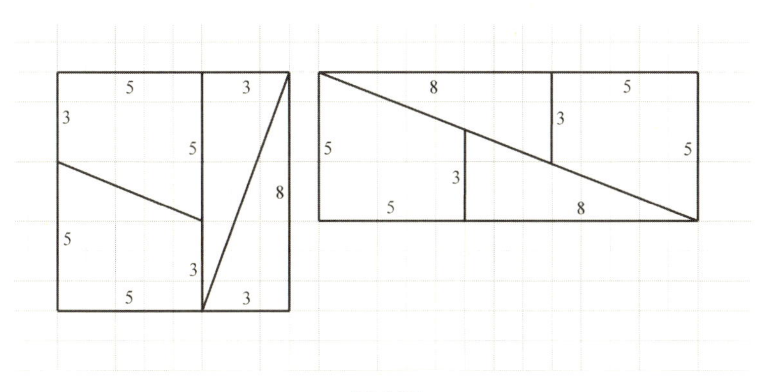

図 4.37

4 つのパーツを組み合わせて作った右側の長方形を正しく書くと，図の中に小さい面積をもつ空白の平行四辺形が見つかるのだ．状況を少し大げさに描いたのが図 4.38 である．

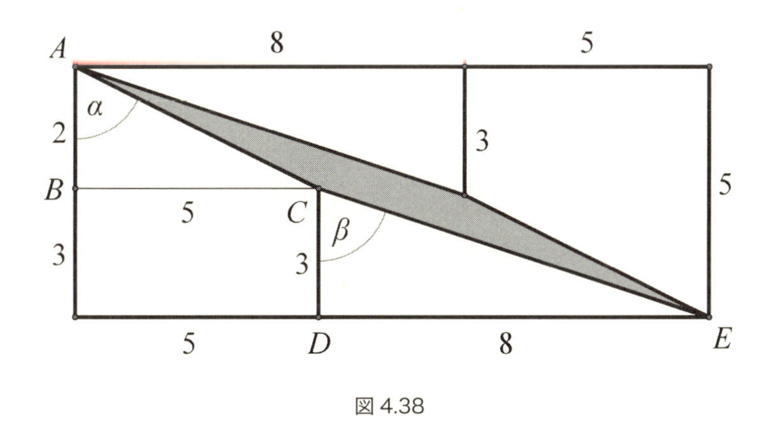

図 4.38

この（影をつけた）平行四辺形は，図の角 α と β が実は等しくはないことから出現している．しかしもともとの図では，それらが等しくないことは，ぱっと見ただけでは簡単には気づかないだろう！

角 α と β が等しくないことを確かめる容易な方法は，傾きを計算すればよい．$\tan\alpha = \frac{5}{2} = 2.5$ であるのに対して，$\tan\beta = \frac{8}{3} = 2.66666\cdots\cdots$ であ

る．ACE が一直線になるためには，平行四辺形が現れないよう α と β の角度が等しくなければならないのだ．けれども異なる傾き α と β をもつ線分 AC と CE ではそれは不可能である．こうして見過ごされやすいまちがいが生じてしまった[*3]．

✕ 無作為に描かれた 2 直線が平行になる「証明」 ✕

この「証明」は，無作為に描かれた 2 本の直線 l_1 と l_2 から始める．次に，平行な 2 直線 AD と BC を直線 l_1, l_2 と交わるように描く．さらに，AD に平行な直線 EF ($AD /\!/ EF$) を描き，これが BD, AC と交わる点をそれぞれ G, H とすれば，図の完成である (図 4.39)．

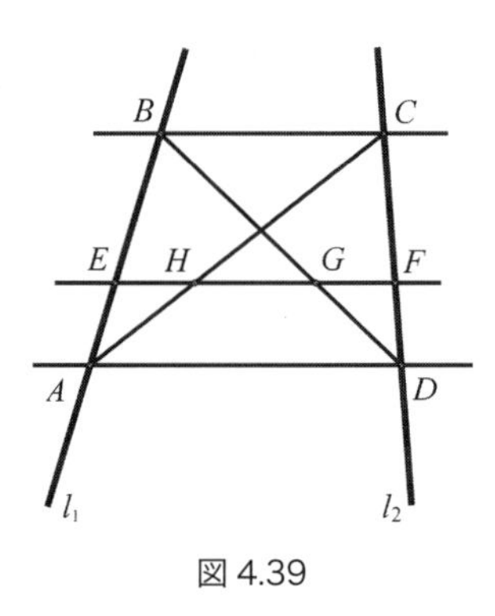

図 4.39

$\triangle AEH$ と $\triangle ABC$ は相似であり，$\triangle HCF$ と $\triangle ACD$ は相似であるから

$$\frac{EH}{BC} = \frac{AH}{AC} \qquad \frac{HF}{AD} = \frac{HC}{AC}$$

が成り立つ．これら 2 つの等式を加えると，次を得る．

$$\frac{EH}{BC} + \frac{HF}{AD} = \frac{AH}{AC} + \frac{HC}{AC} = \frac{AH + HC}{AC} = \frac{AC}{AC} = 1 \quad \text{よって} \quad \frac{EH}{BC} + \frac{HF}{AD} = 1$$

$\triangle BGE$ と $\triangle BDA$ は相似，$\triangle BDC$ と $\triangle GDF$ は相似であるから，同様に

して次を得る．

$$\frac{EG}{AD}+\frac{GF}{BC}=1$$

最後の2式は同じ値1をもつから，次が成り立つ．

$$\frac{EH}{BC}+\frac{HF}{AD}=\frac{EG}{AD}+\frac{GF}{BC}\quad \text{あるいは} \quad \frac{HF}{AD}-\frac{EG}{AD}=\frac{GF}{BC}-\frac{EH}{BC}$$

したがって $\dfrac{HF-EG}{AD}=\dfrac{GF-EH}{BC}$ が成り立つ．

ここで，$HF-EG=(EF-EH)-(EF-GF)=GF-EH$ に注意すると，分子が等しいので，結果として分母も等しくなければならず，$AD=BC$ が成り立つ．われわれは $AD/\!/BC$ から出発したので結果的に四角形 $ABCD$ は平行四辺形でなければならず，よって AB と CD は平行，つまり l_1 と l_2 は平行になる．

こうして，無作為に描いた2直線から出発して，それらが実は平行になることが「証明」できてしまった．明らかにこれはばかげているので，この「証明」にはどこかに欠陥があるはずだ．

今の「証明」を別の角度から見てみよう．実は図4.39から，明らかに $HF-EG=(HG+GF)-(EH+HG)=GF-EH$ である．また，平行線に関する原理から $\dfrac{EH}{BC}=\dfrac{AE}{AB}=\dfrac{AH}{AC}=\dfrac{DF}{DC}=\dfrac{GF}{BC}$ が成り立つこともすぐにわかる．

$BC\neq 0$ であるから，$EH=GF$ であり，したがって $GF-EH=0$，同様に $HF-EG$ も0でなければならないのだ．

われわれが前に導いた公式 $\dfrac{HF-EG}{AD}=\dfrac{GF-EH}{BC}$ は $\dfrac{0}{AD}=\dfrac{0}{BC}$，つまり $0=0$ をいっているに過ぎない．

AD と BC がどんな値であろうと上の分数式は成立するから，ここには $AD=BC$ になる何の理由も存在しない．これが，われわれが誤りを犯した原因である．

✕ 無作為に描いたすべての三角形が二等辺三角形になる？ ✕

幾何学におけるまちがいは，誤った図示が原因であることもよくあるが，定義の欠如に起因していることもよくある．よく知られていることだが，幾何学の初期の頃，幾何学者は図を用いずに幾何における諸々の関係や現象を説明していた．たとえばユークリッド幾何学においては，「betweenness（間にある）」という概念が欠如していた．この概念を用いないとすべての三角形が二等辺三角形であることが「証明」できてしまう．とても奇妙に聞こえるであろうが，以下に述べる「証明」のまちがいは随分と見つけづらいだろう．どこに誤りが隠されているか，答えを示す前にぜひ発見していただきたい．

まずは無作為な三角形を描くことから始めよう（そのとき，どの 2 辺も等しくない三角形にする）．後に，その三角形の 2 辺が等しい三角形であることを「証明」してみせよう．無作為な三角形 ABC に対して，$\angle C$ の 2 等分線および辺 AB の垂直 2 等分線を引く．それらが交わった点 G から辺 AC と BC にそれぞれ垂線を下ろし，その交点をそれぞれ D，F としよう．

このとき，交点 G の位置として 4 つの可能性があることに注意しよう．

図 4.40 は CG と GE が三角形の内部で交わる場合である．

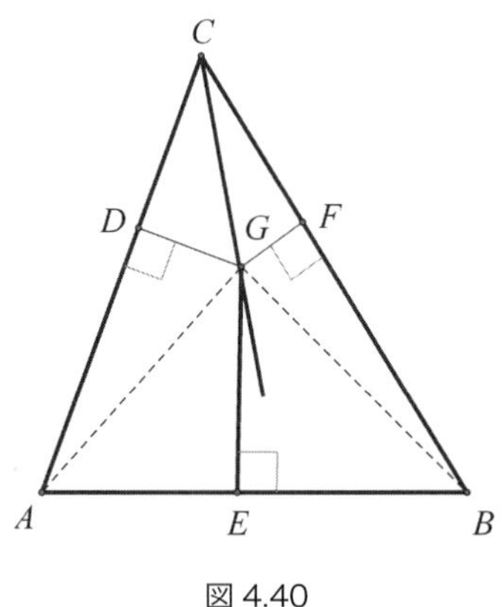

図 4.40

図 4.41 は CG と GE が三角形の辺 AB 上で交わる場合である（この場合，点 E と点 G は一致する）．

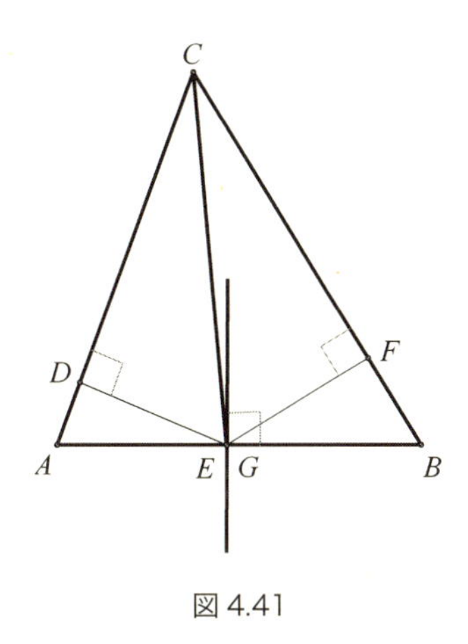

図 4.41

図 4.42 は CG と GE が三角形の外部で交わる場合で，ただし垂線 GD と GF は辺 AC，辺 BC とそれぞれ(辺をはみ出ずに)交わっているとする．

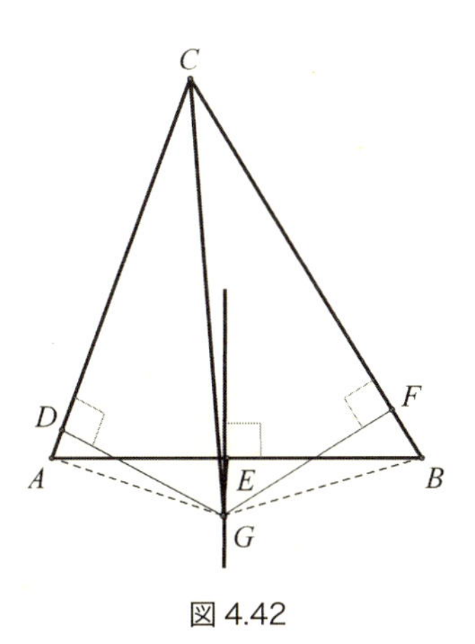

図 4.42

図 4.43 は CG と GE が三角形の外部で交わる第 2 の場合で，ただし今度は垂線 GD と GF が辺 AC，辺 BC とそれぞれ辺の外側で交わっているとする．

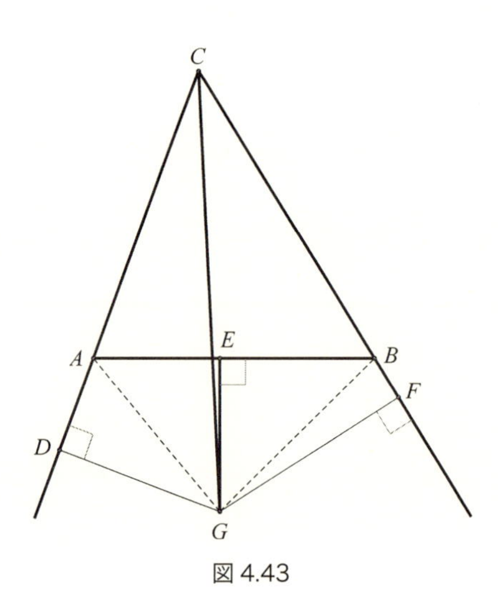

図 4.43

さて，ここでおこなうまちがった証明は，上の図のいずれの場合でも機能し得る．では，$AC = BC$ となる，つまり三角形 ABC が二等辺三角形であることを証明しよう．

まず，CG は $\angle C$ の 2 等分線であるから $\angle ACG = \angle BCG$ である．また，次のそれぞれは直角三角形であるので，$\triangle CDG \equiv \triangle CFG$ である．よって $DG = FG$ および $CD = CF$ が成り立つ．また線分の垂直 2 等分線の頂点は元の線分の 2 つの端点から等距離にあるので，$AG = BG$ である．さらに $\angle ADG$ と $\angle BFG$ も直角であるから，$\triangle DAG \equiv \triangle FBG$ である．したがって $DA = FB$ が導かれ，結局 $AC = BC$ が証明された（最後のステップでは，図 4.40，4.42 では辺の足し算を，図 4.43 では辺の引き算を用いた）．

現時点で，読者のみなさんはとても気持ち悪く感じているかもしれない．どこに誤りが隠されているのかを不思議に思うことだろう．モヤモヤをすっきりさせるためには，1 つ図を正確に描いてみるとよい．すると，図に確固たるまちがいがあることに気づくはずだ．

まず交点 G は，三角形 ABC の必ず外部にあることを示すことができる．このとき，G から 2 辺に向けて垂線を引くとき，片方は辺と 2 頂点の中間で交わり，片方はそうでないことがわかるだろう．

この誤りを，ユークリッド幾何学が「betweenness（間にある）」の概念をないがしろにしたことのせいにしてしまってもよい．この「証明」では，注目すべきみごとなまちがいがこの概念に隠されている．正しい図 4.44 をよく見ていただきたい．

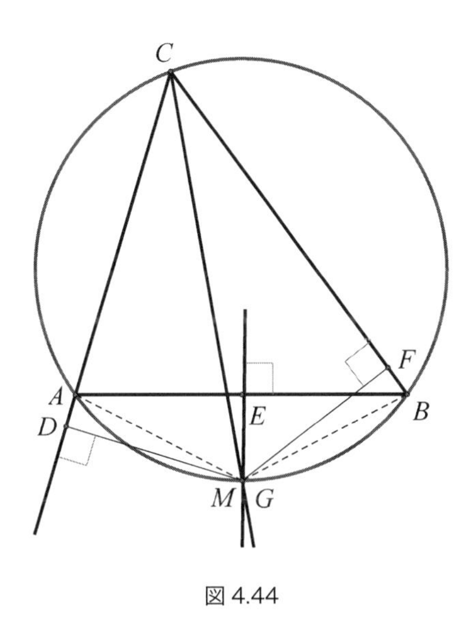

図 4.44

図 4.44 には，三角形 ABC とその外接円が描かれている．角 ACB の 2 等分線は，円弧 AB の中点を通るはずだ（なぜなら $\angle ACM$ と $\angle BCM$ は等しい円周角であるから）．また AB の垂直 2 等分線も円弧 AB を 2 等分するはずだから，それは M を通る．したがって，$\angle C$ の 2 等分線と AB の垂直 2 等分線は，三角形 ABC の「外部で」外接円の円周と同一の点 M（G）で交わるのだ．これで以前の図 4.40 と 4.41 の可能性は消えた．

次に，円に内接する四角形 $ACBG$ に着目すると，向かい合う角の和は $180°$ であるから，$\angle CAG + \angle CBG = 180°$ である．もしも $\angle CAG$ と $\angle CBG$ が直角と仮定すると，CG は円の直径になってしまい，三角形 ABC は二等辺三角形になってしまうから，仮定よりそれはない．そうすると角 CAG と角 CBG のうち，片方は鋭角で片方は鈍角でなければならない．

仮に$\angle CBG$が鋭角で$\angle CAG$が鈍角としてみよう．そのとき，三角形CBGについて点MからBCに下ろした垂線は辺BCの内側にあり，反対に三角形CAGについて点MからACに下ろした垂線は辺ACの外側になければならない．つまり，点G(M)から2辺に下ろされた2つの垂線のうちただ1つのみが頂点の「間に」下ろされるので，上で述べた「証明」は破綻してしまうのだ．ここで述べた議論では，ユークリッド幾何学ではあまりなじみのなかった「betweenness（間にある）」の概念にポイントが隠されている．

✕ すべての三角形が二等辺三角形になる別の「証明」✕

すべての三角形が二等辺三角形になってしまうもうひとつの「証明」を紹介しよう．例によって，どこに誤りがあるのか見つけてほしい．

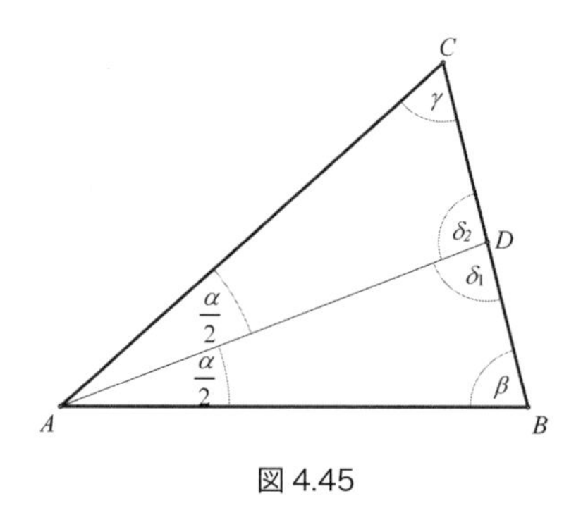

図 4.45

まず$AB \neq AC$である三角形ABCから始め，最終的に$AB = AC$であることを証明しよう(図 4.45)．そのためには補助線が必要で，$\angle CAB$を2等分する線分ADを引く．すると，よく知られているように$\dfrac{CD}{AC} = \dfrac{BD}{AB}$が成り立つ[*4]．

$\triangle ACD$の外角として，$\delta_1 = \angle ADB = \angle ACD + \angle CAD = \gamma + \dfrac{\alpha}{2}$が成り立つ．ここで三角形の正弦定理を用いると次のように書ける．

$$\frac{BD}{AB}=\frac{\sin\angle BAD}{\sin\angle ADB}=\frac{\sin\frac{1}{2}\angle BAC}{\sin\left(\angle ACD+\frac{1}{2}\angle BAC\right)}=\frac{\sin\frac{\alpha}{2}}{\sin\left(\gamma+\frac{\alpha}{2}\right)}$$

同様にして$\triangle ABD$の外角として，$\delta_2=\angle ADC=\angle ABD+\angle BAD=\beta+\frac{\alpha}{2}$が成り立つので，三角形の正弦定理を用いると次のように書ける．

$$\frac{CD}{AC}=\frac{\sin\angle DAC}{\sin\angle ADC}=\frac{\sin\frac{1}{2}\angle BAC}{\sin\left(\angle ABC+\frac{1}{2}\angle BAC\right)}=\frac{\sin\frac{\alpha}{2}}{\sin\left(\beta+\frac{\alpha}{2}\right)}$$

よって最初に得た$\frac{CD}{AC}=\frac{BD}{AB}$にこれらを代入すれば

$$\frac{\sin\frac{\alpha}{2}}{\sin\left(\gamma+\frac{\alpha}{2}\right)}=\frac{\sin\frac{\alpha}{2}}{\sin\left(\beta+\frac{\alpha}{2}\right)}$$

$\sin\frac{\alpha}{2}$は0ではないから，したがって$\sin\left(\gamma+\frac{\alpha}{2}\right)=\sin\left(\beta+\frac{\alpha}{2}\right)$となり

$$\gamma+\frac{\alpha}{2}=\beta+\frac{\alpha}{2}$$

が成り立つ．こうして，$\gamma=\beta$ つまり$\angle ACD=\angle ABC$が証明された．

この誤りは，三角関数sinの理解不足に隠されており，それは最初に見ただけでは，なかなかわからない．$\sin\left(\gamma+\frac{\alpha}{2}\right)=\sin\left(\beta+\frac{\alpha}{2}\right)$から導かれるのは，正しくは次の等式である（$k$には任意の整数が入る）．

$$\gamma+\frac{\alpha}{2}=(-1)^k\left(\beta+\frac{\alpha}{2}\right)+k\pi \quad \text{または} \quad \gamma=(-1)^k\beta+\frac{\alpha\times((-1)^k-1)}{2}+k\pi$$

✕ 三角形が2つの直角をもってしまう「証明」✕

次の幾何学的なまちがいは，疑うことを知らない人を本当に困惑させる

かもしれないもののひとつだ．互いに交わる 2 つの円（同じ大きさでも異なる大きさでもよい）を描き，図 4.46 のようにその交点の 1 つから出発してそれぞれの円の直径を引き，その 2 つの終点を結ぶ．

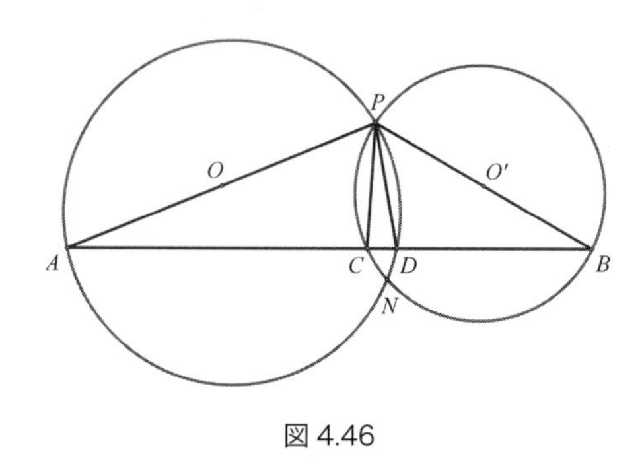

図 4.46

図では 2 つの円の直径 AP, BP の終点が線分 AB によって結ばれており，AB は円 O とは D で交わり円 O' とは C で交わっている．よって $\angle ADP$ は半円 PNA の円周角であり，$\angle BCP$ は半円 PNB の円周角であるからどちらも直角である．ということは $\triangle CPD$ は 2 つの直角をもってしまう．これは不可能なのでどこかにまちがいがあるはずだ．

ユークリッド幾何学における「betweenness（間にある）」の概念の欠如がこの誤りを生んでいる．正しく図を描いてみると $\angle CPD$ は $0°$ でなければならず，$\triangle CPD$ は存在しないのだ（線分になる）．

図 4.47 がこの状況を示した正しい図である．

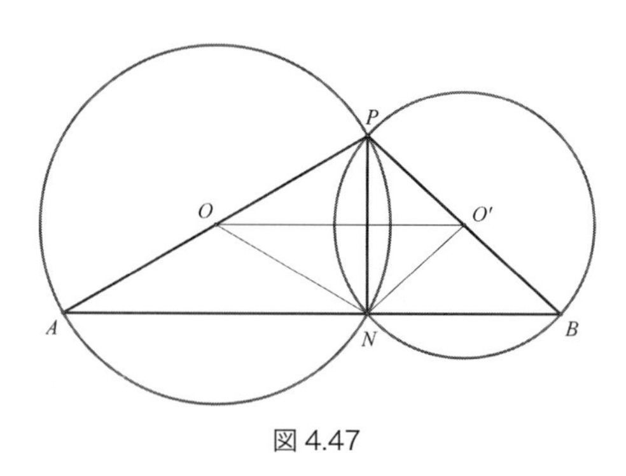

図 4.47

図 4.47 では，簡単に$\triangle POO' \equiv \triangle NOO'$であることがわかる（3 辺の長さが等しい）ので，よって，$\angle POO' = \angle NOO'$である．$PN$に関する中心角は円周角の 2 倍であるから$\angle PON = 2\angle POO' = 2\angle A$となり，$\angle POO' = \angle A$つまり$AN /\!/ OO'$がいえる．円$O'$についても同じように$BN /\!/ OO'$であることがいえる．2 つの線分$AN$と$BN$はどちらも$OO'$に並行なので，$ANB$は一直線上にあることがわかる．これで図 4.47 が正しく，図 4.46 がまちがっていることが証明された．

✕ よくある普遍的なまちがい ✕

よく確かめていない仮定を安易に用いてしまい，そこから誤りが生じてしまった例を見てみよう．たとえば，三角形の内角の和が 180° であることの証明を例にとる．図 4.48 を見ていただきたい．

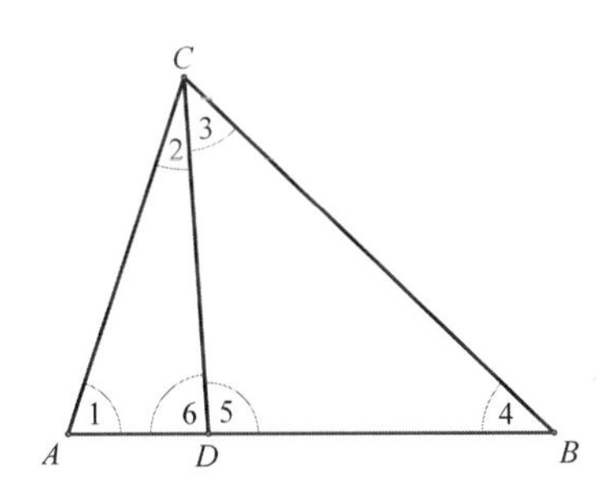

図 4.48

三角形ABCの辺AB上に点Dがあるとする．三角形ACDの内角の和と三角形DCBの内角の和を（両者が同じだとして）xとおく．式にすると次のように書ける．

$$\angle 1 + \angle 2 + \angle 6 = x \qquad \angle 3 + \angle 4 + \angle 5 = x$$

この 2 式を加えると$\angle 1 + \angle 2 + \angle 6 + \angle 3 + \angle 4 + \angle 5 = 2x$．さらに，$\angle 1 + \angle 2 + \angle 3 + \angle 4 = x$である（なぜならこれは三角形$ABC$の内角の和

だから）．ここで∠5と∠6の和は180°だから，したがって$x + 180° = 2x$となり，$x = 180°$．よって三角形の内角の和は180°であることが証明できた．

いや，それは違う！　この証明には誤りがある．われわれには，すべての三角形の内角の和が同じだと仮定してよい権利はない．われわれはこの証明の最初からその仮定を使ってしまった．だから結果は正しいのだが，証明は完全ではなく，まちがいなのである．

✕ 2つの等しくない線分が等しくなってしまう？ ✕

証明をおこなう際に，どのようにして誤りを犯してしまうのかをよく見てみよう．前に示した幾何学的な誤りを例にして，三角形ABCからスタートし，図4.49にあるように辺AC上に点D，辺BC上に点Eをとって線分DEが線分ABと平行になるようにする．

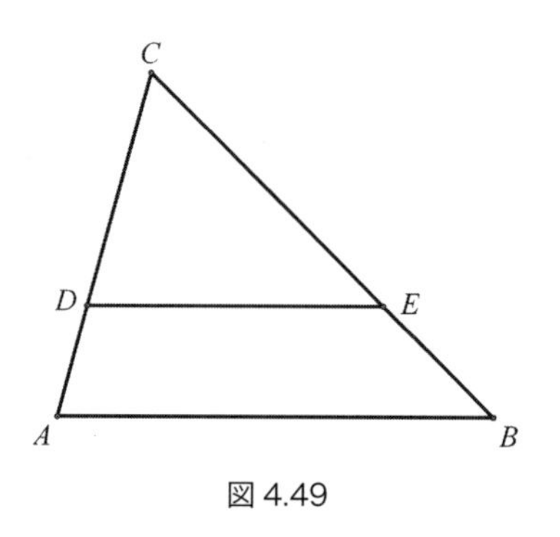

図4.49

このとき△ABCと△DECは相似であるから，$\frac{AB}{DE} = \frac{AC}{DC}$または分母を払って$AB \times DC = DE \times AC$が成り立つ．ここで両辺に$AB - DE$を掛けると，次のようになる．

$$AB^2 \times DC - AB \times DC \times DE = AB \times DE \times AC - DE^2 \times AC$$

次のステップとして，両辺に$AB \times DC \times DE$を加え，両辺から$AB \times DE$

$\times AC$ を引くと，次の式を得る．

$$AB^2 \times DC - AB \times DE \times AC = AB \times DC \times DE - DE^2 \times AC$$

共通項でくくると，次のようになる．

$$AB(AB \times DC - DE \times AC) = DE(AB \times DC - DE \times AC)$$

ここで両辺を $AB \times DC - DE \times AC$ で割ると $AB = DE$ となる．$AB > DE$ であるはずなので，これはおかしい．図にはまちがいはないはずだが，どこにミスがあったのだろう？　そう，ゼロで割ってしまっている．禁制を思い出してほしい．両辺を $AB \times DC - DE \times AC$ で割っているが，$AB \times DC = DE \times AC$ なので，それは 0 なのだ．

今回のように，代数のまちがいが幾何学の不条理を生み出すことがあるので，注意しなければならない．

三角形のすべての外角は内角に等しい？

図 4.50 のような△ABC を考え，$\angle\delta$ が $\angle\alpha$ に等しくなることを証明していく．

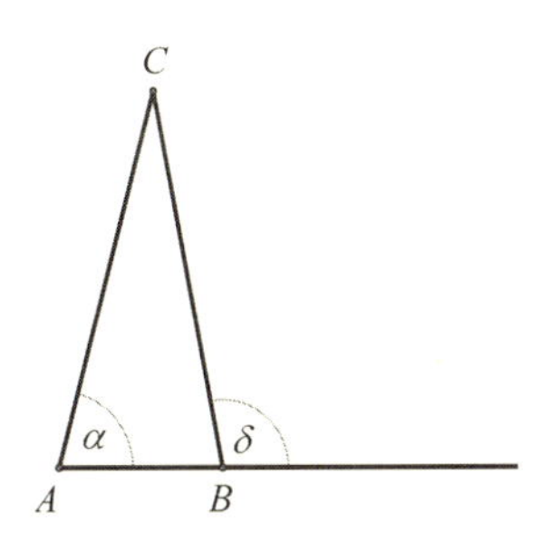

図 4.50

図 4.51 を見てほしい．ここで，$\angle CAP + \angle CQP = \alpha + \varepsilon = 180°$ となるように四辺形 $APQC$ を考える．そして，点 C, P, Q を通る円を描く．そこで，

AP が P 以外で円と交わる点を B としよう．B と C を結ぶと，円に内接する四辺形 $BPQC$ が描け，次のことがいえる．

$$\angle CQP + \angle CBP = \varepsilon + \delta = \angle BCQ + \angle BPQ = 180°$$

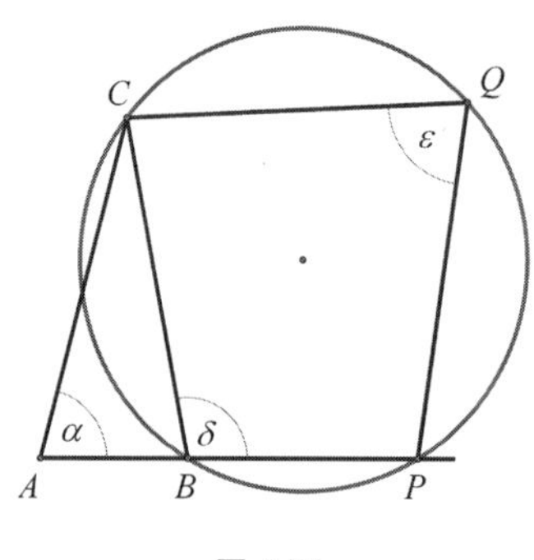

図 4.51

しかし，最初に $\angle CAP + \angle CQP = \alpha + \varepsilon = 180°$ としているので，$\angle CAP = \angle CBP$ と結論できる．すなわち，$\alpha = \delta$ となってしまう．どこかまちがっているはずだが，どこがまちがっているのだろう．

実は，もし四辺形 $APQC$ が，$\angle CAP + \angle CQP = \alpha + \varepsilon = 180°$ を満たし，さらに頂点 C，P，Q が同じ円周上にあるとするなら，四辺形 $APQC$ がその円周上になければならない．つまり，A も円周上にあるのである．これは A と B が等しくなることを意味する．この場合，三角形 ABC は存在しえない．こうしてまちがいが明らかになった．

✕ 同じ平面上にある並行でない 2 直線が交わらない？ ✕

並行でない 2 直線のどちらかが，第 3 の直線と垂直に交わるなら，その 2 直線は交わらないということを「証明」できてしまう．このパラドックスはプロクロス（412 ～ 485）によって提唱された．

2 直線が交わらないのは並行である場合だけであり，この場合はそうではないので，まちがっているはずだ．だから，これから述べる「証明」をたどりながら，どこがまちがっているのかを見つけてほしい．

図 4.52 においては，$PB \perp AB$ であるが，QA は AB と垂直ではない．さあ，直線 PB と QA が交わらないことをお見せしよう．

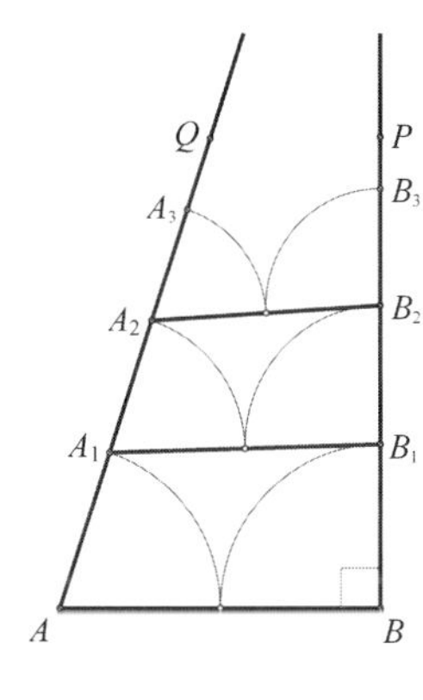

図 4.52

まず，AB の中点を定める．そして，$AA_1 = \frac{1}{2}AB$，$BB_1 = \frac{1}{2}AB$ となるように A_1，B_1 をおく．直線 AQ と PB は，AA_1，BB_1 の間では決して交わらないだろう．もし点 R で交わるとすると，$\triangle ARB$ ができ，AR と RB を合わせた長さが AB より短くなってしまう．これはありえないので，直線 AQ と PB は，AA_1，BB_1 の間では決して交わらない（なぜなら三角形の 2 辺の長さの和は，他の 1 辺の長さより短くなることは決してないからだ）．

さて今度は，線分 A_1B_1 で，先ほどと同じプロセスをくり返し，$A_1A_2 = B_1B_2 = \frac{1}{2}A_1B_1$ となるように，A_2，B_2 をおく．すると，A_1A_2 と B_1B_2 の間では交わることはなく，A_2 と B_2 は重ならない．このプロセスを，無限に続けていくと，A_n と B_n は決して重ならないことになる．この終わりのないプロセスでは，斜めの直線が，垂直な直線と交わることはない．これはナンセンスだ．さあ，どこがまちがっていたのだろう．

ここで，2 つの直線 AQ と BP が図 4.53 のように交わる場合を考えてみよう．再び，先ほど AA_1，A_1A_2，A_2A_3 とおいていったのと同じように，AQ 上に線分をつくっていく．また，BP 上にも，BB_1，B_1B_2，B_2B_3 と同じよう

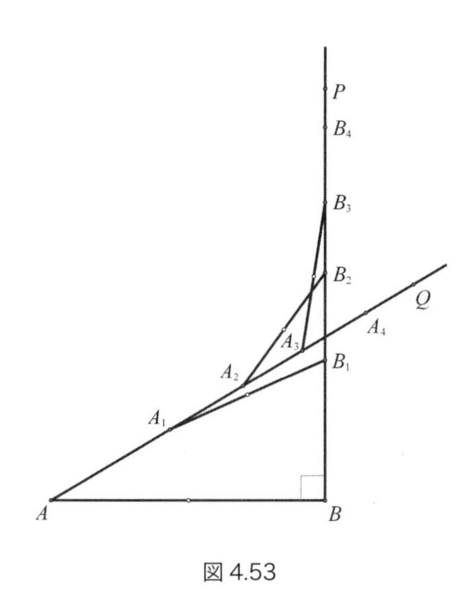

図 4.53

に線分をつくっていく．われわれは，2 直線上のこれらの線分の連なりが無限に続くことを知っている．さらに，同じ回にできた線分は交わらない．たとえば，A_1A_2 と B_1B_2 は交わらない．

しかし，違う回にできた線分は交わる可能性があるのだ．たとえば，図 4.53 では，A_3A_4 は B_1B_2 と交わっている．今回の「証明」の誤りは，線分が交わらないというのを，同じ回だけに限定してしまう考えにもとづいて議論を進めてしまったことにある．しかし，実は，ほかの回の線分と交わらないというわけではなかったのだ．このまちがいは，限定された論拠を用いたことによるものであった．

最初からまったくのまちがい

ここで，初等幾何学における簡単な問題（典型的な教科書にもよく載っている）に対面してみよう．図 4.54 にある直角三角形 ABC は斜辺の長さが $c = 4$, その他の 1 辺の長さが $b = \sqrt{12}$ であり，また $\angle BAC = \alpha = 40°$ とする．では，辺 a の長さを求めてみよう．

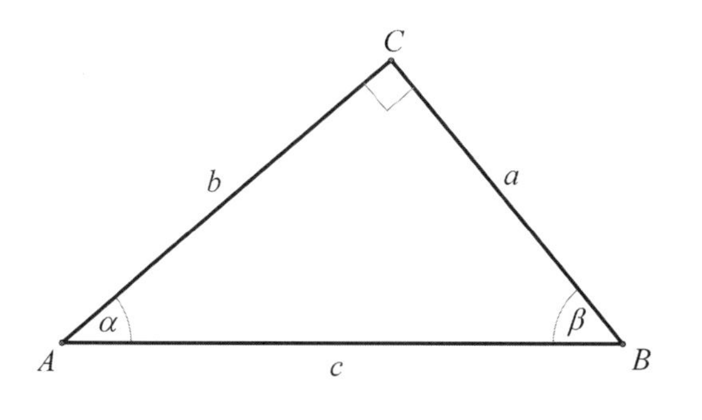

図 4.54

もうひとつの角の大きさは，下のように簡単に求められる．

$$\beta = \angle ABC = 180^\circ - \alpha - \angle BCA = 180^\circ - 40^\circ - 90^\circ = 50^\circ$$

$\sin\alpha = \dfrac{BC}{AB} = \dfrac{a}{c}$ と考えると，a の長さを次のように求めることができる．

$$a = c \times \sin\alpha = 4 \times \sin 40^\circ \approx 4 \times 0.6428 = 2.5712$$

これまでのところ，すべてうまく行っていて何も誤りがないように見える．ところが，ここで矛盾が生じるのだ．a を求めるための別解を見てみよう．

$\tan\alpha = \dfrac{BC}{AC} = \dfrac{a}{b}$ と考えると，a の長さを下のように求めることもできる．

$$a = b \times \tan\alpha = \sqrt{12} \times \tan 40^\circ \approx 3.4641 \times 0.8391 = 2.9067$$

もとより a はひとつなのに，2 つの異なる値 2.5712 と 2.9067 に到達してしまった．これはどうしてだろう．2 つの解法自体はまったく正しいはずだから，誤りはもっと別の場所にあるに違いない．また，もうひとつの角 β を $\tan\beta = \dfrac{AC}{BC} = \dfrac{b}{a} \approx \dfrac{\sqrt{12}}{2.9067} \approx 1.1918$ によって求めると $\beta \approx 50.0001^\circ$ となって，これも 50° と微妙に異なってしまう．これはどうしてだろう．実は，誤りは，もともとの問題自体に隠されているのだ．

もともとの直角三角形を正しく描いてみることを試みる．すると，次の図 4.55 にあるような一部が欠けた直角三角形になってしまうのだ．

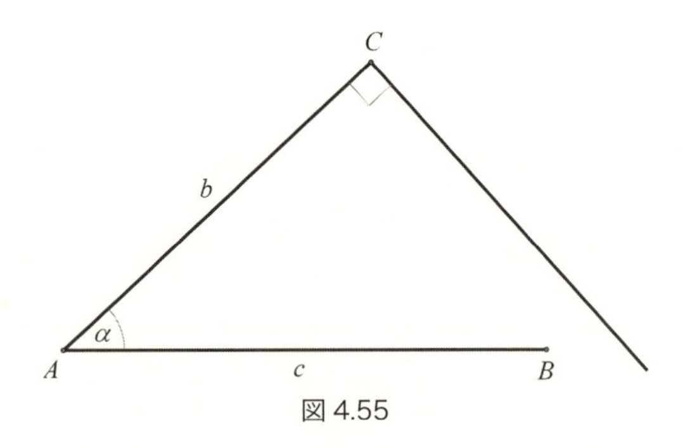

図 4.55

つまり，題意の直角三角形は，実際は存在しない．今回は，もともとの問題自体がまちがっているという点に，誤りのすべてがあった．つまり，与えられた問題自体がすでにまちがっている例であった．

✕ 描画ソフトの乱用によって起こる誤り ✕

現代は，図形を描くソフト（描画ソフト）が大幅に進化したことで，時間を多少かけて正しい作図をすることを無視する傾向がある．たとえば，三角形 ABC の内接円を描く作業を考えてみよう．内接円の中心は，（3 つの角の）2 等分線の交点であることを思い出そう．そこで，まずやるべきことはその交点の位置を決めることである．

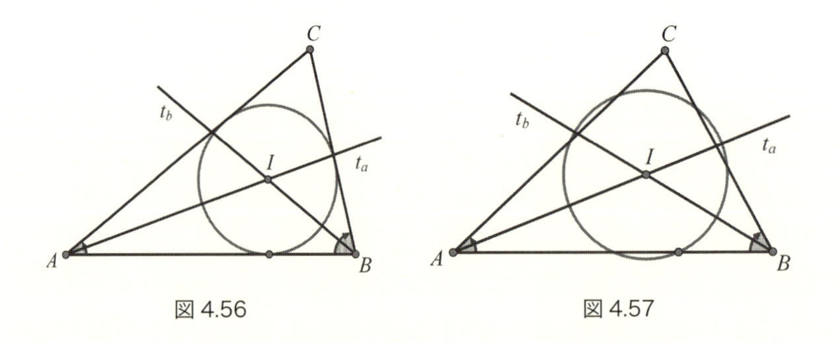

図 4.56　　図 4.57

図 4.56 においては，2 つの 2 等分線 t_a，t_b の交点を I として，円の中心が求められている．ここで，まちがいがよく起こる．早く作業を完

成させるためによくやってしまうのは，たとえば描画ソフト「Geometer's sketchpad」を使う場合，その中のコンパスツールを用いて，いきなりIを中心とする円を描いてしまい，その円をだんだんに三角形の1辺に接するように引き延ばす(か小さくする)方法である．しかし，もともとの三角形がわずかにずれただけで，あきらかにまちがった作図になる．図4.57のように，接点がなくなってしまうこともある．

内接円を描くための正しい方法は，定規とコンパスを使って，点Iからたとえば辺ABに向けて垂線DI ($= EI = FI$)を描き，その長さを計って内接円の半径とすることである（図4.58を見よ）．言い換えれば，伝統的な定規とコンパスによる作図法を無視して少し乱暴な幾何的方法を用いて楽をしようとすると，よくまちがいが起こる原因となるということである．

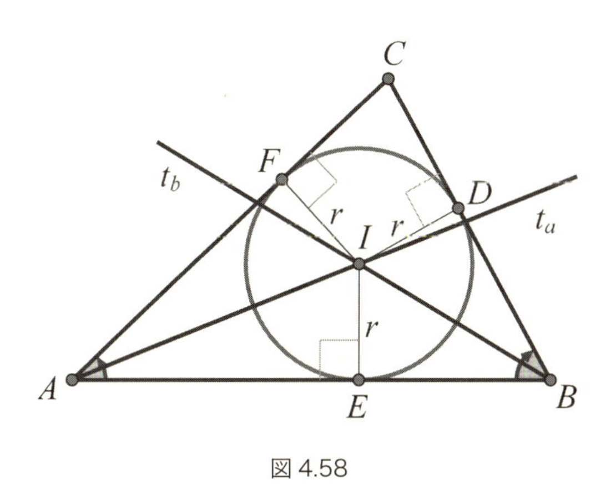

図4.58

✕ 誤った図式によってまちがった結論に至る例 ✕

ここでは，ある状況を図式化したとき，正しい結論を導くこともあるが，いつも正しいとは限らないという例を示そう．よくある例は，証明が図の誤りによって壊れてしまうものである．次の命題について考えてほしい．

正方形に内接する長方形はいつでも正方形になるだろうか？　なお，長方形が別の長方形(正方形)に内接するというのは，中の長方形の各頂点が，外の長方形の4つの辺の上にちょうど1つずつ乗っている状況をいう．

図4.59では，正方形$ABCD$の中に長方形$PRMN$が内接している．点Pから辺BCに，また点RからDCに，それぞれ垂線PQ, RSを引く．すると，影をつけた2つの直角三角形$\triangle PQM$と$\triangle RSN$が現れる．長方形の対角線の長さは等しいから$PM = RN$，また正方形の1辺の長さとして$PQ = RS$であるから，したがって，直角三角形の合同条件から，$\triangle PQM \equiv \triangle RSN$である．よって$\angle QMP = \angle SNR$であるが，$\angle OMC + \angle QMP = 180°$であるから$\angle OMC + \angle SNR = 180°$である．したがって四角形$NOMC$を考えれば，$\angle NOM + \angle NCM = 180°$でなければならない．しかし$\angle NCM$は直角であるから$\angle NOM$も直角でなければならず，よって長方形$PRMN$は（対角線が直交するので）正方形でなければならない．

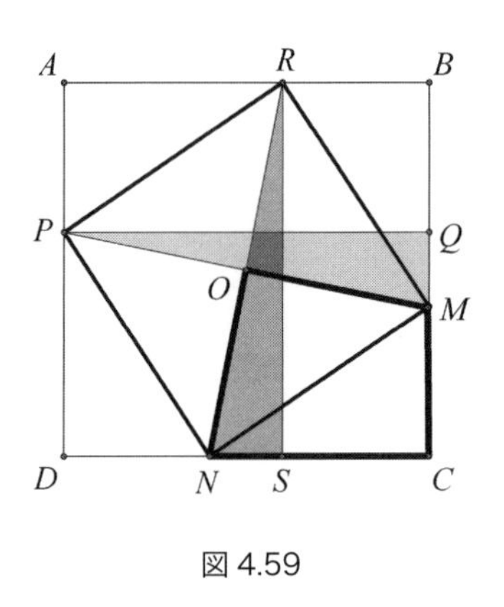

図4.59

しかしどこかにまちがいはないだろうか．図4.60を見ていただきたいが，正方形に内接する長方形が明らかに正方形ではないことがわかる．ここでは，$AR = AP = CM = CN$となり，かつ，この等しい4つの線分の長さが正方形の1辺の長さの半分にはならないようにP, R, M, Nを配置した．すると，影をつけた2つの合同な三角形の向きが図4.59の場合とは逆になっていることがわかるだろう．そうすると図4.59では互いに補角になっていた$\angle OMC$と$\angle ONC$が今の図4.60では補角になっていない．よって長方形$PRMN$の対角線が直交するとはいえないのだ．まとめると，正方形に内接するいくつかの長方形については，それが正方形であることを証明できるが，すべての場合に証明することはできない．したがってこの節の最初に述べた証明は(一般的に通用する証明としては)正しくはない．

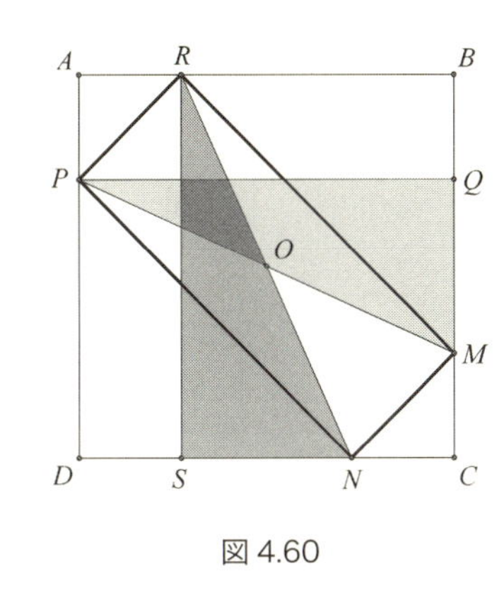

図 4.60

この節で述べた，(一般的には)まちがった主張についての誤った証明について，明らかになった．そこから，図 4.59，4.60 の状況について成立する 2 つの正しい命題を述べる．

①正方形に内接する長方形は，その 1 辺が外の正方形の対角線のいずれにも平行でないならば，内接する長方形は正方形となる．
②正方形に内接する長方形の隣り合う 2 辺の長さが異なるならば，内接する長方形の各辺は外の正方形の対角線と必ず平行になる．

× 上底と下底の長さの和が 0 になる台形？ ×

以下に述べる証明における誤りは，とてもとらえにくく，見つけるのが少し難しいかもしれないが，よく考えてまちがいを明らかにしよう．図4.61 のように，台形 $ABCD$ からスタートし，上底と下底の延長線上にそれぞれ点 E，点 F をとる．各線分の長さは図 4.61 のようにとるとする．

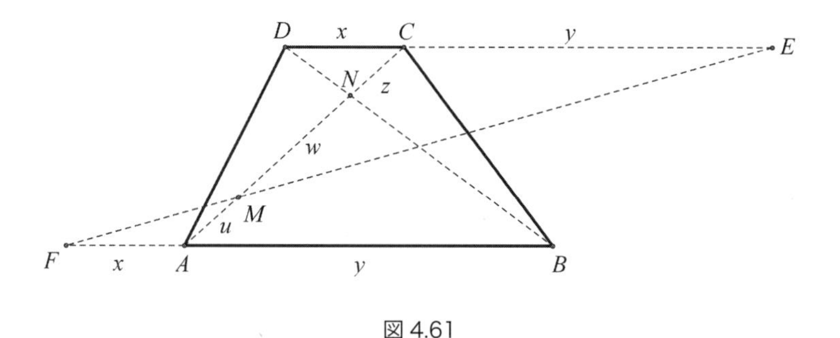

図 4.61

平行線(台形の上底と下底)の性質によって，図の中にはいくつかの相似な三角形が見つかる．

$$\triangle CEM \sim \triangle AFM \quad \text{よって} \quad \frac{AF}{CE} = \frac{AM}{CM} \quad \text{すなわち} \quad \frac{x}{y} = \frac{u}{w+z}$$

$$\triangle ABN \sim \triangle CDN \quad \text{よって} \quad \frac{CD}{AB} = \frac{CN}{AN} \quad \text{すなわち} \quad \frac{x}{y} = \frac{z}{u+w}$$

それゆえ $\frac{u}{w+z} = \frac{z}{u+w}$ が成り立つ．ここで，正しい比の等式の分母どうし，分子どうしを引いても正しい等式なるという便利な性質

$$\frac{a}{b} = \frac{c}{d} \quad \text{ならば} \quad \frac{a}{b} = \frac{a-c}{b-d}$$

を用いると，先ほどの 2 つの式から次のように書ける．

$$\frac{x}{y} = \frac{u-z}{(w+z)-(u+w)} = \frac{u-z}{z-u} = \frac{-(z-u)}{z-u} = -1$$

これよりわかることは $x = -y$，つまり $x + y = 0$ である．しかし台形の上底と下底の和が 0 になるはずがない．この考察はどこかにまちがいがあるはずだ．もう一度戻って，この結論に至ったプロセスをよく眺めてみよう．

われわれは最初の2つの等式 $\dfrac{x}{y} = \dfrac{u}{w+z}$ と $\dfrac{x}{y} = \dfrac{z}{u+w}$ の解を求めたかったのだ．これを正しく解いてみよう．まず1つめの等式の分母を払って変形すると，次のようになる．

$$yu = x(w+z)$$
$$yu = xw + xz$$
$$xz - yu = -xw$$

次に，2番目の等式の分母を払って変形すると，次のようになる．

$$yz = x(u+w)$$
$$yz = xu + xw$$
$$yz - xu = xw$$

上の2つの最後の式どうしを足すと

$$(xz - yu) + (yz - xu) = (xz + yz) - (yu + xu) = 0$$

となり，これを因数分解して整理すると

$$z(x+y) - u(x+y) = 0$$
$$(x+y)(z-u) = 0$$

となる．言うまでもなく片方の因数が0になればこの等式は満たされる．しかし，最初に述べた「証明」では，$z-u$ が0になる可能性を無視して，$x+y$ のほうが0になると仮定していたのだ！　しかし，$x+y$ は明らかに0ではないから，$z-u$ のほうが0なのである．まちがった「証明」のなかに出てきた分数 $-\dfrac{z-u}{z-u}$ は $\dfrac{0}{0}$ になってしまい，実は意味をなしていない！

× 凧の内接円を描くときの罠 ×

ひし凧（カイト）は，等しい長さをもつ隣り合う2辺のペア2つからなる四角形の形をしている[*5]．あるいは，等しい底辺をもつ二等辺三角形2つの底辺をくっつけたものといってもよい．図4.62の四角形 $ABCD$ がひし凧である．その内接円の中心を見つけるためには，向かい合っている2辺の中点を線分で結んで，その交点を求めるという一見正しそうな方法がいちおうある．内接円を描くためには，半径の長さを求める必要があるが，これは中心から各辺へ引いた垂線の長さで求まる．図では，垂線 IP を辺 AB に向けて引いている．

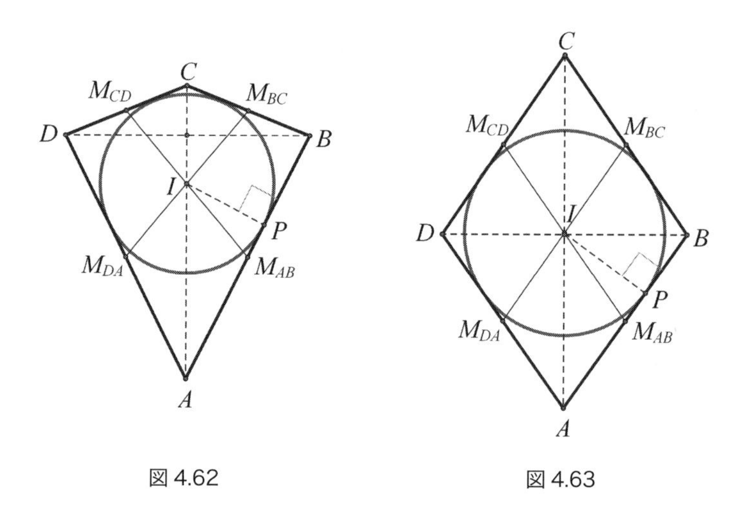

図4.62　　図4.63

このエレガントな内接円の描き方は，図4.62のような場合はうまくいくように見えるが，はたしてすべての場合にうまくいくのだろうか？　きれいなひし形をした凧（図4.63）の場合にもこの描き方でよさそうだ．もちろん正方形はひし形の特別な場合だから，正方形の場合にもうまくいくが，その場合は各辺の中点が内接円と正方形の接点にもなる．

困ったことに，このエレガントな内接円の描き方が，すべての凧に対して適用できると考えられがちである．次の図4.64，図4.65を見ればわかるように，そうではないのだ．

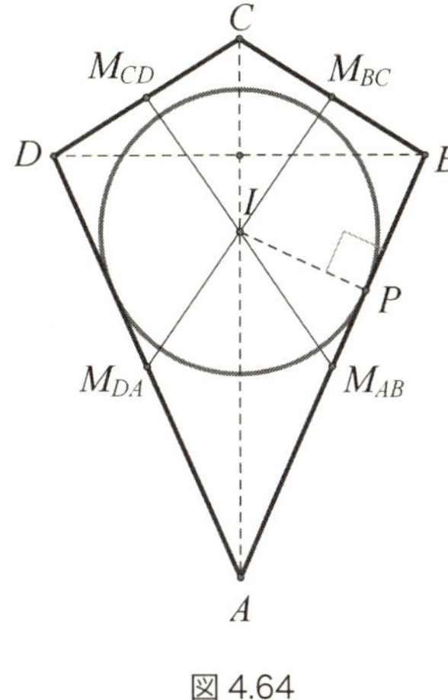

図 4.64

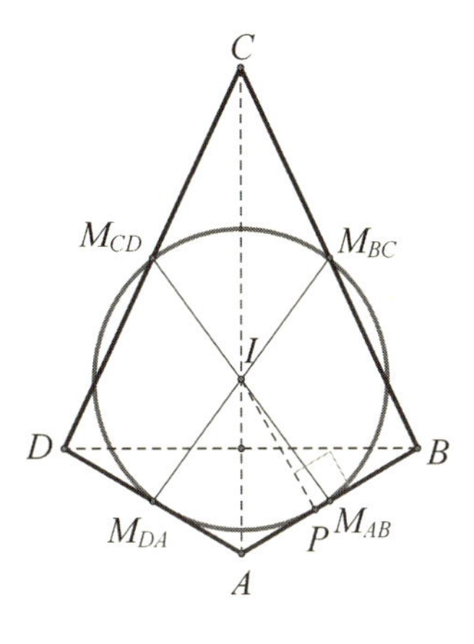

図 4.65

すべての凸形のひし凧は内接円をもっており，それはもちろん 4 辺すべてに接している．この内接円の正しい中心は，ひし凧のそれぞれの角の 2 等分線を引くことで見つかるのだ．図 4.66 と図 4.67 では，内接円の正しい中心が I であり，向かい合っている 2 辺の中点を線分で結んでその交点として求めたのが I' である．それらがずれているのは一目瞭然である．

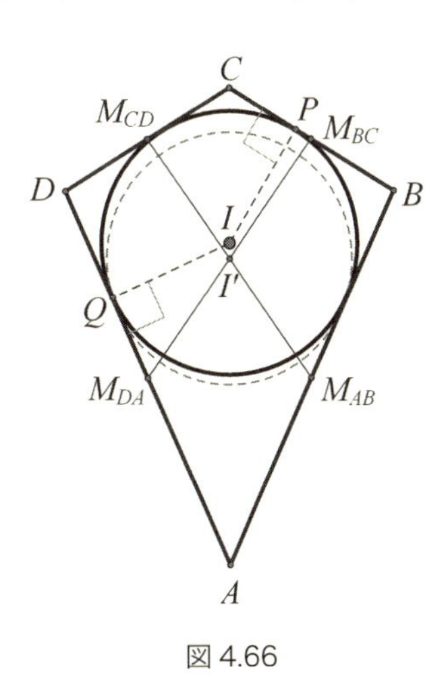

図 4.66

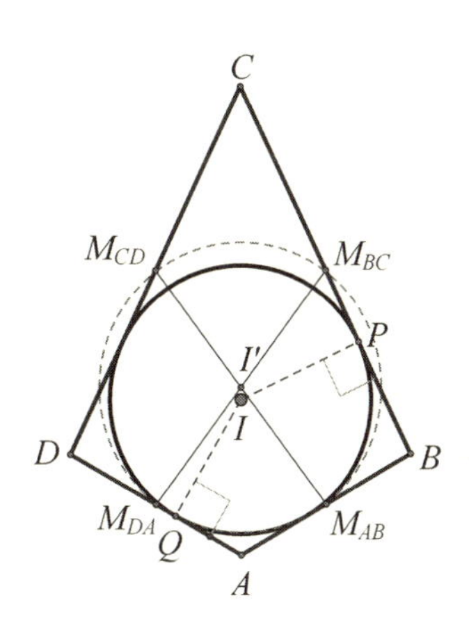

図 4.67

ひし形ではないひし凧で　その内接円の中心を，向かい合っている 2 辺の中点を線分で結んでその交点として求めることができるものがあるのか疑問に思うことだろう．それはすなわち，すべての形のひし凧に対する作図を一般化してしまうまちがいをどうすればふせぐことができるのかということである．その内接円の中心を，向かい合っている 2 辺の中点を線分で結んでその交点として求めることができるひし凧は，これから述べる性質をもつことがわかっている．

それは, 図 4.68 のように, 向かい合う頂点の 1 つのペアが楕円上にあり，もう 1 組の頂点のペアがこの楕円の焦点上にあるというひし凧だ．作図線を図に示した．

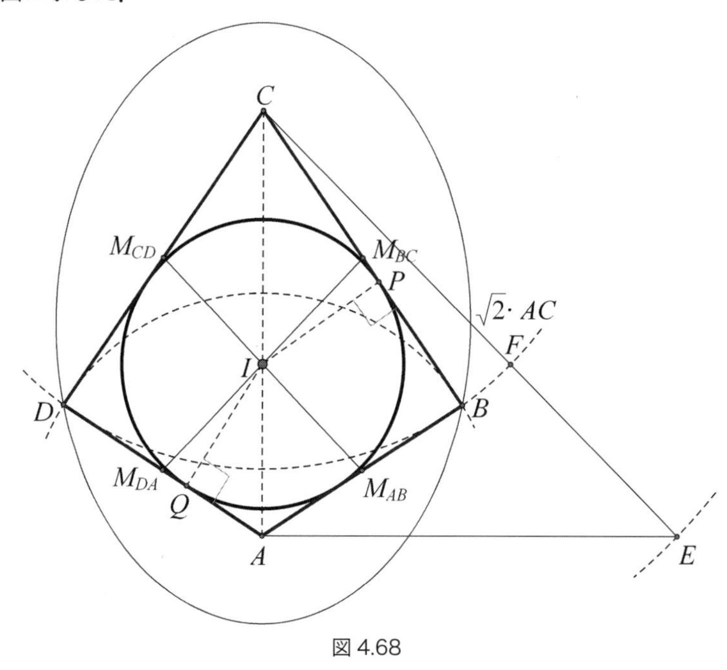

図 4.68

エレガントな作図法を安易に一般化しようとするのは早急だが，われわれはそれをきちんと検証することができる．いったんその作図法に制限があることがわかると，誤った一般化をしてしまったことをふまえて，ひし凧の性質を十分に検討することが必須になり，楕円との深い関係も明らかになってくるのだ.

✕ 円の内部の任意の点が実は円周上にある？ ✕

「円の内部にある任意の点が円周上にある」とういう矛盾する命題について考えてみよう．これは非常に奇妙に聞こえるかもしれないが, これから, この命題を「証明」してみる．もちろんそれではジレンマに落ち入ってしまうので「証明」は誤りなのだが，どこがまちがいか見抜いてほしい.

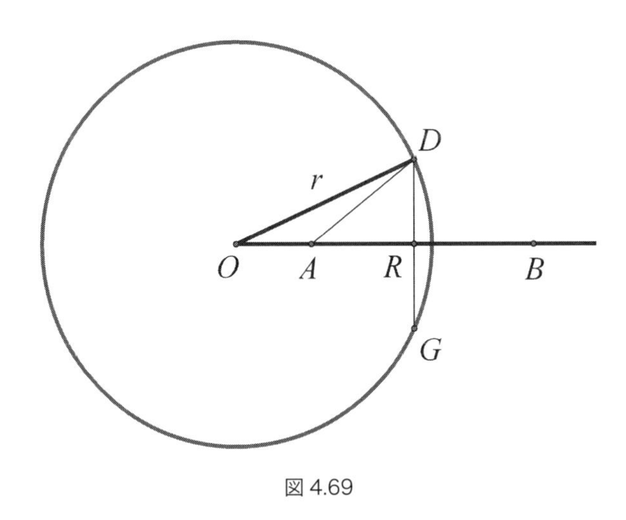

図 4.69

中心が O で半径が r の円からスタートしよう（図 4.69）．点 A を円の内部にある任意の点（ただし $A \neq O$）とする．OA の延長線上に点 B を $OA \times OB = OD^2 = r^2$ となるようにとる（D は円周上の点とする）．ここで，$OA < r$ であるから，明らかに $OB > r$ であることに注意する．AB の垂直 2 等分線が円周と点 D, G で交わるとし，点 R を AB の中点とする．そうすると $OA = OR - RA$，$OB = OR + RB = OR + RA$ が成り立つ.

したがって $r^2 = OA \times OB = (OR - RA)(OR + RA) = OR^2 - RA^2$ となる．ここで $\triangle ORD$ と $\triangle ADR$ にピタゴラスの定理を用いると，$OR^2 = r^2 - DR^2$ および $RA^2 = AD^2 - DR^2$ となるから，上に代入すると次のように

なる．

$$r^2 = OR^2 - RA^2 = (r^2 - DR^2) - (AD^2 - DR^2) = r^2 - AD^2$$

よって $AD^2 = 0$ となって，点 A は点 D と一致する．つまり A は円周上にあることになる．どこかにまちがいがあるはずだ！

この証明の欠陥は，DRG を 2 つの条件を満たすものとして描いた点にある．すなわち DRG を，「AB の垂直 2 等分線」で，かつ「円と交わる」ように描いたことだ．実際は，AB の垂直 2 等分線上のすべての点は円の外側にあって，円周とは交わらないのだ．代数的には

$$r^2 = OA \times OB$$
$$r^2 = OA(OA + AB)$$
$$r^2 = OA^2 + OA \times AB \qquad ①$$

と計算を進めたが，上の「証明」では $OA + \frac{AB}{2} < r$ を勝手に仮定してしまっている．2 倍すると $2OA + AB < 2r$ であるが，両辺を 2 乗した

$$4 \times OA^2 + 4 \times OA \times AB + AB^2 < 4r^2 \qquad ②$$

から，式①を 4 倍した $4r^2 = 4OA^2 + 4OA \times AB$ を引き去ると $4r^2 + AB^2 < 4r^2$ つまり $AB^2 < 0$ を得るが，これは不可能である！

注意しなければならないのは，本来可能なこと以上の性質を勝手に要求してはならないということだ．ここでは，補助線を描くときには「ただ 1 つの条件」のみにもとづいて描かなければならなかったのだ．

すべての円が等しい円周をもつ？

ときとして，視覚的な観察では説明することが難しく，矛盾しているように見えることがある．たとえば，円を直線に沿って 1 回転させたとき，円が進む距離はその円周の長さに等しいことはよく知られている．図 4.70 においては，外側の大きな円が 1 回転して点 A から点 B まで進むとき，

その進んだ距離 AB は，大円の直径に等しくなるだろう．

では，同じ中心をもつが直径の異なる 2 つの円の回転を考えてみよう．なぜ小さい円の進んだ距離が大きな円の円周に等しくなるのか，不思議に感じるかもしれない．この状況が図 4.70 に示されている．AB と CD は等しいのだ. 言い換えれば, 小さな円と大きな円は同じ直径をもつことになってしまう．このパラドックスは，アリストテレス(紀元前 384 ～ 322)にまでさかのぼる．これはあり得るのか，それともどこかがまちがっているのか？

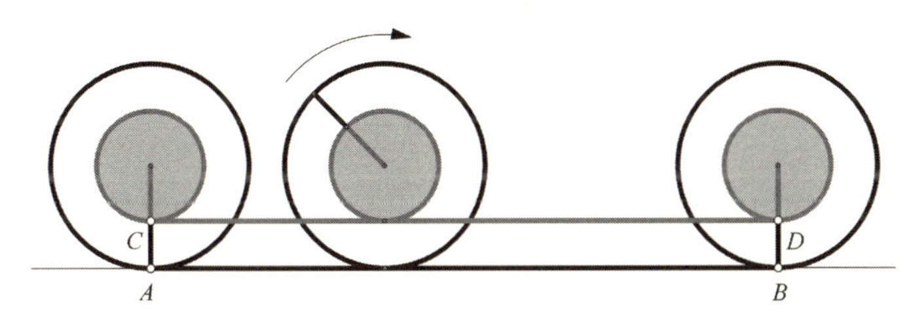

図 4.70

この回転実験において，両方の円周上の定点(ここでは点 A と点 C)の動きに着目してみると，その軌跡は「サイクロイド曲線」に沿って進んでいることに気づく(図 4.71)．

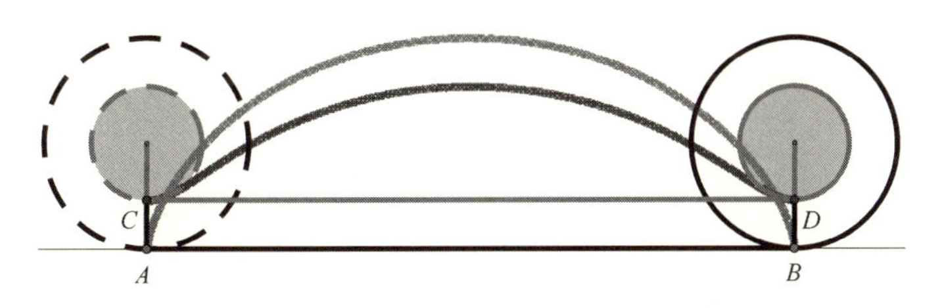

図 4.71

さらにもう 1 回転させてみると，状況がより鮮明に浮かび上がる（図 4.72)．

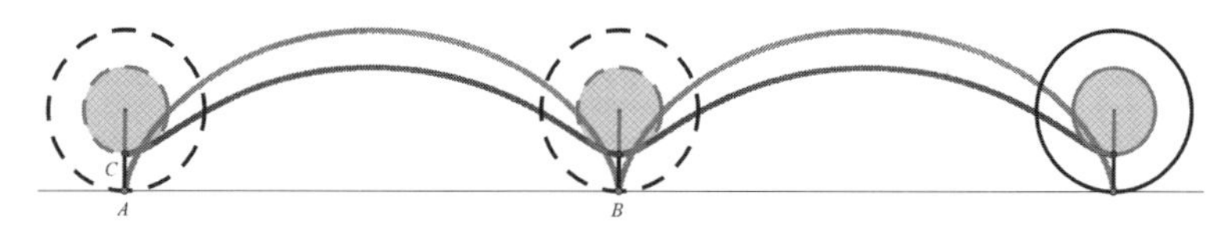

図 4.72

ここでの曲線は，ちょうど2回転する間に点 A と点 C の描く軌跡を示している．注意してほしいのは，A と C が描く曲線の長さは決して円の直径の2倍には等しくはないということだ．A から B までの距離は，直線距離ではもちろん $2\pi R$ に等しい（R は大円の半径）．しかし A から B までサイクロイド曲線に沿って進む距離は，明らかにそれよりは長い．サイクロイド曲線の長さはもちろん円の直径によって決まるが，たいへん興味深いのは，もし円の半径が整数だと仮定すると，サイクロイドの長さも整数になり得るという事実である[*6]．

「すべての円が同じ直径をもつ」のはもちろん誤りで，そのミスの原因は，2つの円が同時に「地面に接しながら」転がることはできないという事実にある．われわれが直面している問題は，数学のものではなく機械工学のものなのだ．大きな円が地面に接しながら転がるとすると，小さな円は地面とスリップしてしまう．逆に小さな円が地面に接しながら転がるとすると，大きな円は逆方向にスリップする．つまり，ある車輪が回転するとき，それとは異なる半径をもつ同心の車輪は必ずスリップする．ミスは，数学的なものではなかったのである．

✕ 回転する円についてのさらなる誤り ✕

2つの同じ半径をもつコインをたがいに接するようにテーブルの上に置く．一方のコインは固定されて動かないとし，もう一方のコインをその周りにスリップがないように，元にあった位置にもう一度戻るまで回転させるとする（図 4.73）．

図 4.73

さて，この公転運動 1 回転の間に，動かしているほうのコインは何回自転しだろうか？　この問題に対する典型的な解答は，「1 回」である．しかしこれは誤った解答だ．

では，この問題に対する正しい答えは何だろうか．それを求めるためには，動いているほうのコインの中心 M_a の動きに着目してみるとよい．

この状況が図 4.74 から図 4.78 までに示されている．M_a の動く軌跡は点線 C_{aux} の曲線で描かれている．

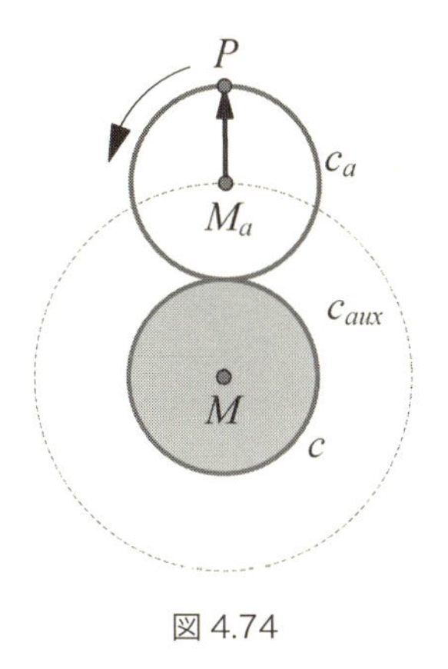

図 4.74

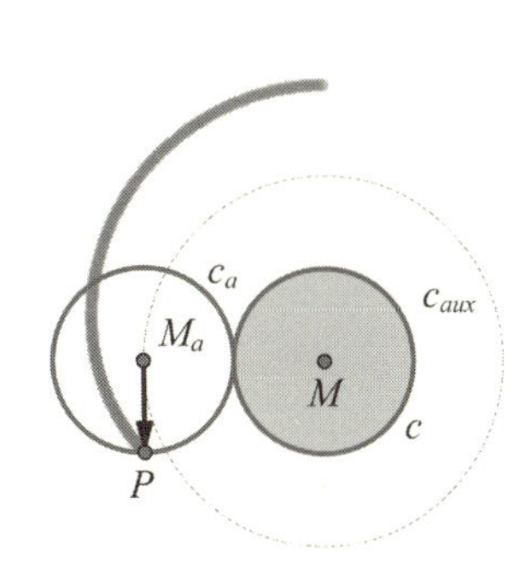

図 4.75

図 4.74 →図 4.75 →図 4.76 と進む間に，図 4.74 で動くコインの頂上にあった点 P が，もう一度頂上に達している(図 4.76)ので，動くコインは 1 回自転していることがわかる．結果的に，動くコインは，それがもともとあった位置に戻るまで 1 回公転する間に，2 回の自転を敢行していることがわかるだろう．これは直観に反することかもしれないし，予期できないことかもしれないが，事実なのである．

ちなみに点 P が描いた軌跡は「エピクロイド」とよばれる．実は，2 つのコインが同じ半径をもつとき，この 1 つのカスプ(先端)の特別なエピクロイドは「カージオイド(心臓型曲線)」とよばれる．

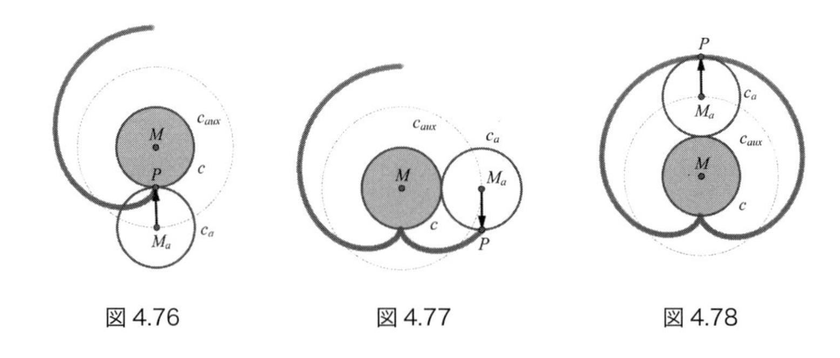

図 4.76　　図 4.77　　図 4.78

ここで扱った点 P の動きをもっとはっきり見るために，動く円が 90° ずつ自転しながら移動する様子を描いた，図 4.79 から図 4.87 までを見てほしい．

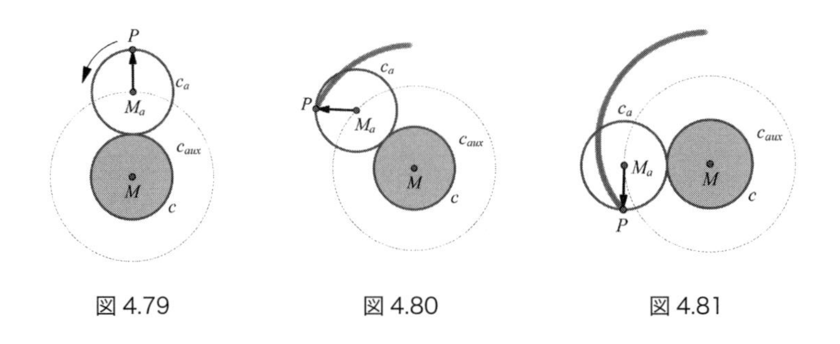

図 4.79　　図 4.80　　図 4.81

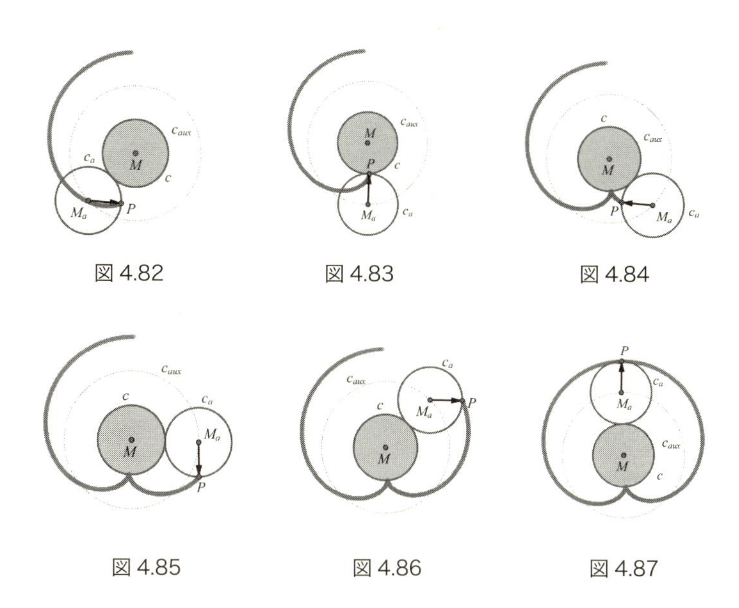

図 4.82　図 4.83　図 4.84

図 4.85　図 4.86　図 4.87

実際にコイン（10 円玉や 100 円玉でもよい）を 2 つ用意して試してみれば（滑らないように注意），「1 回自転」は誤りで，「2 回」が正しいことが明らかになるはずである．

✕ 正しい原理にもとづいているよくあるまちがい ✕

幾何学の基本原理のひとつに，「相似な図形の面積の比は相似比の 2 乗に等しい」というものがある．この原理を次の問題に適用すると誤った結果に陥ってしまうから，よく見てほしい．

同じ中心をもち，半径 a, b が異なる 2 つの円を考えよう（ただし $a > b$）．われわれがしたいことは，これら 2 つの円の間にあって次の条件を満たす第 3 の円の半径を求めることだ．

条件　大円と中円で挟まれたリングの面積が中円と小円で挟まれたリングの面積の 2 倍になる．

図 4.88 のように，求めたい中円の半径を x とする．

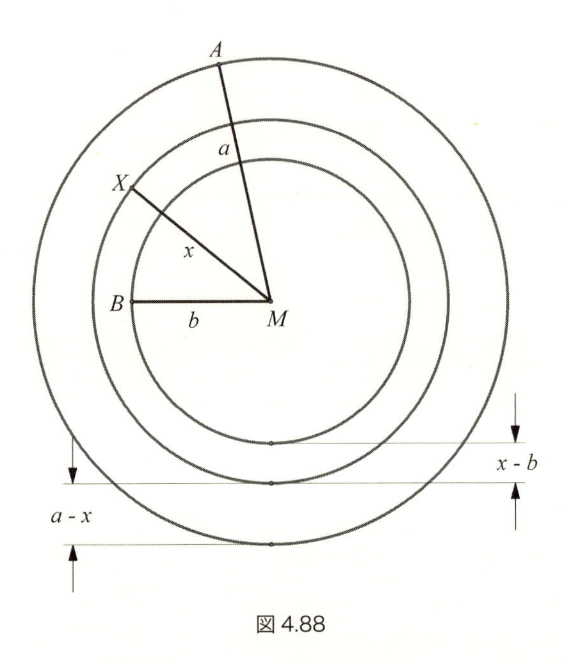

図 4.88

大小 2 つのリングの幅 $a-x$ と $x-b$ に，最初に述べた原理を「適用」して

$$\frac{(a-x)^2}{(x-b)^2}=\frac{2}{1} \qquad ①$$

としてしまっていないだろうか？　この式を解いてみると

$$(a-x)^2=2\times(x-b)^2$$

$$a^2-2ax+x^2=2\times(x^2-2bx+b^2)=2x^2-4bx+2b^2$$

$$2x^2-4bx+2b^2-a^2+2ax-x^2=0$$

$$x^2+2x(a-2b)-a^2+2b^2=0$$

$$x=-a+2b\pm\sqrt{(-a+2b)^2+a^2-2b^2}=-a+2b\pm\sqrt{a^2-4ab^2+4b^2+a^2-2b^2}$$

$$x=-a+2b\pm\sqrt{2a^2-4ab+2b^2}=-a+2b\pm\sqrt{(a^2-2ab+b^2)}$$

$$x=-a+2b\pm(a-b)\sqrt{2}$$

となるが，残念ながらこれら 2 つの値はどちらもまちがっている．どこが誤りなのだろう．

実は，まちがいは，一番最初に立てた式①にある．

われわれは，円の半径でなく，リングの幅を相似比であると誤って用いてしまったのだ．本来，リングの面積は，円の面積の差として求めなければならない．

半径 a，b，x の円の面積を A_a，A_b，A_x で表すことにすると，題意の 2 つのリング（円環）の面積は $A_a - A_x$，$A_x - A_b$ で与えられ，それぞれ次のように計算される．

$$A_a - A_x = \pi \times a^2 - \pi \times x^2 = \pi \times (a^2 - x^2)$$
$$A_x - A_b = \pi \times x^2 - \pi \times b^2 = \pi \times (x^2 - b^2)$$

$A_a - A_x = 2(A_x - A_b)$ であるから，正しくは $\pi \times (a^2 - x^2) = 2\pi \times (x^2 - b^2)$ となり

$$\frac{a^2 - x^2}{x^2 - b^2} = \frac{2}{1}$$

だから，先の相似原理の誤った「適用」とはまったく異なるこの式が正しいことがわかる．

これを解くと $a^2 - x^2 = 2x^2 - 2b^2$ すなわち $x = \sqrt{\dfrac{a^2 + 2b^2}{3}}$ が得られるが，これが正しい答えである．

✕ 赤道の周りにロープを張る（直観のまちがい）✕

数学における誤りは，人間の判断の誤りに起因することがよくあり，特に正しい答えが直観に反するような場合によく起こる．地球の赤道上に，ゆるみがないようにロープをぴったり張った状況を考える．地球が完全な球であると仮定して，赤道の長さがぴったり 40,000 km であるとしよう．さらに簡単のため，赤道上は平坦で起伏がまったくないと仮定する．

さてこのロープの長さをちょうど1m伸ばしたと仮定し，この（今はゆるい）ロープを赤道の周りに地球とどこも一様な幅が開くように配置したと仮定する（図4.89）．さて，このとき，地球とロープの間にネズミを挟むことができるだろうか？*7

図4.89

おそらく「明らかに不可能である」と答える方が多いと思われるが，実はそれはまちがいである！

地球とロープの間の幅を計算する伝統的な方法は，その半径の違いに着目することだ．地球の半径を r，赤道の円周の長さを C，ロープが作る円の半径を R（円周の長さを $C+1$）としよう（図4.90）．

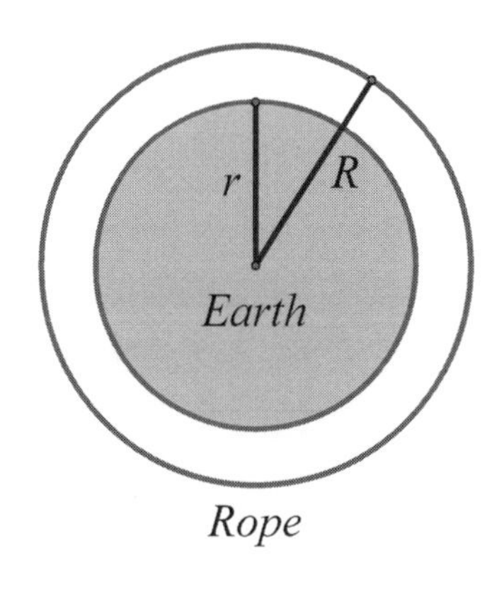

図4.90

円周と直径に関するおなじみの関係式から

$$C = 2\pi r \quad \text{または} \quad r = \frac{C}{2\pi}$$

$$C + 1 = 2\pi R \quad \text{または} \quad R = \frac{C+1}{2\pi}$$

これより半径の差を求めると

$$R - r = \frac{C+1}{2\pi} - \frac{C}{2\pi} = \frac{1}{2\pi}$$

分子の1の単位はメートルであるから，結局これは次のようになる．

$$R - r = \frac{1\,\mathrm{m}}{2\pi} = \frac{100\,\mathrm{cm}}{2\pi} \approx 15.9\,\mathrm{cm}$$

おーっ！　実はロープと地球との間の幅は15 cm以上もあるのだ！　これならネズミが入ることができる．読者は，この驚くべき結果を認めなければならない．先の直観的な答えは，明らかにまちがいなのである．

この問題を解くために「極端な場合を考える」という非常に強力な問題解決の戦略を用いることもできる．上で得た結果は，地球の半径rによらないことに注意してほしい．つまり，最終的に得られた結果は円周の長さを含んでいない．ただ$\frac{1}{2\pi}$を計算すればよいのだ．

ここで，「極端な場合を考える」テクニックが気のきいた解法となる．小さな円（地球）の半径がとても小さいと仮定し，極端な場合として半径を0としてしまおう（これは地球が1点であることを意味する）．われわれは大きな円（ロープの円）と小さな円との半径の差を求めたいのだが，この場合$R - r = R - 0 = R$となる．つまり，大きな円の半径さえ求めればいいということになり，それで問題が解けてしまう．大きな円に関する円周と直径との関係式から，次のように書ける．

$$C + 1 = 0 + 1 = 2\pi R \quad \text{よって} \quad R = \frac{1}{2\pi}$$

この節で述べた最初はまちがっていた答えから，2つの小さな宝物を得たように思う．第1に，スタート時点では思いもしなかった驚くべき結果が明らかになったこと．第2に，将来何か問題を解くときにわれわれを助けてくれるかもしれない強力な問題解決の戦略が見つかったことである[*8]．

✕ 赤道の周りに張ったもう1つのロープ(またもや直観に反する) ✕

先ほどは，伸びたロープは地球上のどこからも同じ幅だけ離れるように配置したが，今回はそうではない．ロープは（地球外の）1点を基準にして引っ張られている．あたかも，地球がフックで吊るされているような状況だ．設定は前と同じで，地球の赤道上に，ロープをゆるみがないようにぴったり張った状況を考え，このロープの長さをちょうど1m伸ばすと仮定する．ただし今度は，少し伸びたロープを元のロープと同心円的に置くのではなく，（地球外の）1点を基準にして地球とその1点との距離が最大になるように引っ張るのだ(図4.91参照)．

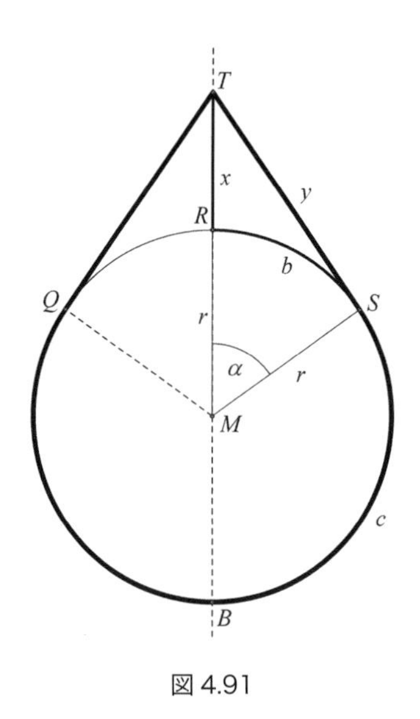

図4.91

このとき，ロープは地球から見てどのくらいの高さまで引っ張られるだろうか(つまり，図 4.91 の x を求めたい).

ほとんどの読者は，先の地球とロープとの幅が，ネズミが動き回れる 15.9 cm もあることに驚かれたと思う．今度もまた驚くような答えになる．

1 m 伸びたロープは，地球外の 1 点からきっちり引っ張られていてロープの残りの部分は地球に接している場合，地上から実に 122 m も離れた高さに達しているのだ．

なぜそうなるのかを考えてみよう．今度の答えは円周率だけによるのではなく，明らかに地球の大きさによっているのだが，円周率 π は今度も重要な役割を担う．

地球の赤道よりも 1 m 伸びたロープは，地球外の 1 点 T から接点 S と Q までは地球とピタッと接するようにして，きっちり引っ張られている．われわれは，点 T は地球からどのくらいの高さにあるのか，すなわち図の $TR = x$ の長さを求めるわけである．図の点 B から点 S を通って点 T に至るロープの長さは地球の半円周よりも 0.5 m だけ長いことを思い出しておこう．つまり $BS + ST = BSR + 0.5$ m である．では，TR の長さを求めてみよう．

これまでわかっていることを整理しておく．ロープは円弧 SBQ に沿って張られており，点 S, Q からは円の接線に沿って点 T まで張られている．図のように各長さを記号で表し，$\alpha = \angle RMS = \angle RMQ$（単位は 60 分法）とする．ロープの長さは $2\pi r + 1$ であり，また $y = b + 0.5$ である．同じことだが $b = y - 0.5$ である．$\triangle MST$ において，$\tan\alpha = \dfrac{y}{r}$ であるから $y = r \times \tan\alpha$ である．

ここで，円弧の長さとその中心角の比を考えることにより，次を得る．

$$\frac{b}{\alpha} = \frac{2\pi \times r}{360^\circ} \quad \text{よって} \quad b = \frac{2\pi \times r \times \alpha}{360^\circ}$$

$c = 2\pi r$ であるから，次のように地球の半径を求めることができる．

$$r = \frac{c}{2\pi} = \frac{40{,}000{,}000}{2\pi} \approx 6{,}366{,}198\,\mathrm{m}$$

これら２つの式を結合すると下のようになる．

$$b = \frac{2\pi \times r \times \alpha}{360°} = y - 0.5 = r \times \tan\alpha - 0.5$$

ここでわれわれは少々とまどってしまう．なぜなら，この方程式は未知数αについて普通の方法では解が一意的に定まらず，解くことができないからだ．そこで，考えられるαの値を代入していって，この方程式を最もよく満たすものを見つけていくことにする．

表 4.1

α	$b=\dfrac{2\pi\times r\times\alpha}{360°}$	$b=r\times\tan\alpha-0.5$	一致する桁数
30°	**3**,333,333.478	**3**,675,525.629	1
10°	**1,1**11,111.159	**1,1**22,531.971	2
5°	**55**5,555.5796	**55**6,969.6547	2
1°	**111,1**11.1159	**111,1**21.8994	4
0.3°	**33,333**.33478	**33,333**.13940	5
0.4°	**44,444**.44637	**44,444**.66844	5
0.35°	**38,888.8**9057	**38,888.8**7430	6
0.355°	**39,444.4**4615	**39,444.4**5091	6
さらに細かく見ると			
0.353°	**39,222.22**392	**39,222.22**019	7
0.354°	**39,333.335**04	**39,333.335**54	**8**
0.3545°	**39,388.89**059	**39,388.89**322	7
0.355°	**39,444.4**4615	**39,444.4**5091	6

いろいろ試してみた結果，αは約 0.354° と考えると両辺の値はほぼ一致する．

このαの値を用いてyを求めると

$$y = r \times \tan\alpha \approx 6{,}366{,}198 \times 0.006178544171 \approx 39{,}333.83554\,\mathrm{m}$$

つまり約39, 334mとなる．

したがって，ロープは約40kmの長さにわたって接点Sからまっすぐに伸びて頂上Tに達する計算になる．では頂上Tは地上からどのくらいの高さにあるか．すなわちxはどのくらいになるのだろうか？

そのために，△MSTにピタゴラスの定理を適用して$MT^2 = r^2 + y^2$．実際に計算すると下のようになる．

$$MT^2 = 6{,}366{,}198^2 + 39334^2$$
$$= 40{,}528{,}476{,}975{,}204 + 1{,}547{,}163{,}556 = 40{,}530{,}024{,}138{,}760$$

したがって$MT = 6{,}366.319.512$ mとなる．これと地球の半径との差を考えxを求めると

$$x = MT - r = 122.1512\,\text{m}$$

となり，点Tは地上から実に約122mも高い位置にあることがわかる．

この答えはおそらく驚くべきものだと思われる．普通，地球の周の長さに対して，余分に伸びた1mなどほとんど影響がないに違いないと考えてしまうからである．しかし，それは大きな誤りである！　球が大きくなればなるほど，ロープは球面からどんどん遠くに離されるのである．ちなみに，前節で述べた「極端な場合を考える」の半径0の地球を考えると，ロープの頂点の高さは最少になり，地上からたった$x = 0.5$ mである．

✕ 結果を予測できなかったまちがった仮定 ✕

高等学校の標準的な幾何学のコースで扱うことになっている話題のひとつとして，(線形)変換の考え方がある．すなわち，平行移動，回転，鏡映(中心軸に関する折り返し)等である．鏡映変換の概念は，通常は直線を変換の中心軸として扱われる．しかし，円を軸として図形の鏡映変換を考えることもできる．基本的にはある図形を鏡映変換すれば，変換後は元と似たような図形が現れるのが普通である．ところが，円に対して三角形を鏡

映変換したときも，その像の図形は三角形になると仮定するのは誤りである．まず，円に関して点を鏡映変換するときの基本的なことをおさらいしておこう．

この鏡映変換は，反転ともよばれ，与えられた点や図形を円の内側から外側へ，逆に外側から内側へと双方向に変換するものである．中心が M で半径が r の円を考え，円の外にある点 P を鏡映変換することを考えよう（図 4.92）．点 P の鏡映による像 P' は，線分 MP 上の $MP \times MP' = r^2$ を満たす点として与えられる．

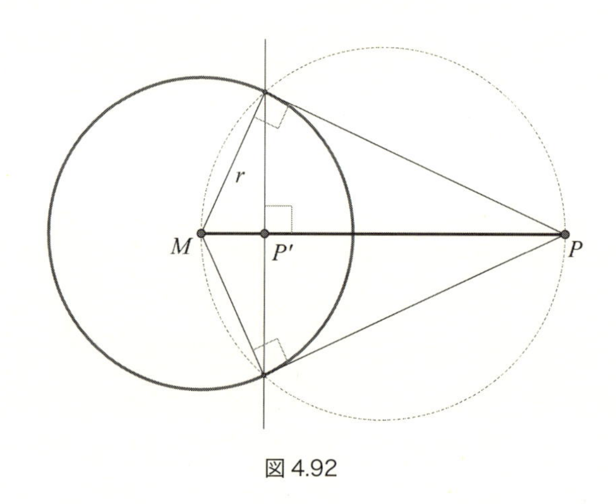

図 4.92

もし，点 P が円周上にある場合は，P' は P と一致する．また，もし点 P が円の内部にある場合は，点 P を通る MP に対する垂線を描き，円周との交点 2 つを求める．そして各交点における円の接線を描くと，それらが交わったところが点 P の鏡映のよる像 P' となる．

一方で点 P が円の外部にある場合は，図 4.92 のように上の手順の逆をたどればよい．

ここまでおさらいすれば，元の問題をきちんと考えることができる．三角形の鏡映による像を求めてみよう．図 4.93 で，$\triangle ABC$ の 3 つの頂点 A, B，C の像をそれぞれ A'，B'，C' と書いた．試みに A'，B'，C' を結ぶ三角形を描いてみて，それが $\triangle ABC$ の像になっているかを考えよう．おおいに驚くかもしれないが，これは誤った結論なのである．

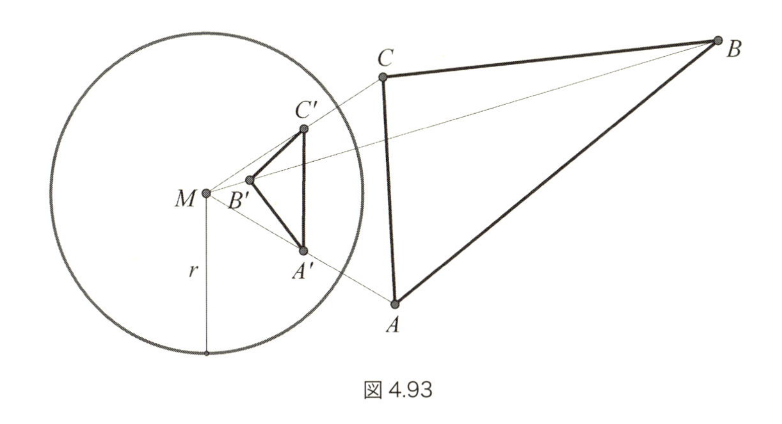

図 4.93

$\triangle ABC$ の各辺 BC，CA，AB の中点を M_a，M_b，M_c して，その鏡映変換による像をそれぞれ M_a'，M_b'，M_c' としよう．すると，M_a'，M_b'，M_c' は三角形 $A'B'C'$ の辺上には存在しない（図 4.94 参照）．これを見ると，円の鏡映変換についてもっと詳しく学びたくなるだろう．

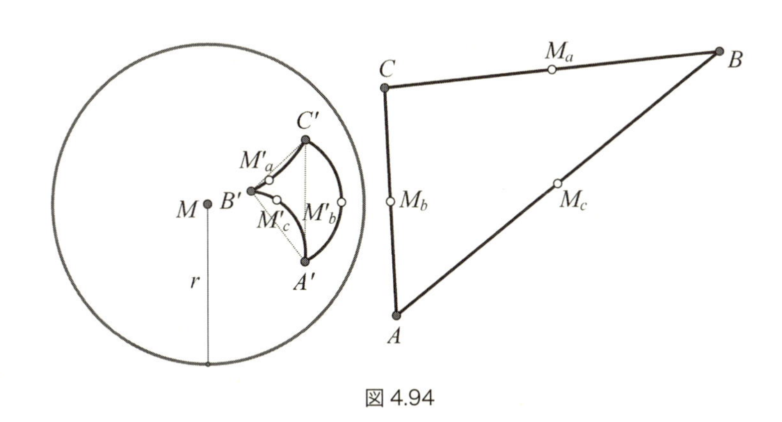

図 4.94

結論からいえば，円に関して直線を鏡映変換すると，その像は点 M を周上に含むある円になるのだ．よって，線分 AB は，図 4.94 のように M を含む円の円弧に変換される．つまり，三角形の像は三角形ではなく，3 つの円弧を結んで構成される図形となるのだ．

✕ 極限についてのまちがった考え ✕

極限の概念を，あまり軽く扱ってはいけない．それは非常にデリケートな概念であり，軽く考えると簡単にミスを犯してしまう．ときとして極限にまつわる問題は，非常に微妙な問題を含むことがある．それらをきちんと理解していないと，思わぬ奇妙な状況(勝手な見方によるおかしな結論)に至ってしまうことがあるのだ．以下に示す 2 つのイラストに，その例が端的に示されるで，よく見ていただきたい．

まずは，図 4.95 において，太線で示した縦と横の線分（階段）の長さの合計が，$a+b$ になるのはすぐにわかるだろう．なぜなら，縦の線分の長さの合計が $OP=a$ であり，横の線分の長さの合計が $OQ=b$ であるからだ．

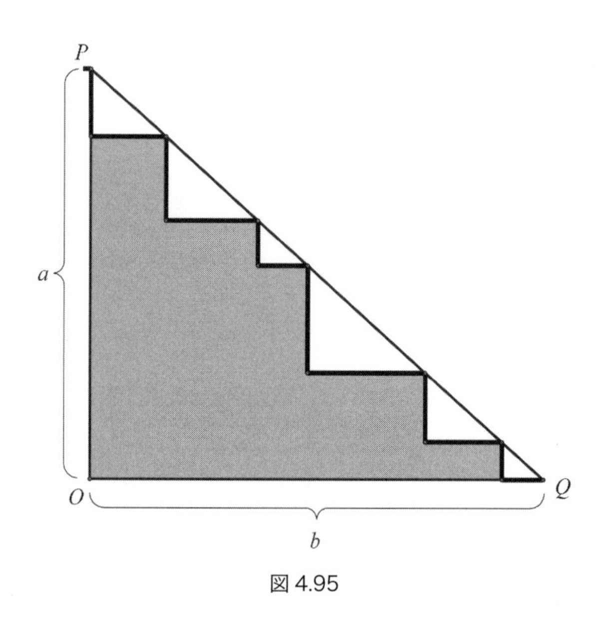

図 4.95

たとえ階段の数が増えたとしても，線分の長さの和は依然変わらず $a+b$ のままだ．

さて，ここで，階段の数を「極限」まで増加させようと考えたときに，ジレンマが起こる．つまり，階段を極限まで細かくすれば，1 つ 1 つの階段はどんどん小さくなり，それらの集まりは真っ直ぐな線分に見えてしまわないか，ということだ．今の場合その線分は直角三角形 POQ の斜辺 PQ であるから，PQ が長さ $a+b$ をもつことになってしまう．しかし，ピタゴラスの定理から，PQ の長さは明らかに $\sqrt{a^2+b^2}$ であり，$a+b$ にはならない．さて，どこがまちがっているのだろう？

実は何もまちがっていない！　細かな階段の集まりは表面的には確かに，どんどん真っすぐな線分 PQ に近づいて見えてくるだろうが，だからといって太線分の長さの合計は決して PQ には近づかないのだ．これはわれわれの直観に反するかもしれないが，何の矛盾も存在しない．ただわれわれの直観の一部が少しまちがっているだけである．

あるいはこのジレンマを説明するために，次のように言うこともできる．階段はどんどん細かくなるから，その合計数はどんどん増えてくる．ここで最も極限の状態を考え，縦横どちらの方向にも長さが 0 の階段が無限個生じるとしてしまうと，$0 \times \infty$ が出てきてしまい，正しくない．正しくは，どんなに階段が細かくなっても，（小さな直角三角形を作る）2 つの隣り合う垂直な線分の長さの和は決して斜辺の長さにはならないのだ．

それらは非常に小さな直角三角形であるから想像するのは難しいかもしれない．しかし，ここに無限を安易に扱うことの危険が潜んでいる．

少し横道に逸れて，自然数 $\{1,2,3,4,\cdots\cdots\}$ の集合を考えよう．これは正の偶数の集合 $\{2,4,6,8,\cdots\cdots\}$ よりも大きな集合である．なぜなら，後者の集合には正のすべての奇数が含まれていないからだ．ところが，2 つの集合はどちらも無限集合であるから，個数的には同じ大きさなのである．これは次のように説明することができる．

自然数の集合のなかのすべての自然数に対して，正の偶数の集合のなかの偶数が 1 つずつ対応し，その対応は 1 対 1 である．よってこれらは個数的には同じ大きさなのである．直観に反するって？　確かに意外かもしれないが，これは無限を考えるときにはよく起こることなのである．

問題は，無限を扱うときには，集合が等しいという概念を，有限集合の場合と同じように語ることはできないということだ．先に述べた階段の問題についても，同じことがいえる．われわれは有限個の階段を描くことはできるが，無限個の階段を描くことはできない．ここに問題点が隠されていた．

同じような状況は，次の問題に対しても生じる．図 4.96 では，多くの小さな半円が，大きな半円の端から端まで連なっている．

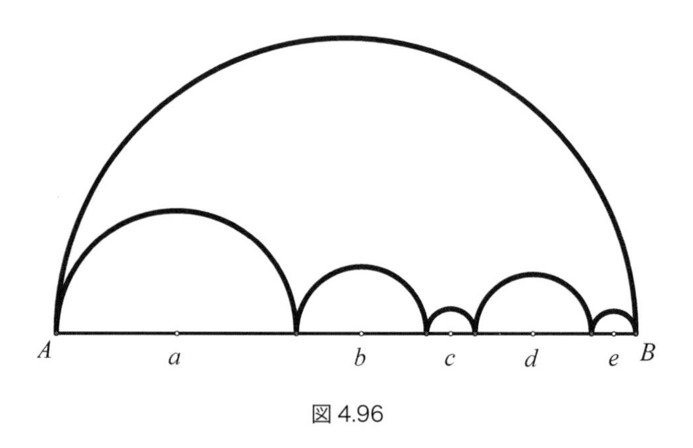

図 4.96

小さな半円の円弧の長さの合計が，大きな半円の円弧の長さに等しいことは容易に確かめられる．a, b, c, d, e を小さな半円の直径の長さとすれば，小さな円弧の長さの合計は

$$\frac{\pi a}{2}+\frac{\pi b}{2}+\frac{\pi c}{2}+\frac{\pi d}{2}+\frac{\pi e}{2}=\frac{\pi}{2}\times(a+b+c+d+e)=\frac{\pi}{2}\times AB$$

となって，これは大きな半円の円弧の長さである．このことは本当には思えないかもしれない．というのは，小さな半円の個数をどんどん増やしていくと，当然，各半円はどんどん小さくなる．すると，小さな半円の孤の長さの合計は AB に等しくなるように感じるからだ．そうなると，$\frac{\pi}{2}\times AB=AB$ となる？　もちろんこれは誤りである．

再び注意するが，確かに小さな半円孤からなる集合は，だんだん線分 AB に近づいていくように表面上は見える．しかし，だからといって円弧の長さの合計は決して AB の長さには近づかないのだ．

ここで述べた「見せかけの和の極限」はまちがっている．これは非常に重要な概念であり，この節で示した図の助けによって，それが実際にまちがいであることが理解されると思う．こうしたまちがいを起こさないように注意しよう．

どの答えが正しい？

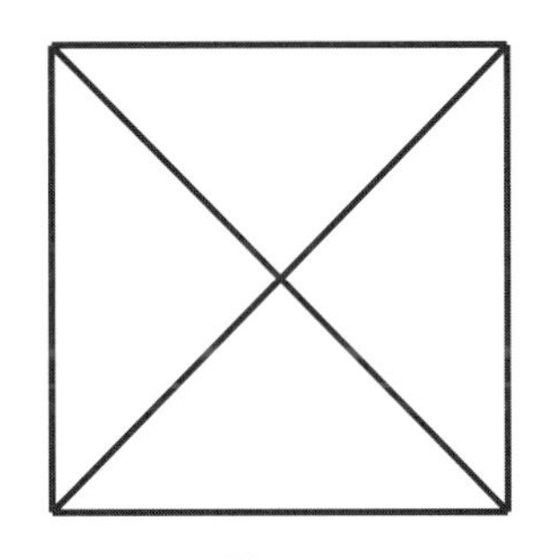

図 4.97

図 4.97 の図形を見てほしいが．これは何に見えるだろうか？　以下の答えのうちまちがっているものを選んでみよう．

① 対角線を引いた正方形
② 底面が正方形のピラミッドを上から見たところ
③ 正四面体を横から見たところ

図 4.98 から図 4.100 までをご覧いただければわかるように，もちろんどの答えもまちがってはいない．

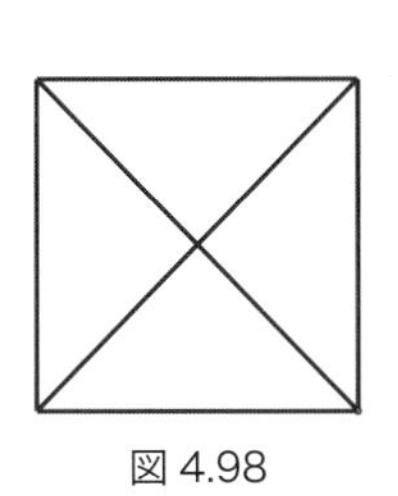

図 4.98

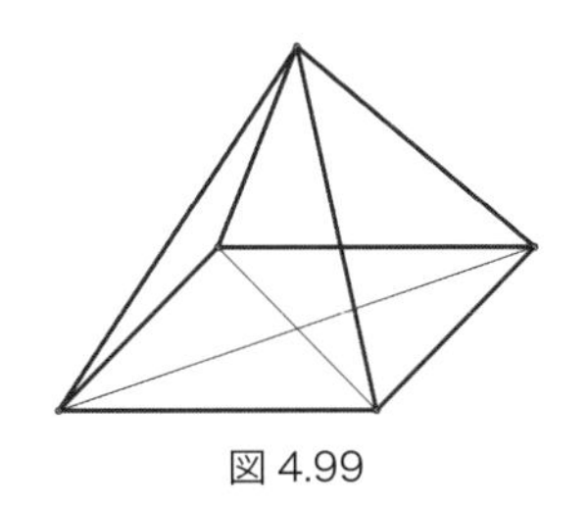

図 4.99

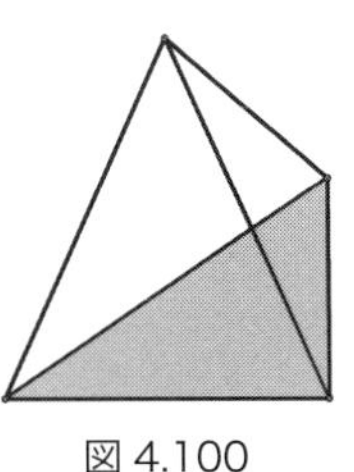

図 4.100

✕ 2つのピラミッドをくっつけたときのまちがい ✕

図4.101，4.102にあるようなピラミッド*ABCD*，*EFGHI*では，底面*FGHI*以外は同じ大きさの正三角形の側面をもっている．いま，面*ABC*を，面*EFG*と頂点が一致するようにして立体を張りつけた場合，新しくできた立体の表に出ている面の数はいくつになるだろうか？

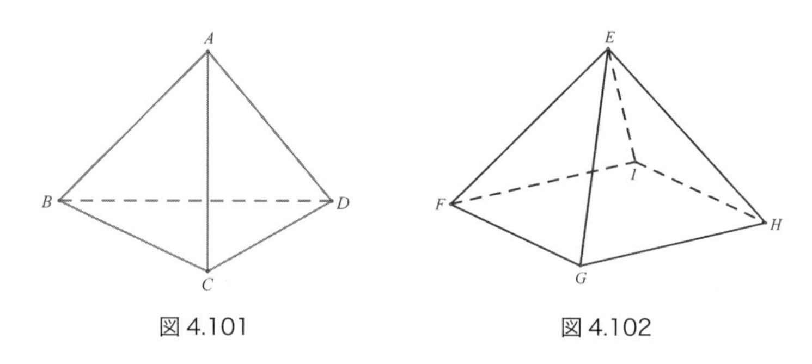

図4.101　　図4.102

この問題の解答に至る典型的な方法は，2つのピラミッドを2つの面がぴったり一致するように張りつけて，くっつけた面を，数えるべき面の総数から差し引くことである．そうすると，4面＋5面－2面＝7面が答えとなるが，果たしてそうだろうか？

これはまちがった答えであり，論証には誤りが存在する．

実はこの問題を含むある国家試験があったのだが，上で述べたまちがった答えをずっと正しい答えとしていて，長い間気づかれなかった[*9]．1人の学生がそのまちがいを発見して彼の解答のほうが正しいと主張してからようやく，まちがいであることが明らかとなったのだ．

実際に2つのピラミッドを合同な正三角形の2面が重なるように張り合わせると，2つのひし形が生じてしまう．隣り合った2つの三角形が同一平面に来て1つのひし形になる面が2面できるのである．図4.103を見ていただきたい．△*ACD*と△*EFI*を合わせて1つ目のひし形ができ，△*ABD*と△*EGH*を合わせて2つ目のひし形ができる．したがって，2つのピラミッドを結合してできる立体の正しい面の数は5なのである．

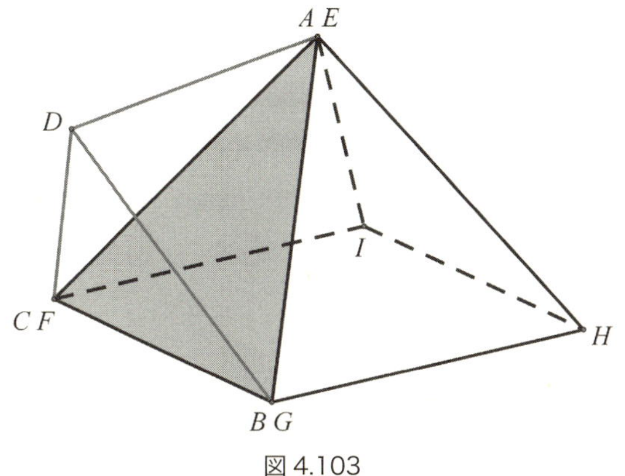

図 4.103

底面が正方形 *FGHI* で側面が正三角形 *EFG*，*EGH*，*EHI*，*EFI* であるピラミッド *EFGHI* は，正八面体の半分になっている．では，ここで，上で述べた正四面体 *ABCD* の 2 倍の辺の長さをもつ正四面体を考えてみよう．その 4 つの頂点から伸びる各辺の中点までの 4 つの部分（それは四面体 *ABCD* と合同な固まり）を水平に切り落とすと考えてみると，ある正八面体ができる．その正八面体を半分にすると，底面が正方形で 4 つの正三角形の側面をもつピラミッドができるだろう（それは最初のピラミッド *EFGHI* と合同）．先ほど図 4.103 で示した 5 つの面をもつ立体は，切り取った 4 つのうちの 1 つの小さな正四面体と，切り取ってできた真ん中の正八面体の半分をつなぎ合わせてできるものである（図 4.104，図 4.105 参照）．

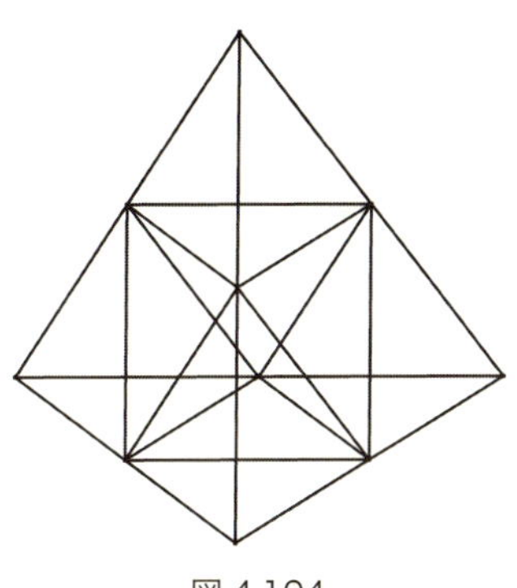
図 4.104

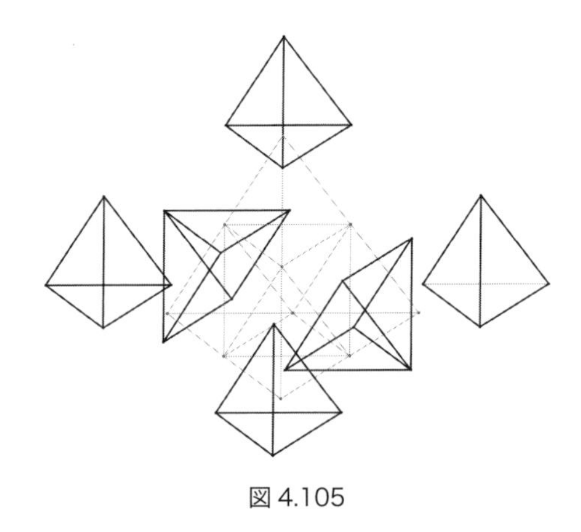

図 4.105

これによって，2 つの正三角形が対角線で折れ曲がらずに，同一平面上に存在して 1 つのひし形となることが明らかになった.

✕ まちがえたのに正しい答えが出てしまう例 ✕

図 4.106 のようにふたのない直方体の箱がある．底面は $a = 20$ cm，$b = 10$ cm の長方形，高さは $c = 5$ cm としよう．ある学生が，箱の内面と外面を 1 辺が 1 cm 正方形の色紙で覆いつくすように言われているとする．さて，このとき箱の長方形の形をした各面を全部覆い尽くそうとすると，何枚の色紙が必要になるだろうか？

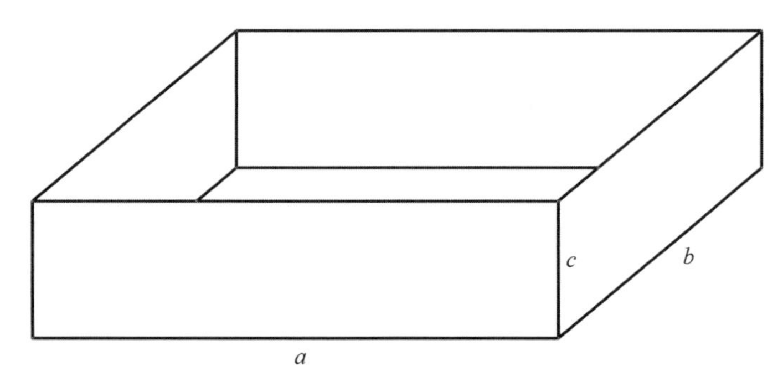

図 4.106

十分に考えることなく，学生は次のような計算を始めた[*10].

$$A = a \times b \times c = 20 \times 10 \times 5 = 1{,}000\ \mathrm{cm}^2$$

とても奇妙なことだが，この答えは数値的には正解である．ここで心に浮かぶ問題は，なぜこのまちがった計算方法で正しい答えに到達したかである．正しい解答は次のようであることは誰にでもわかるだろう．

$$A = 2\,(ab + 2ac + 2bc) = 2ab + 4ac + 4bc = 4c\,(a + b) + 2ab$$
$$= 4 \times 5\,(20 + 10) + 2 \times 20 \times 10 = 1{,}000$$

確かにわれわれは学生と同じ答えを得たが，これはいつでも可能なのだろうか．いったいどのような条件下で，以下の等式が成り立つのだろうか？

$$a \times b \times c = 4c\,(a + b) + 2ab$$

実際に調べてみると，この式を満たす 3 つ組（a，b，c）は 56 組もある（$a \geqq b$ とする）．そのうちのひとつは $a = b = c = 10$ の場合で（ふたのない立方体），また別の例として，$a = 220$，$b = 5$，$c = 11$ などもある．

✕ ひと筆書きのよくあるまちがい ✕

ここでの問題は以下のようなものである．図 4.107 の 6 つの点を，いくつかの真っ直ぐな線分のみを用いた「ひと筆書き」でつなぐには，最も少なくて何本の線分が必要だろうか？

図 4.107

この問題の典型的な答えは 5 本である．通常，図 4.108 のどれか 1 つと考えられることが多い．しかし 5 本が本当に最少の本数だろうか？

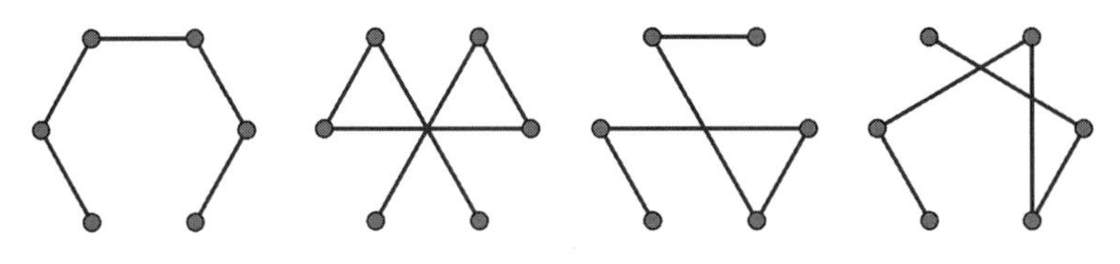

図 4.108

答えは「No」である．4 つの線分で 6 つの点をつなぐこともできる．

無意識にしてしまう誤りとして，各線分は点のいずれかを端点としなければならないと考えてしまうことがある．問題には，その必要は書かれていない．実は，図 4.109 に見るように，4 本の線分でつなぐことができる．

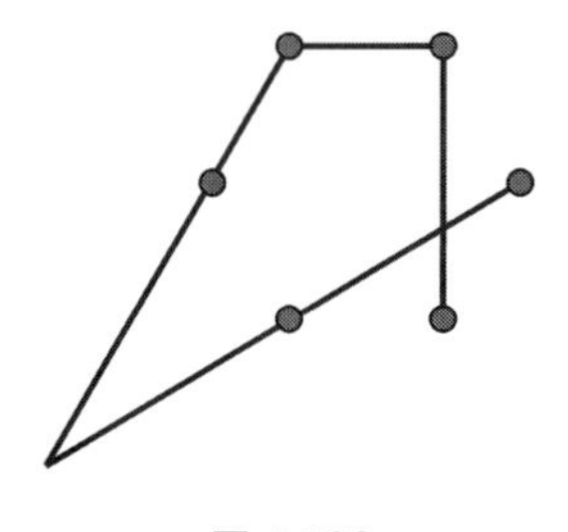

図 4.109

与えられた点のいずれかを線分の端点としなければならない，という制限から解き放たれれば，さらにもっとよい解法も浮かんでくる．すなわち，3 本の線分のみを用いた次のような答えである．

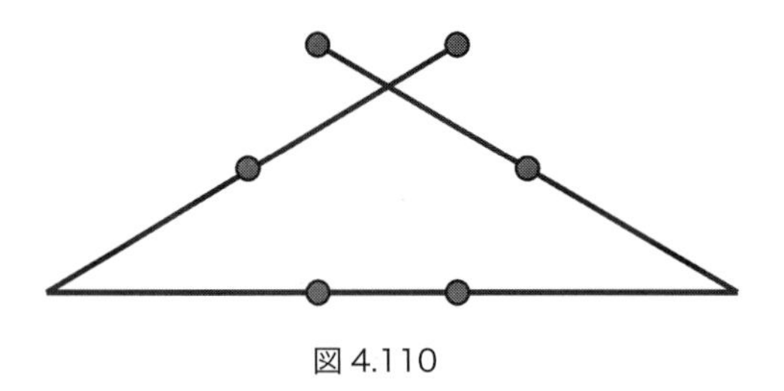

図 4.110

今度は，図 4.111 にあるような 9 つの点を，いくつかの真っすぐな線分のみを用いた「ひと筆書き」でつなぐには，最も少なくて何本の線分が必要だろうか？　先に犯したミスを教訓として考えてみよう．

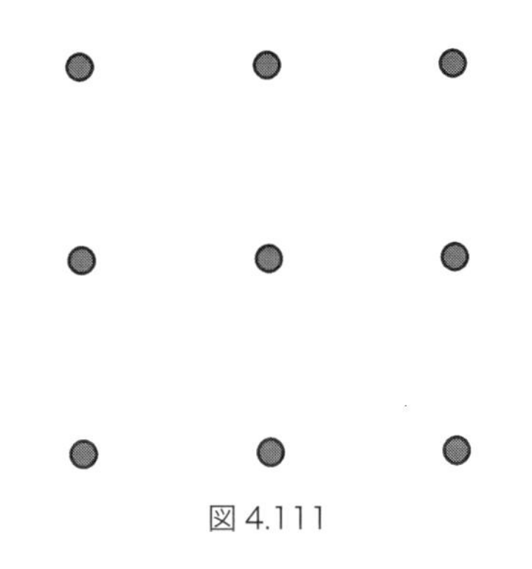

図 4.111

先のミスを教訓とすると，図 4.112 にあるような答えに到達できる．

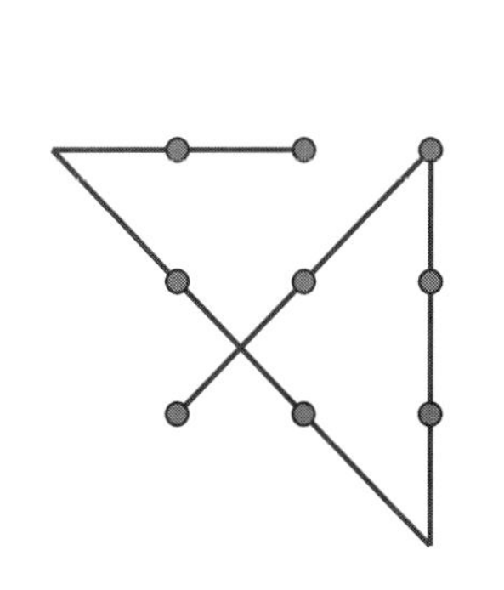

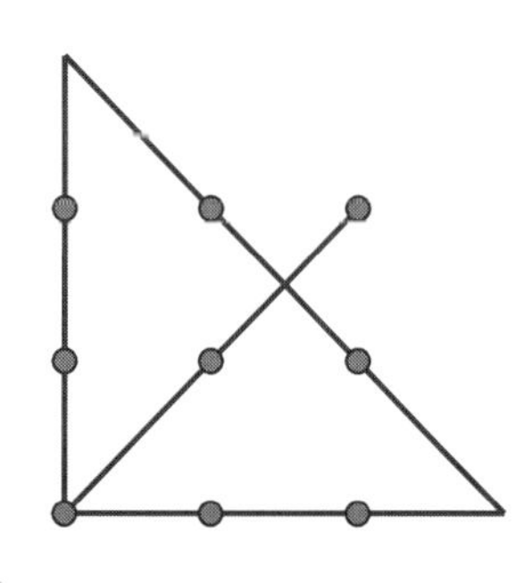

図 4.112

多くの人がまちがえてしまう誤りを，もう読者のみなさんは犯すことはないだろう．そこで，次ページにチャレンジ問題を 2 問提示したいと思う．ぜひ挑戦されたい(答えは巻末参照)．

問 1 図 4.113 にあるような 12 個の点を，いくつかの真っすぐな線分のみを用いた「ひと筆書き」で，かつ「出発点と終点が同じになるように」つなぎたい．このとき 5 本以下の線分でつなぐことは可能か？

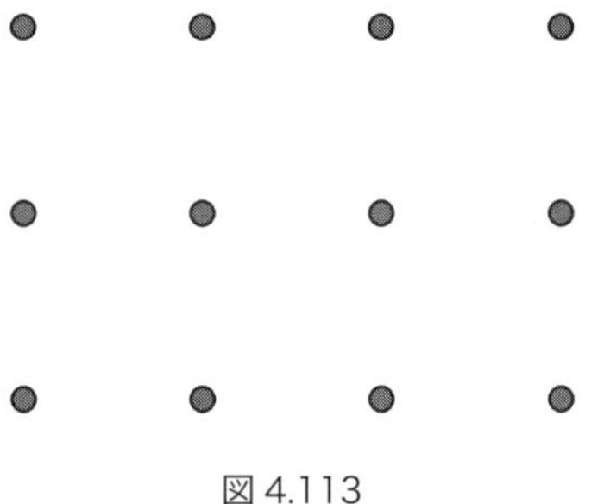

図 4.113

問 2 図 4.114 にあるような 24 個の点を真っ直ぐな線分のみを用いた「ひと筆書き」でつなぎたい．このとき，8 本の線分を使ってつなぐことは可能か？

図 4.114

× 典型的なまちがった答え ×

おそらく多くの人々（ひょっとすると数学者も含むかもしれない）がまちがった答えを出すと考えられる問題があるので紹介しよう．図 4.115 にあるような 3 つの平面図形（1 辺の長さが 1 の正方形，直径が 1 の円，底辺と高さがともに 1 である二等辺三角形）が与えられたとする．このとき，3 つの方向から見た投影図が上の 3 つの平面図形になるような立体は存在するだろうか？

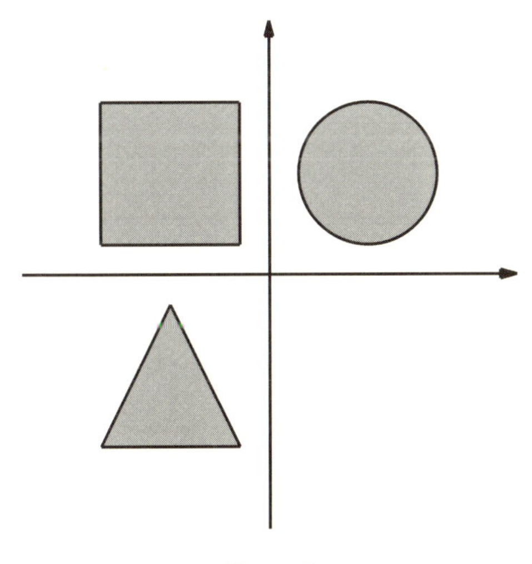

図 4.115

典型的で，かつまちがった答えは「いいえ」である．しかしこの節では，そんな立体が実際に存在することをお見せしよう．

3 つの方向から見た投影図がすべて正方形になる立体を見つけることは，明らかに想像しやすく簡単だ．もちろん立方体である．また，直径が 1 の球をどの方向から投影しても，図 4.115 にある円が現れることも明白である．底面が直径 1 の円で，高さも 1 であるようなシリンダー（円柱）であれば，いろいろな方向から見ても図 4.115 にある正方形か円に見えるだろう．しかし図 4.115 の 3 つすべての投影図をもつ立体はなかなか想像することができず，不可能であるように思える．したがって，最初に述べたまちがった答えを発してしまうのだ．

数学の教員でさえも，この 3 つの異なる投影図をもつ立体を見つけることは，不可能に違いないと考え，まちがった解答をしてしまうだろう．

さて，ここで，板をくり抜いて，図 4.116 のように 3 つの平面図形を穴としてもつボードを作ったとしよう．どんな立体を，このボードにぴったりはめ込むことができるかを考えてみよう．

図 4.116

明らかに，立方体は正方形の穴にピッタリはまるだろう（立方体の 1 辺が正方形の 1 辺と同じ長さであれば）．また直径 1 の球と底面が直径 1 の円であるシリンダーは，円の穴にぴったりはまるだろう．底面の三角形が上の二等辺三角形と合うような三角柱は，三角形の穴にぴったりはまるだろう．

しかしながら，われわれが探している立体は，このボードのいずれの穴にもぴったりはめ込むことができる立体だ．そのような立体は，1 辺の長さが 1 の立方体を用いて，まずそれから余分な部分をカットしてシリンダーを作る．そして最後に，正しい三角柱に収まらない部分を切り取れば作ることができる(図 4.117)．

図 4.118 は，この立体のさまざまなカットラインを示している．

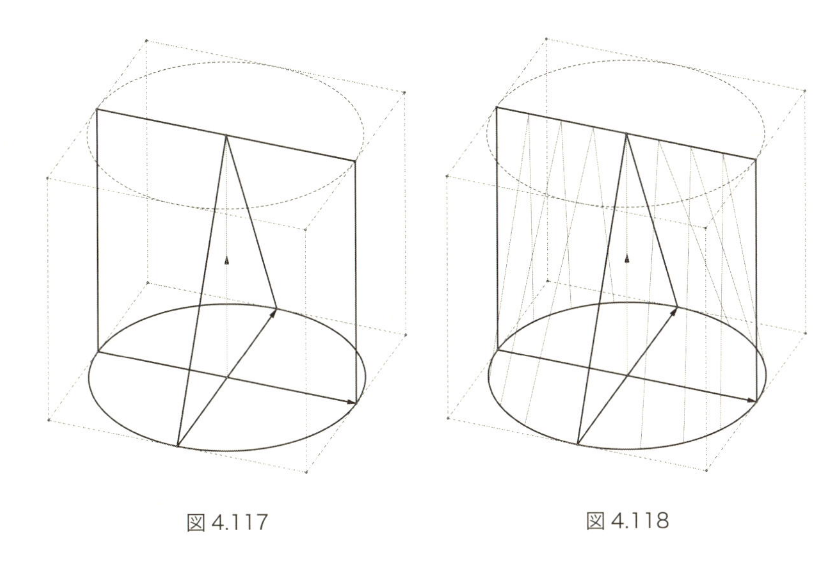

図 4.117　　図 4.118

図 4.119 ～ 122 は，この立体をいろいろな角度から見た写真である．

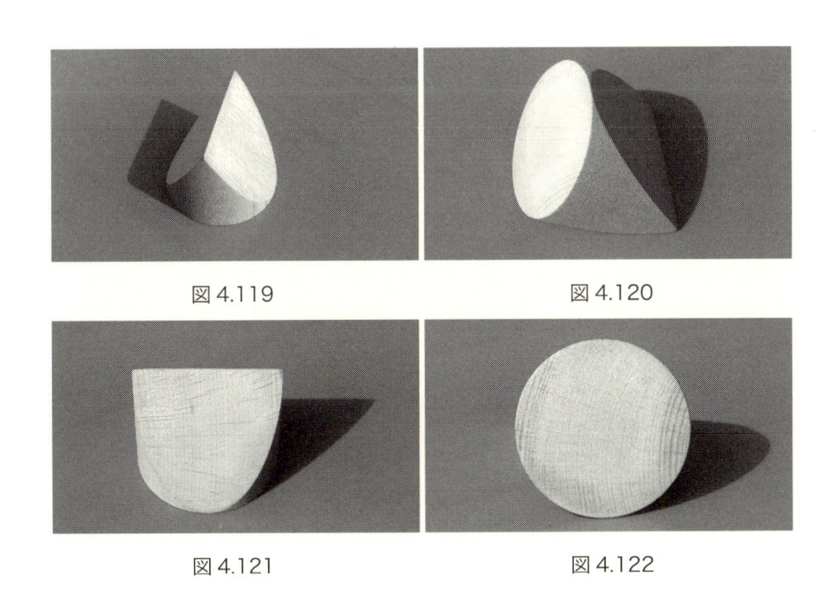

図 4.119　　図 4.120

図 4.121　　図 4.122

図 4.123 ～ 125 は，実際にこの立体を 3 つの方向から見たときに，正方形，円，二等辺三角形が現れる様子を示している．

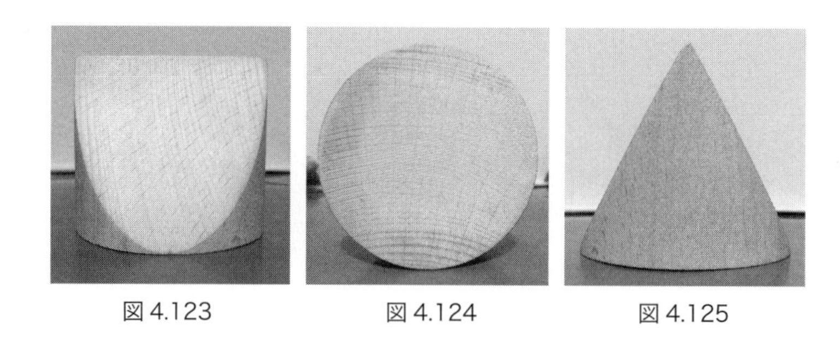

図 4.123　　図 4.124　　図 4.125

立体を見る場合，視点の角度がとても重要であり，それによって人をだますことができることがわかるだろう．

※　　※

ここまで，さまざまな幾何学的なまちがいを見てきた．そのうちの多くは，幾何学の原理・原則に対するわれわれの見方を鍛えてくれただろう．一見「パラドックス」に見えるような現象も，多くは注意不足によって引き起こされる誤解の一種であることが理解できたかと思う．それに加えて，数多くの幾何学のまちがいをめぐってきた旅を通して，幾何学への理解と認識力を高めることができたなら，すばらしいことである．

第5章

確率・統計における
まちがい

統計を用いて人を欺くことができる，ということを日々の生活のなかでよく聞くのではないだろうか．この言葉が意味しているのは，統計は人に好都合な面が強調されがちで，不都合な面も含むことを見過ごしやすいということだ．マーク・トウェインの『自伝』（1906年）に出てくる決まり文句は有名で，現在でもよく引用される．そこで彼はこう述べている．「嘘には3種類ある．単なる嘘，ばかばかしい嘘，そして統計の3つである」と．

こんなことを言うと，数学のこの分野は悪い印象を与えてしまうかもしれないが，この章では，上で述べたことを支持するようなさまざまな種類の誤解を紹介しようと思う．それらは誤った思考または誤った計算から生じる結果である．いずれの場合においても，われわれは誤りの要点をきちんと提示する．この章を読み終えたとき読者のみなさんは，最終的に，確率と統計に関する正しい感覚と理解を獲得することになるはずである（と期待したい）．

× 男の子には女の子よりもたくさんの姉妹がいる？ ×

男の子と女の子の2人の子どもがいる家族を考えよう．この場合，男の子には女の姉妹がいるが，女の子にはそれがいない． つまり，男の子には女の子よりもたくさんの姉妹がいる．次に，3人の子ども(1人の男の子と2人の女の子)がいる家族を考えよう．男の子には2人の姉妹がいるが，女の子には1人の女の姉妹しかいない．よってこの考えに従うと，男の子のほうが女の子よりもたくさんの姉妹をもちやすい，という結論に達してしまう．しかしながら，この考え方はまちがっている！

正しく考えてみると，男の子にも女の子にも同じ人数の姉妹がいるという結論に達するのだ．

2人の子どもからなる家族を考えよう．考えられる可能性は，男の子2人，女の子2人，男の子と女の子1人ずつ，の3種類である．この最後の場合は，男の子と女の子，女の子と男の子の種類がある．順番が大切なのである．

この状況を別の言い方で言えば，実は4つの場合があるということだ．この4種，すなわち，男一男，男一女，女一男，女一女の4パターンのどれになるかは同じ確率である．最初の男の子2人の場合は，女の姉妹が1人もいない．女の子2人で男の子がいない場合は，やはり男の子には女の姉妹がいないことになる．男一女の場合は，男の子には女の姉妹が1人いるが，これには2つの場合があるので，2倍して数えなければならないことに注意しよう．結局，2人の子どもがいる家族では，男の子には姉妹が2人いる．女の子にも姉妹は2人いるが，これは，女一女の子どもをもつ家族の場合である．

さらに別の状況を見るため,今度は3人の子どもをもつ家族を考えよう．このとき，あり得るすべての場合を次の表5.1のようにまとめることができる．

表5.1

パターン	パターンの数	男の子がもつ姉妹	女の子がもつ姉妹
男の子，男の子，男の子	1	0	0
男の子，男の子，女の子	3	2 × 1	0
男の子，女の子，女の子	3	2	2 × 1
女の子，女の子，女の子	1	0	3 × 2

このような3人の子どもをもつ家族の場合，男の子がもつ姉妹の総数は12になり(表の2列目と3列目を見よ)，女の子がもつ姉妹の総数も12になる(表の2列目と4列目を見よ)．

よって今度の場合も，男の子がもつ姉妹の総数と女の子がもつ姉妹の総数は等しくなっている．この状況を一般化すると，n人の子どもをもつ家族の場合，男の子がもつ姉妹と女の子がもつ姉妹の総数は等しく$n(n-1)2^{n-2}$になることがわかる．

この問題は，一見したほどに簡単ではないので，まちがえやすい．

✕ 組み合わせと確率に関するまちがい ✕

ここでは，予期せぬミスに陥りやすい2つの問題を紹介しよう．この章の終わりになれば，読者はこれらのミスが実際にまちがいであることを容易に感じ取れるようになるだろう．

問題1 6人の選手がいるとする．3人からなるチームを2つ作りたいが，何種類の異なるチームができるだろうか？　これは組み合わせの問題であるが，ここでこの問題に対する2つの異なった解答を紹介したい．

解答1 6人の選手から第1のチームを作る場合の数は，簡単な組み合わせの法則から次のように直接求められる．

$$ {}_6C_3 = \binom{6}{3} = \frac{6 \times 5 \times 4}{1 \times 2 \times 3} = 20 $$

第2のチームは，上で選ばれなかった残りの3人で1チームを作ることで自動的に決まるから，問題の答えは単にそのまま20とおりの方法がある，となる．

解答2 6人の選手をA，B，C，D，E，Fで表すことにすると，次の表のリストにあるようなさまざまなチームを作ることができる．

表5.2

チーム1	チーム2	チーム1	チーム2
A, B, C	D, E, F	A, C, E	B, D, F
A, B, D	C, E, F	A, C, F	B, D, E
A, B, E	C, D, F	A, D, E	B, C, F
A, B, F	C, D, E	A, D, F	B, C, E
A, C, D	B, E, F	A, E, F	B, C, D

この表は，10とおりの異なったチームの作り方があることを示している．解答1と解答2には，重要な違いがあるように見える．どこかにまちがいがあるに違いない．

実は解答1が誤っていて，組み合わせにおける重要な誤りを犯しているのだ．解答1において第1のチームを作った残りのメンバーで第2のチームを作ると述べたとき，2倍に数えてしまっているのだ．つまり，ABCで第1チームを作ったとき，第2のチームは自動的にDEFになる．しかしながら，DEFが第1のチームに選ばれたときは，第2のチームは自動的にABCになる．こうして，ABC/DEFのチーム分けが解答1では2回数えられてしまう．したがって，解答2が正しい解答となる．

問題2　100個の電子スイッチの製品のなかに，5個の欠陥商品があることが後で見つかった．しかしその時点で3個のスイッチがすでに売れてしまっていた．3個のスイッチがすべて欠陥商品である確率はいくつだろうか？

解答1　100個のスイッチから3つのスイッチを選ぶ選び方の総数は，次のように組み合わせを用いて計算される．

$$ {}_{100}C_3 = \binom{100}{3} = \frac{100\times99\times98}{1\times2\times3} = 161{,}700 $$

一方で5個の欠陥スイッチから3つのスイッチを選ぶ選び方の総数は，以下のようになる．

$$ {}_{5}C_3 = \binom{5}{3} = \frac{5\times4\times3}{1\times2\times3} = 10 $$

したがって売れたすべてのスイッチが欠陥商品である確率は以下のように求められる．

$$ \frac{10}{161{,}700} = \frac{1}{16{,}170} \approx 0.00006 $$

解答2　良品のスイッチを選ぶ確率を $P(S)$，欠陥品のスイッチを選ぶ確率を $P(\overline{S})$ で表すことにすると，それらの確率は以下のように求められる．

$$\mathrm{P}(S) = \frac{95}{100} = \frac{19}{20} = 0.95 \qquad \mathrm{P}(\bar{S}) = \frac{5}{100} = \frac{1}{20} = 0.05$$

よって，3つとも欠陥スイッチを選んでしまう確率は，次の3つの確率の積になるはずだ．

$$\mathrm{P}(\bar{S}) \times \mathrm{P}(\bar{S}) \times \mathrm{P}(\bar{S}) = \frac{1}{20} \times \frac{1}{20} \times \frac{1}{20} = \frac{1}{8{,}000} = 0.000125$$

さて，2種類の異なった解答を目のあたりにしているが，どちらが正解であろうか？

実は解答2が明らかにまちがっている．上で述べた$\mathrm{P}(S)$, $\mathrm{P}(\bar{S})$の確率は，第1のスイッチを選ぶ段においてはもちろん正しい．しかしながら最初に売れたスイッチが欠陥品であった場合，残された99個のスイッチのうち4個が欠陥商品になる．したがって，2番目に売れたスイッチも欠陥商品になる確率は $\frac{5}{100}$ ではなく $\frac{4}{99}$ になるのだ．同様にして3番目に売れたスイッチも欠陥商品になる確率は $\frac{3}{98}$ になる．よって，続けて売れた3つの商品のすべてが欠陥品になる確率は，これら3つの確率の積になる．

$$\mathrm{P}(\bar{S}_1) \times \mathrm{P}(\bar{S}_2) \times \mathrm{P}(\bar{S}_3) = \frac{5}{100} \times \frac{4}{99} \times \frac{3}{98} = \frac{1}{16{,}170} \approx 0.00006$$

これは解答1で得た答えと一致し，解答2が明らかに誤りを犯していることがわかる．この種の確率を求めるときに，こういったミスはよく犯してしまうので注意したい．

✕ ミニ版「数独」におけるまちがった解釈 ✕

「数独」というゲームでは，3 × 3のマスに，行にも列にも同じ数字が重複しないように置かなければならない．この問題を考えるための準備として，小さな2 × 2のマスに1，2，3，4の数字を置く問題を考えよう．

われわれがすべきことは，図 5.1 にあるような 4 つの各正方形の中に 1 〜 4 の数字を置いて，どの列にもどの行にも同じ数字が重複しないように配置することだ．ここで答えなければならない問題は，この仕事を完遂させる方法は何種類あるかということである．

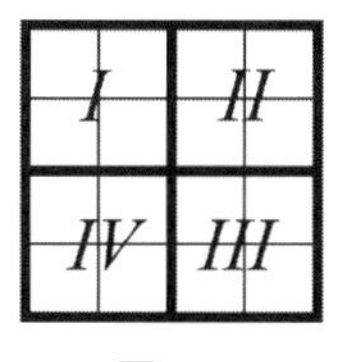

図 5.1

解答 1　まず正方形 I とⅢを埋めることから始めよう（図 5.2）．

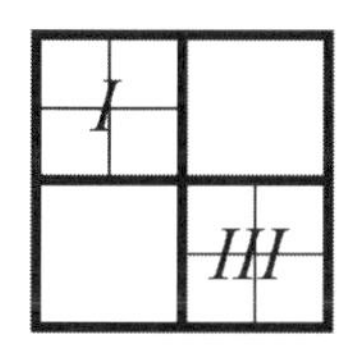

図 5.2

正方形 I を埋めるための方法は 4! = 24 とおりある．同様に正方形Ⅲに数字をはめ込む方法は 4! = 24 とおりである．これら 2 つの正方形 I とⅢに数字をはめ込む作業は，互いに独立な事象であるから，2 つの正方形を埋める方法には 24 × 24 = 576 とおりの可能性がある．残りの 2 つの正方形には，この 576 とおりの異なった埋め方のそれぞれに対して，各行と各列に数字が重複しないように配置されなければならない．これがどのように実行されるかの例として，576 とおりの置き方のうちのひとつである図 5.3 を見てほしい．

ルールに従うと，必然的に図 5.4 の置き方しかないことがわかる．同様に図 5.5 の置き方に対しては，必然的に図 5.6 の置き方しかないことがわかるだろう．

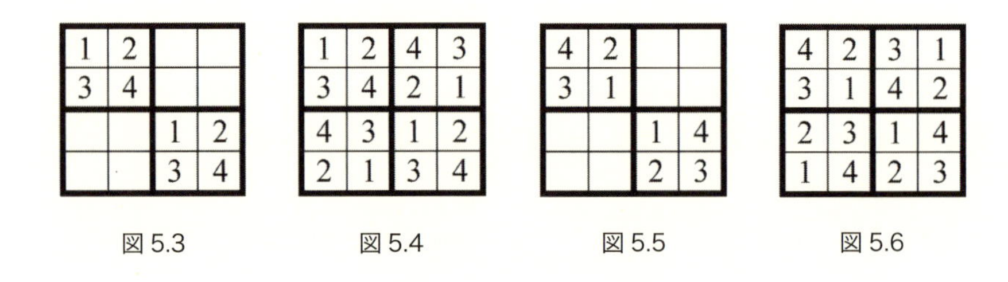

図 5.3　　図 5.4　　図 5.5　　図 5.6

こうして，このゲームの完成のためには，576 とおりの可能性があることがわかる．

解答 2　次の解法は，箱 I にまず 1 〜 4 の数字を埋める方法だ(図 5.7)．

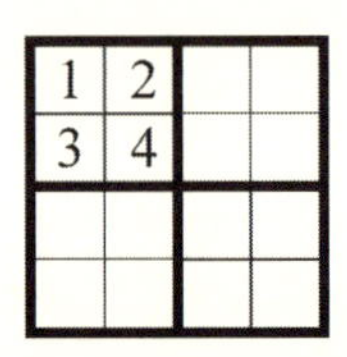

図 5.7

この置き方に対して残りの 3 つの箱に 1 〜 4 の数字をルールに従って置こうとすると，次の 12 種類の置き方があることがわかる．

1	2	4	3
3	4	2	1
4	3	1	2
2	1	3	4

1	2	3	4
3	4	2	1
4	3	1	2
2	1	4	3

1	2	4	3
3	4	2	1
2	3	1	4
4	1	3	2

1	2	4	3
3	4	1	2
4	3	2	1
2	1	3	4

1	2	3	4
3	4	1	2
4	3	2	1
2	1	4	3

1	2	3	4
3	4	1	2
4	1	2	3
2	3	4	1

1	2	4	3
3	4	2	1
4	1	3	2
2	3	1	4

1	2	4	3
3	4	2	1
2	1	3	4
4	3	1	2

1	2	4	3
3	4	1	2
2	1	3	4
4	3	2	1

1	2	3	4
3	4	1	2
2	3	4	1
4	1	2	3

1	2	3	4
3	4	2	1
2	1	4	3
4	3	1	2

1	2	3	4
3	4	1	2
2	1	4	3
4	3	2	1

図 5.8

箱Ⅰに数字を置く置き方は $4! = 24$ とおりあるから，積を考えてすべての置き方の総数は $24 \times 12 = 288$ とおりになる．言い換えると，このゲームを満足する正方形への数字の配列の方法は288とおりあることになる．

さて，われわれは問題に対する2とおりの異なる解答をもってしまった．どちらが正しく，どちらが誤っているのだろうか？　実は，解答1が誤っている．たとえば図5.9の場合を見てほしい．この場合，行・列に数字が重複しないというゲームの条件を満たすように，残りの正方形ⅡとⅣに1～4の数字を埋めることは決してできない．つまり，解答1では，まちがった仮定を設けてしまっているのだ．

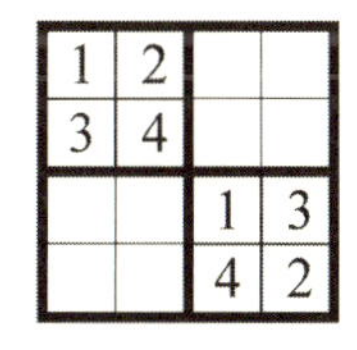

図5.9

Ⅰ～Ⅳの正方形のうち半分が埋まった残りを埋める方法は，1とおり存在するか，まったく存在しないか，のいずれかになるのである．このことは，正しい解答2の答えの数が，誤った解答1の答えの数のちょうど半分になっていることからもわかる．これらは，明らかなまちがいを防ぐために考慮しなければならない事項である．

✕ 有名な誕生日問題の直感的まちがい ✕

ここでは，数学における最も驚くべき結果のひとつについて述べたい．それは確率論の「力」を確信できるものだ．この問題を検討することは，楽しみのためだけでなく，あなたの直感を覆し，あなたが予想される誤りを犯さないようにしてくれるだろう．

いま，ある学校の35名のクラスにあなたが属しているとしよう．そのクラスのなかに，同じ誕生日の 2 名がいる(つまり，生まれた月と日がまったく同じ)確率はどのくらいだとお考えだろうか？

直観的に，365 日のなかで 2 人の誕生日が一致する可能性を考える人がよくいる．これを数学の言葉に翻訳すると，365 のうちの 2 の割合ということで，確率は $\frac{2}{365} \approx 0.005479 \approx 0.5\%$ となる．さて，これは正しいだろうか，誤りだろうか？

任意に選出された誕生日のグループを考えてみよう．たとえばアメリカの歴代の最初の 35 人の大統領を考えよう．これを数学の言葉に翻訳すると，歴代の大統領のなかに同じ誕生日の 2 人がいる，となり，たいへん驚かれるかもしれない．実際，第 11 代大統領のジェームズ・K・ポーク(1795 年 11 月 2 日生まれ)と第 29 代大統領のウォレン・G・ハーディング(1865 年 11 月 2 日生まれ)は，同じ誕生日なのだ．

図 5.10　ジェームズ・K・ポーク　図 5.11　ウォレン・G・ハーディング

実は，歴代 35 人の大統領のなかに同じ誕生日の 2 人がいる確率は，何と 80%以上もある，と言えば，たいへん驚かれるに違いない．直観的には，とてもそうは思えないだろうが，以下に計算してみる．その前に，この事実が正しく成立することを実際に確かめてみよう．

もし機会があれば，35 人のグループを 10 組用意して，各グループのなかに同じ誕生日の人がいるかどうかをそれぞれ聞いてみるとよい．おそらくそのうちの約 8 グループで誕生日が一致する人がいると答えるだろう．30 人のグループにすると，その中に誕生日が一致する人がいる確率は 7 割をちょっと超えるくらいになり, 10 グループいたらそのうちの 7 グループくらいが該当するだろう．信じられないような予期せぬ結果を生んでいる原因は何だろう？　これは本当だろうか？　直観に反するように見えるが……

365 種類もの誕生日があるのに (本当はうるう年の 2 月 29 日を含めると 366 種類だが，簡単のため 1 年は 365 日としておく)，なぜこんなに確率が高くなるのだろうか．

35 人のクラスを考え，1 人の学生を選ぶ．まずその学生の誕生日がその学生自身の誕生日と一致する確率を考えよう．そう，もちろん $\frac{365}{365}=1$ である．次に，2 人目の学生の誕生日が最初の学生の誕生日と一致しない確率は $\frac{364}{365}$ である．さらに 3 人目の学生の誕生日が，上記 2 人どちらの誕生日とも一致しない確率は $\frac{363}{365}$ となる．さらに 4 人目の学生の誕生日が，3 人目までのどの学生の誕生日とも一致しない確率は $\frac{362}{365}$ となる．

これを続けていくと，クラスの 35 人すべての誕生日が一致しない確率はこれらの積として計算される．

$$p=\frac{365}{365}\times\frac{365-1}{365}\times\frac{365-2}{365}\times\cdots\times\frac{365-34}{365}$$

少なくとも 2 人の学生の誕生日が一致する確率 q と，どの 2 人の学生の誕生日も一致しない確率 p は，必ずどちらかが起きる（すなわちほかの可能性はない）ので, 両方の確率を足すと 1 になる．したがって $p+q=1$，すなわち $q=1-p$ である．p は先ほど求めたので，確率 q は次のようになる．

$$q=1-\left(\frac{365}{365}\times\frac{365-1}{365}\times\frac{365-2}{365}\times\cdots\times\frac{365-34}{365}\right)\approx 0.814383238874715 2$$

要するに，ランダムに選んだ 35 人のグループにいる人々の誕生日が一致する確率は $\frac{8}{10}$ 以上もあることがわかった．これは，選ぶ対象が 365 日もあることを考えるとにわかに信じがたいことである．興味をもたれた読者は，この確率関数の性質をいろいろ調べてみるとよいかもしれない．以下に挙げる表 5.3 は，誕生日が一致する確率の値を示している．

表 5.3

グループの人数	誕生日が一致する確率	%
10	0.1169481777110776	11.69%
15	0.2529013197636863	25.29%
20	0.4114383835805799	41.14%
25	0.5686997039694639	56.87%
30	0.7063162427192686	70.63%
35	0.8143832388747152	81.44%
40	0.891231809817949	89.12%
45	0.9409758994657749	94.10%
50	0.9703735795779884	97.04%
55	0.9862622888164461	98.63%
60	0.994122660865348	99.41%
65	0.9976831073124921	99.77%
70	0.9991595759651571	99.92%

確率が一気に 100%に近づいていくことに注目してほしい．もしもクラスに 60 人の学生がいるならば，そのうちの少なくとも 2 人の学生の誕生日が一致する確率は 99%以上になるのだ．

今度は，歴代の大統領 35 人が死去した日に目を向けてみると，2 人の大統領が 3 月 8 日に亡くなり（ミラード・フィルモアが 1874 年，ウイリアム・H・タフトが 1930 年のこの日に亡くなっている），3 名の大統領が 7 月 4 日に亡くなっている（ジョン・アダムスとトーマス・ジェファーソンが 1826 年，ジェームズ・モンローが 1831 年）．命日が同じ日になる確率も，誕生日の場合とまったく同じように計算される．

さて上に挙げた表 5.3 を見ると，30 人のクラスの場合，そのなかに誕生日が一致する 2 人がいる確率は約 70.63%となる．しかしながら，「あなたがこの30人がいる部屋へ入っていって，そのなかにあなたの誕生日と一致する学生がいる確率は？」というふうに問題設定を変えると，その確率は約7.9%と小さくなるのだ．これは，あなたが特別な特定の誕生日をもっているからである．365日のどの日でもよいから単に誕生日が一致する2名がいるか，という問題とは別のものになるのだ．この場合の確率は，まず，あなたの誕生日と誰も一致しない確率を下のように求めて

$$p_{\text{あなたの誕生日と誰も一致しない確率}} = \left(\frac{364}{365}\right)^{30}$$

1からその確率を引けばよい．すると，次のように約7.9%となる．

$$q = 1 - p_{\text{あなたの誕生日と誰も一致しない確率}} = 1 - \left(\frac{364}{365}\right)^{30} \approx 0.0790085980895 50769$$

もっとおもしろいことを紹介しよう．任意に選んだ200人を1つの部屋へ入れた場合，そのなかに同じ日に生まれた（つまり生年月日がまったく同じ）2名がいる確率は，なんと約50%もあるのだ！

この節で述べてきた驚くべき事実は，極度に直観に頼る考え方はあまり勧められない，ということに気づかせてくれる．それによって今後，重大な誤りを犯すことを防いでくれるだろう．

サッカーのペナルティ・キックのジレンマ

あるサッカーチームのゴール・キーパーがペナルティ・キック（PK）戦を2回おこなったとする．第1のゲームにおいて，彼は，放たれた5本のPKのうちの2本を止めた．第2のゲームにおいては，3本のPKのうちの2本を止めた．さて問題だが，このキーパーのPK阻止率はいくつと計算されるだろうか？

この問題に対して，考え得る3種類の解答を紹介しよう．もちろん，そのうちの2つはまちがっていて，1つの解答のみが正しい．さあ，どれが

正解か探してみよう．

解答1 第1，第2ゲームを合わせて，彼は合計8本のPKを受け，合計4回を止めた．これよりPK阻止率は以下のようになる．

$$\frac{2}{5} \oplus \frac{2}{3} = \frac{2+2}{5+3} = \frac{4}{8} = 0.5$$

解答2 各ゲームにおけるPK阻止率を求め，それらを加えて，阻止率として次の答えを得る．

$$\frac{2}{5} + \frac{2}{3} = \frac{16}{15} \ (\approx 1.07)$$

しかし $\frac{16}{15} > 1$ となってしまい，このキーパーのPK阻止率は100％を超えている（スーパーキーパーだ）．これはあり得ないことで，この解答は明らかにまちがいである．

解答3 今度は，キック回数の異なる2回のゲームを同等に扱う．これは，PKの回数を各15（5と3の最小公倍数）に揃え，阻止したPKの回数を比が等しくなるように増やせば実現できる．すると，第1のゲームにおいては15本のPKのうち6本を阻止し，第2のゲームにおいては15本のPKのうち10本を阻止したと考えられる．こうすると，このキーパーのPK阻止率は次のように求められる．

$$\frac{6}{15} \oplus \frac{10}{15} = \frac{6+10}{15+15} = \frac{16}{30} = \frac{8}{15} \ (\approx 0.53)$$

さて，どの解答が正しいのかを決めなければならないときが来た．

解答1は明らかに正しい．解答2は明らかに誤っている．解答3はある意味で示唆を与えてくれるが，やはり解答1がこの問題の解答としては最もふさわしい．

B-A-S-K-E-T-B-A-L-L をつなぐ経路はいくつある？

図 5.12 のように並べられた文字で，続けて BASKETTBALL と読むことができる経路はいくつ存在するだろうか？　経路は，頂上の B から始め，最下点の L に至るものとする．

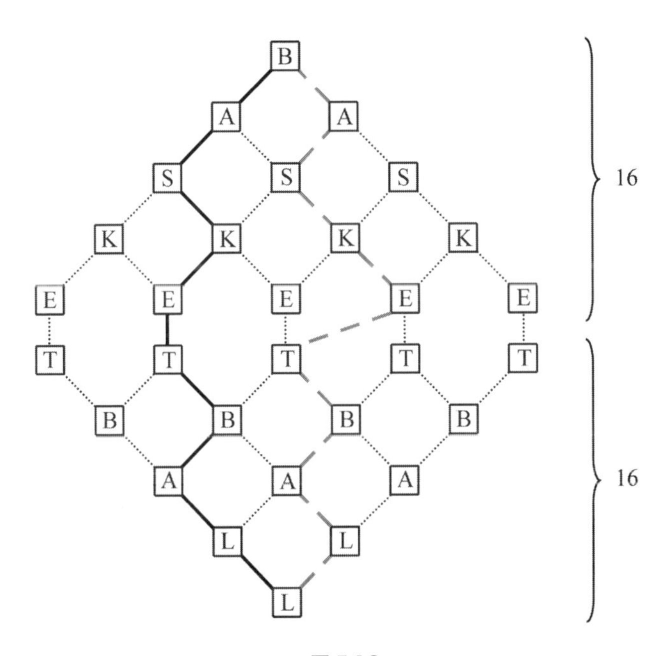

図 5.12

解答 1　システマティックに数えていけば，次の個数の経路が存在するだろう．2 本の BA，4 本の BAS，8 本の BASK，16 本の BASKE．

同じように最下点の L からスタートして上に昇って行けば，16 とおりの LLABT の経路があることがわかる．これらを掛け合わせれば，経路の総数は $16 \times 16 = 256$ 本になる．

解答 2　各文字を終点と考え，B から始めてその文字に至る経路の個数がいくつあるかを順次数えていくこともできる（パスカルの三角形の作り方と同じだ）．図 5.13 の各文字の隣にその経路の個数が示してある．

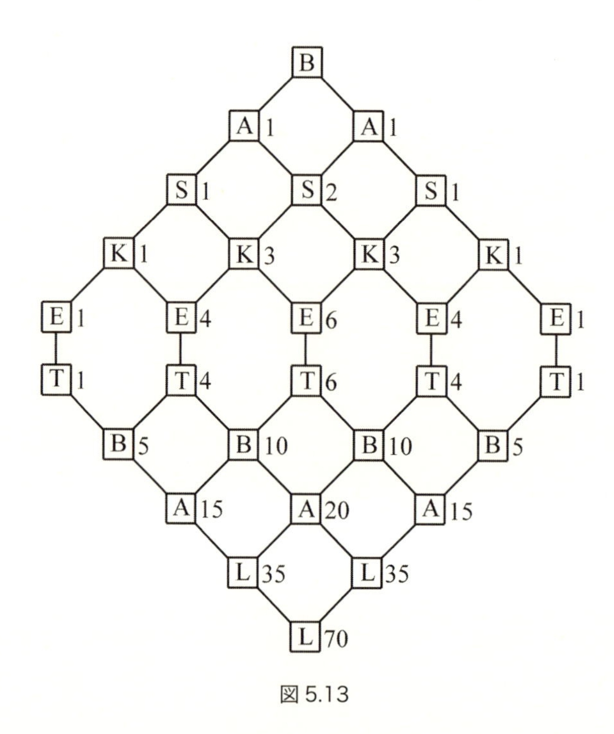

図 5.13

この図は，図形が左右対称であることを考慮すれば，比較的容易に作ることができる．各文字に至る経路の数は，その文字の 1 つ上の左と右の数を足せばよいのだ．こうして順番に見ていくと，BASKETBALL となる経路の数は 70 であることがわかった．

さて，どちらの解答が正しく，どちらの解答がまちがっているだろう？

解答 1 がまちがっていると思うなら，あなたは正しい．この回答の前半は頂上の B から BASKE を描く経路を単に数えただけで，後半は最下点の L から LLABT を描く経路を単に数えただけである．これらを一意的につなげると考えた点がまちがっている．たとえば，図 5.12 の太線で示した上の経路と下の経路は一意的につなげられるが，破線で示した（E と T を結ぶ）上下の経路は決してつなぐことができない．それなのに，上下のすべての経路の組み合わせが同様に一意的につなげると考えて 16 × 16 =

256としたのが解答1の誤りである．

それに対して解答2は，図5.14の点Xまでの行き方がxとおりあり，点Yまでの行き方がyとおりあるとすれば，点Zまでは確かに$z = x + y$とおりの行き方が存在するので，まったく正しい解答なのである．

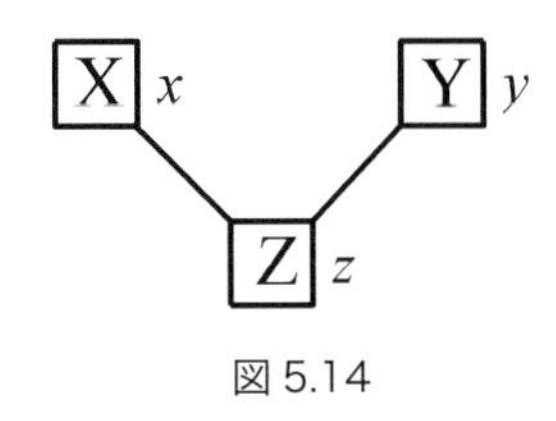

図5.14

× はっきりしない問題設定から生じるまちがい ×

円に内接する正三角形を考えよう．今，円の弦をランダムに選んだとき，その弦の長さが正三角形の1辺より長くなる確率はどのくらいだろうか（図5.13）．この問題は，フランスの数学者ジョセフ・ベルトラン（1822～1900）によって最初に考え出された．彼はいかにも正しそうな3種類の解答を示しているが，3つとも異なった結果に達してしまう．

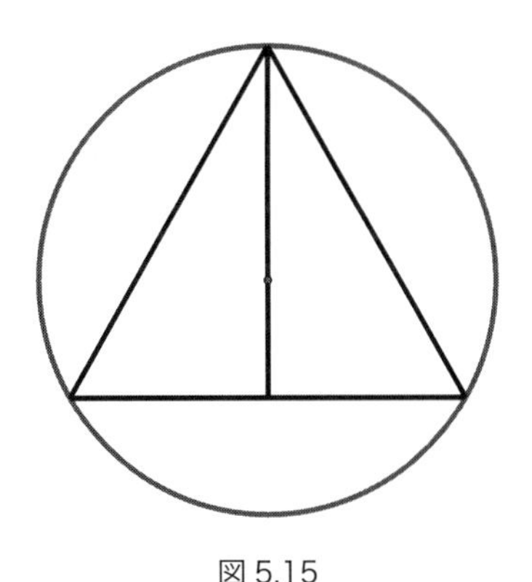

図5.15

解答1 円周上にランダムに2点をとり，その2点を結ぶ弦を考えよう（図5.16）．次に，その弦の端点の片方を頂点にもち，円に内接する正三角形を描く（図5.17）．

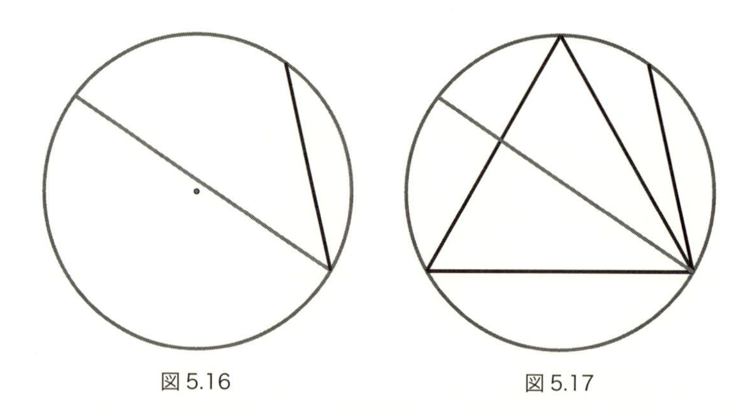

図 5.16　　図 5.17

このとき，もしも勝手に描いた弦のもう一方の端点が正三角形の内側にある円周上にあれば，その弦の長さは正三角形の 1 辺の長さよりも長くなるだろう（図 5.17）．逆に，勝手に描いた弦のもう一方の端点が正三角形の外側にある円周上にあるときは，弦の長さは正三角形の 1 辺の長さよりも短くなるだろう．したがって，勝手に選んだ弦の長さが正三角形の 1 辺より長くなる確率は，$\frac{1}{3}$ と求められる．

解答 2　この方法は，まず円の直径を 1 つ決めて書くことから始め，ランダムに選ぶ弦は，この直径上にランダムに点 C_1，C_2，……をとったときにその点を通る直径に対して垂直な弦とする（図 5.18）．つぎに，円に内接する正三角形を，その 1 辺が最初にとった直径に垂直になるように描く（図 5.19）．

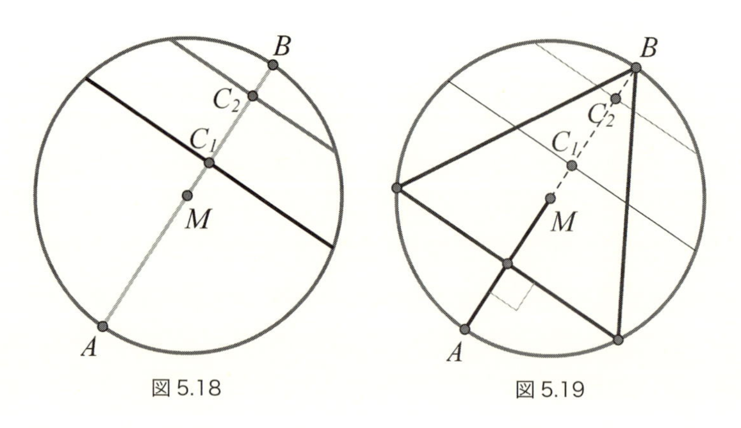

図 5.18　　図 5.19

このとき，直径に垂直な正三角形の 1 辺は，円の半径 MA を 2 等分していることがわかるだろう (図 5.19)．よって，もしも勝手に描いた弦が MA の中点より外側にあれば(または MB の中点より外側にあれば)，その弦の長さは正三角形の 1 辺の長さよりも短くなり，逆に内側にあれば弦の長さは正三角形の 1 辺の長さよりも長くなるだろう．したがって，勝手に選んだ弦の長さが正三角形の 1 辺より長くなる確率は，$\frac{1}{2}$ と求められる．

解答 3　今度は，ランダムに円の内部の点を選び，ランダムに選ぶ弦は，その点が中点となるような弦とする（図 5.20)．次にすることは，円に内接する正三角形を描き，さらにその正三角形に内接する小さな円を描くことだ(図 5.21)．

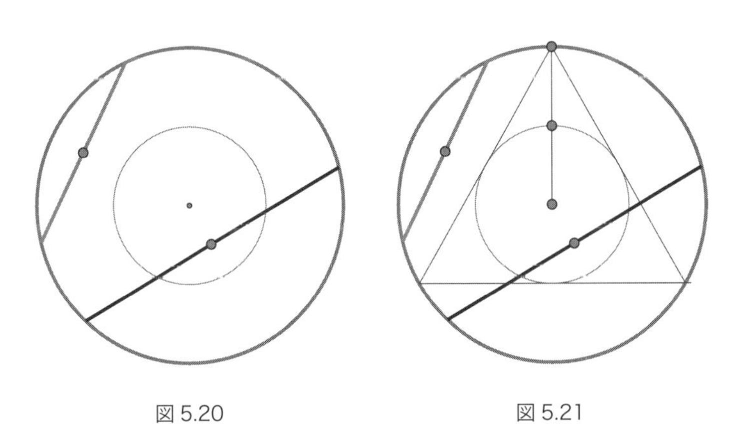

図 5.20　　図 5.21

このとき，内側の小さな円の半径は，外側の大きな円の半径の $\frac{1}{2}$ になっている．したがって，内部の円の面積は外側の円の面積の $\frac{1}{4}$ になる．そして，最初に選んだ円の内部の点が内側の小さな円の内部にあれば，その点を中点とする弦の長さが正三角形の 1 辺よりも長くなるから，求める確率は $\frac{1}{4}$ となる．

さて，すべて正しそうなこれら 3 つのどれが正解なのだろう？　実は，このパラドックスは正しい答えをもたないのである．なぜなら，元の問題では，ランダムに選ぶ弦の選び方に，きちんとした定義が存在しないからだ．これでは決まった答えは導かれない．つまりここでの誤りは，問題のなかにきちんとした定義を欠いていることだった．

× 賭けゲームにおけるまちがった結論 ×

ギャンブルのプレイヤー2名が，同じ確率で勝つゲームをくり返しているとする．最初に5ゲームを勝ったプレイヤーが最終的な勝者とする（その時点でゲーム終了）．このくり返し行われるゲームのある時点で，プレイヤーAはすでに4ゲームを取っていて，プレイヤーBはすでに3ゲームを取っていたが，2人はこの時点でゲームを終わりにしようと合意したとする．さて，勝者に与えられる賞金を，どのように2人に分配するのが妥当と言えるだろうか？ 考えられるいろいろな解答を見てみよう．

解答1 この解答では，残っているゲームをもしおこなった場合に，2名のプレイヤーが勝つ確率をそれぞれ計算する．残るゲームの勝者は，A，BA，BBのいずれかであるはずで，はじめの2つの場合はAが勝者となり，あとの1つの場合はBが勝者となる．したがって，この2:1の比を考えれば，Aは$\frac{2}{3}$の賞金をもらうべきで，Bは$\frac{1}{3}$の賞金をもらうべきとなる．

解答2 1回の各ゲームで，各プレイヤーに同じだけ勝つ確率があるのだから，現在までに得た勝ちゲームの数の比すなわち4：3に分配するのが正しいだろう．したがって，Aは$\frac{4}{7}$の賞金をもらうべきで，Bは$\frac{3}{7}$の賞金をもらうべきとなる．

解答3 最終的にBが勝者となるためには，あと2回ゲームが行われなければならない．残っているゲームの勝者の可能性は，BB，AB，BA，AAのいずれかであるが，このうちBが勝者となるのは最初のBBだけで残る3つの場合はすべてAが勝者となる．これより3：1という比が出てくる．よって，Aは$\frac{3}{4}$の賞金をもらうべきで，Bは$\frac{1}{4}$の賞金をもらうべきとなる．

これら3つの解答はすべて直観的には正しく見えるが，そのうちの1つのみが正しく，残りの2つはまちがっている．さてどれが正解だろう？

実は，解答1において，それぞれの確率を正しく計算すると以下のようになる．

$$\mathrm{P}(A) = \frac{1}{2} \qquad \mathrm{P}(BA) = \frac{1}{2} \times \frac{1}{2} = \frac{1}{4} \qquad \mathrm{P}(BB) = \frac{1}{2} \times \frac{1}{2} = \frac{1}{4}$$

3つの事象は等しい確率では起こり得ないことに注意しよう．言い換えると A が起こる確率は BA, BB がそれぞれ起こる確率の2倍になっている．ということは，解答1で2：1の比とした部分は，正しくは3：1に修正されなければならないのだ．もしこの修正を行えば，解答3とまったく同じ内容の答えになる．これが正しい解答だ．

解答2は明らかに誤った推敲にもとづいている．現在までに勝ち得たゲーム数の比を考えても，それは各プレイヤーが最終的に勝利する確率の比には決してならない．つまり，各プレイヤーが受け取るべき賞金の分配率は決して求められないのだ．

数える前によく考えないからまちがいを犯す

問題の状況がとても簡単に見えた場合に，用いるべき方法を最初によく考えないことがよくある．そういうふうに始めてしまうと，エレガントさに欠ける解答となったり，もっと悪い場合はまちがいのもととなったりするのだ．そして，最初にもっとよく考えればよかったと後悔する．

ここで，2つの単純な問題の例を提出しよう．きちんとすればミスを避けられるし，方法をよく考えてからおこなえば簡単である．

問題1　和が999になるような2つの素数の組をすべて見つけよ．

この問題に対する典型的なアプローチは，まず1から1000までの素数のリストを作っておいて，そのうちの2つを選んで和が999になる組をしらみつぶしに探して数える方法だ．しかしながら，これは莫大な時間がかかって効率的ではないし，すべての2つの素数の組を落とさずにチェックできるか，自信をもてないだろう．

そこで，もっと論理的な解法を探してみよう．実はよく考えてみれば，2つの奇数の和で999を実現することはできない！　ということは，組をなす2つの素数は一方が偶数で一方が奇数でなければならない．しかし偶数の素数は2しかないから，あり得る組は2と997の1組しかないのだ！

読者のみなさんはすでにこれに気づいていただろうか？　こういう視点で見れば，誤りを避けることができたのだ．

問題2　**前から読んでも後ろから読んでも同じになる数（たとえば747や1991）を「回文数」という．1から1000までにある回文数をすべて見つけよ．**

この問題に対する典型的なアプローチは，1から1000までの数をすべて書いてみて，そのなかのどれが回文数かを探して数える方法だ．しかしながら，これは莫大な時間がかかって効率的ではないし，どれか1つでも見誤ると，まちがった個数を出してしまうだろう．

この問題は，回文数のパターンを見つけて，もっと直接的に解くことができる．下の表5.4のリストを見ていただきたい．

表5.4

数の範囲	回文数の個数	1からこの範囲までの回文数の総数
1～9	9	9
10～99	9	18
100～199	10	28
200～299	10	38
300～399	10	48

ここにはあるパターンがある．つまり99より大きい数を100個ごとにグループにすると，各グループにはすべてちょうど10個の回文数がある（たとえば100～199には，101，111，121，……，191の10個）．一方で1～9, 10～99の2グループには各9個の回文数があるから，したがって合計で$9+9+9\times10=108$個の回文数があると計算できるのだ．

もうひとつ，データを都合のいい形に編成するやり方もある．まず1

桁の数字はすべてそれだけで回文数になっており，1〜9の9個ある．同じように，2桁の回文数も，1〜9の1桁の同じ数を2つ並べた9個である．3桁の回文数は，2桁の回文数9個を両端の桁とし，その間に10個の1桁の数が入るため，90個となる．よって，それらを合計すると，1〜1000までにある回文数は9＋9＋90＝108個と求められる．

ここでのモットーは，「まず方法を考え，それから計算を始めよ」である．これでずいぶんとミスを防ぐことができる．

ギャンブラーのまちがい

ギャンブラーがよく直面して非常にだまされやすい，次のような状況を考えよう（もしも自分の直観に自信がもてないなら，誰か近くの友人とその状況をシミュレーションしてみるとよいかもしれない）．

あるゲームをするのだが，そのルールはいたって単純である．100枚のカードが用意されていて，裏向きに伏せてある．そのカードのうちの55枚が「勝ち」で，45枚が「負け」であるとする．プレイヤーは10,000ドルから始めて所持金の半分を各カードに賭けてそのカードを表向きにし，もしも勝ちならその金額と同じ賞金をもらい，負けなら賭けた金を失うとする．これを100回続けていくと，ゲームの終わりにはすべてのカードが表向きにひっくり返されることになる．さて，最終的にプレイヤーはいくらのお金をもっているだろうか？　おそらくだが，あなたの想像とはまったく異なる結果が出ると思われるので，次の論証をよく見ていただきたい．

勝ちのカードが出る回数は，負けのカードが出る回数より10回多いのは明らかだから，ゲームの終わりには100,000ドル以上のお金をもっているのは当然と考えられるだろう．しかし，一見明らかなように見えることがまちがっているのは世の常で，これはその典型的な例となる．

まず，第1ゲームで勝ったとすれば，その時点で15,000ドルの金をもっていることになる．その次の第2ゲームで負けたとすれば，その時点での所持金は7,500ドルになる．逆に，第1ゲームで負けて（10,000ドル

→5,000ドル），次の第2ゲームで勝った場合（5,000ドル→7,500ドル），その時点での所持金は同じく7,500ドルになる．よって1回勝って1回負ける度に，プレイヤーはその所持金の4分の1を失うことになり，所持金は$\frac{3}{4}$倍に減少する．また，プレイヤーが1回勝つごとに所持金は1.5倍に増える．よって，最終的な所持金は次のように計算できる．

$$10{,}000 \times \left(\frac{3}{4}\right)^{45} \times \left(\frac{3}{2}\right)^{10}$$

答えは，なんと1.38ドルほどにしかならない！　驚かれただろうか？

ここで起こっている状況は，次のようにも説明できる．ある段階でプレイヤーにDドルの所持金があるとすると，1回ゲームで勝つとDは$\frac{3}{2}D$に増加する．1回ゲームで負けるとDは$\frac{1}{2}D$に減少する．よって100回のゲームが終わった後には，55回の増加と45回の減少がおこなわれ，最終的な所持金は以下のようになるのだ．

$$10{,}000 \times \left(\frac{3}{2}\right)^{55} \times \left(\frac{1}{2}\right)^{45} = 1.37616\cdots\cdots \approx 1.38 \text{ ドル}$$

モンティ・ホール問題（物議をかもしたまちがい）

テレビ番組の「Let’s make a Deal」【訳注：直訳すると「取り引きしよう」の意味】は長く続くゲームショー番組である．この番組は，日常生活で起こる悩ましい状況を取り上げて観客に選択を迫り，さえた頭脳をもってしても，ときとして誤った答えを引き出してしまう様子を楽しむような番組だ．そのなかで特に人気のあるゲームは次のように進められる．

ランダムに選んだ観客の1人をプレイヤーとしてステージに上げ，そこには3つのドアが用意されている．プレイヤー（ここでは女性とする）はそのうちの1つを選ぶように言われるのだが，運がよければドアの向こうには新車が置かれている．残りの2つのドアの向こうにはハズレを意味するヤギがいる．彼女がもしも車のあるドアを選べば，車は彼女のものになる．ただし1回だけ選び直しのチャンスが与えられている．彼女がドアを選んだあとに，司会のモンティ・ホールが，選ばれなかったドアの1つを開けてヤギを見せ(このとき残りの2つのドアは閉ざされたままだ)，もともと選んだドアのまま変更しなくてよいか，あるいはもう1つの閉ざされたドアに変更するかをプレイヤーに尋ねるのだ．

このとき，番組を盛り上げるため，観客は「Stay (変更なし)」か「Switch (変更)」のどちらかを選択して叫ぶのだが，どちらの声も同じくらいの数であったとしよう．さて問題は，彼女はどうするべきかということだ．変更するのとしないのとでは，何か違いがあるのだろうか．もしも違いがあるなら，ここでの最もよい(つまり景品の車がもらえる確率が高くなる)作戦は何だろうか．

ほとんどの人は，この問題に対してまちがった返答をするだろう．すなわち，変更してもしなくても違いはない，どちらにしても正しいドアを選べる確率は50%なのだから，と．

【訳注：1990年9月9日付のニュース雑誌「パレード」で，後述するマリリン・ボス・サヴァントが「ドアを変更すれば当たる確率が2倍になる(変更すれば確率$\frac{2}{3}$，変更しなければ確率$\frac{1}{3}$)」と発表したところ，約1万通の反論投書が殺到した．そのなかには，プロの数学者を含む多くの学者なども含まれ，「確率はどちらにしても$\frac{1}{2}$なのは明らかで，彼女はおかしい」と主張した．しかし，正しかったのはサヴァント氏の解答だったのだ】

もう一度問題の状況を順に追って見てみよう．そうすれば，正しい解答が自ずと明らかになるはずだ．ドアの向こうには2匹のヤギと1台の車が置かれてある．プレイヤーは，車があるドアを選ぼうと挑まなければな

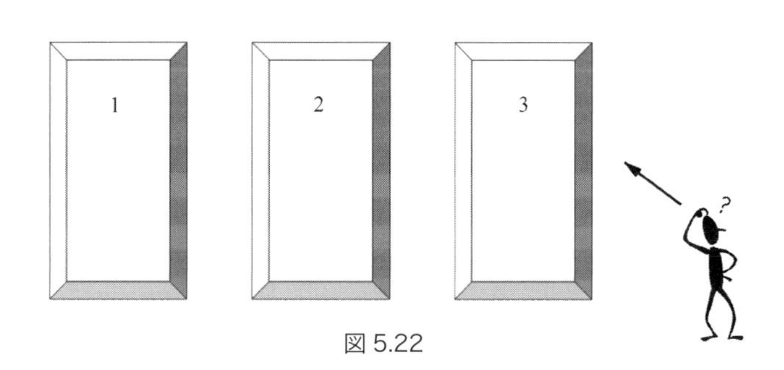

図5.22

らない．彼女が 3 番のドアを選んだとしよう（図 5.22）．そして，司会のモンティが「選ばれなかった」ドアの 1 つを開けてヤギを見せる（図 5.23）．

図 5.23

モンティはそこで尋ねる．「最初に選んだドアのままでいいですか，それとももう 1 つの閉じているドアに変更しますか？」

読者が正しい答えを見つけることを助けるために，ちょっと極端な場合を考えてみよう．図 5.24 のように 3 つではなく 1000 個のドアがあって，そのうちの 1 つの後ろには車があり，残りの 999 個の後ろにはヤギがいるとしよう．

図 5.24

そして，プレイヤーの彼女が 1000 番目のドアを選んだとしよう．彼女が正解のドアを選ぶ確率はどのくらいだろうか？　「車があることはほとんどあり得ない」というのが正しいだろう．なぜなら，彼女が車のあるドアを選んでいる確率は $\frac{1}{1000}$ だからだ．

逆に，彼女が選んでいないドアのいずれかの向こうに車がある確率はどのくらいだろうか？　「車があることはほぼ確実である」というのが正しいだろう．なぜなら，その確率は $\frac{999}{1000}$ だからだ．

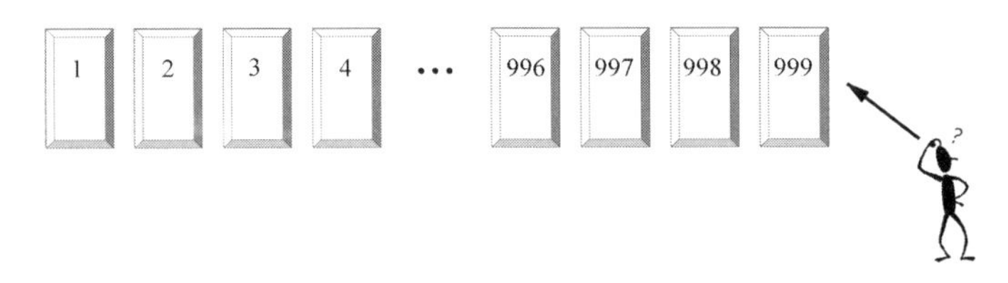

図 5.25

図5.25のドアはすべて「車があることはほぼ確実な」ドアになっている！

ここで司会のモンティ・ホールは，選ばれなかったドアのうち（1 番を除く）2 番から 999 番までのすべてのドアを開けてそこにヤギがいることを見せる（これで 2 番から 999 番までが正解となる可能性はすべて消える）．ということはどういうことか？　もちろん，唯一残された「車があることがほぼ確実な」ドアは 1 番だけになる．

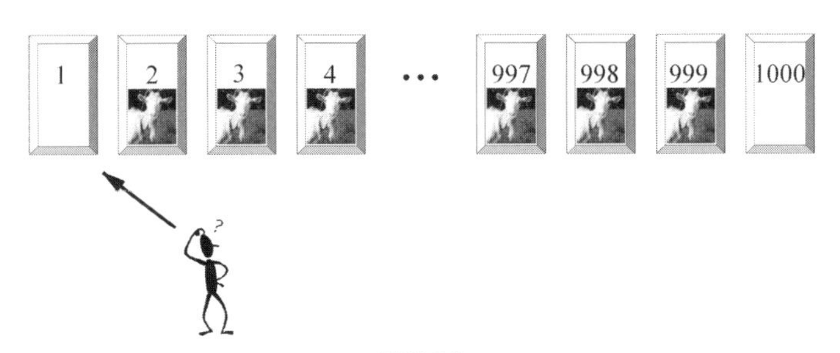

図 5.26

これで問題に答える準備ができた．どちらのドアを選ぶのが正しい選択だろう？　最初に選んだ 1000 番の「車があることはほとんどあり得ない」ドアか，1 番の「車があることはほぼ確実な」ドアか．

答えは自ずと明らかである．1 のドアを選ぶべきであり，変更することが最もよい作戦になる．

極端な場合を考えると，3 つのドアの場合で考えようとしたときよりも，ベストの作戦を見つけやすくなっているだろう．しかし原理はどちらの場合も同じである．

この問題はさまざまな人々を巻き込むたいへんな物議をかもし，大学の研究機関等でも数多くの大論争がくり広げられることになった．また「ニューヨーク・タイムズ」紙など，有名な出版物にもトピックとして何度も取り上げられた．ジョン・ティアニー氏は（1991年7月21日付）同新聞紙上に次のように書いている．

> もしかすると幻影にすぎないのかもしれないが，ここに来て，数学者，ニュース雑誌「パレード」の読者，テレビのゲームショー番組「Let's make a Deal」の視聴者など，多くの人々を巻き込んで重ねられてきた議論にも，そろそろ終わりが見えたようだ．この議論は，マリリン・ボス・サヴァント氏がニュース雑誌「パレード」上に連載するコラム欄で，読者から投稿された質問に答える記事を書いたことがきっかけで，昨年の9月から始まった．彼女のコラム欄「マリリンにおまかせ」の読者は，毎週それを楽しみにしていた．ボス・サヴァント女史は，ギネスブックに最も高い知能指数をもつ1人として紹介されてもいるのだが，その信用をもってしても，今回は公共の理解を得ることはできなかった．

彼女は実際に正しい解答を与え，たくさんの読者から寄せられた多くの反論にも何度も正しく答えてきた．しかしそれでも，多くの数学者たちが彼女の意見に同意しなかったのだ．

✕ コインの表裏を決められないと思いこむまちがい ✕

これから紹介する事例は，最も初歩的な代数の知識にもとづく賢明な推論が，不可能に思える難問を誤ることなく解決する手助けをすることを示してくれるだろう．さあ，次の問題を考えよう．

> あなたは暗い部屋の中にあるテーブルの前に座っているとする．テーブルの上には12枚のコインが置かれていて，そのうちの5枚は

表を向いていて，7 枚は裏返しになっている．あなたはコインがどこに置かれてあるかはわかっていて，自由にコインを移動させたり，裏返したりすることはできるとする．ただし，部屋が暗いので，コインが表を向いているか裏を向いているかを触っただけでは確認できないとする．

さて，あなたはコインを 2 つのグループに分け（お望みならそのうちのいくつかをひっくり返してもよい），部屋に照明が戻ったときには，2 つのグループのなかの表のコインの数が同じになっているようにすることができるだろうか？

最初の反応は，「あなたは狂っている！　表か裏かも確認できないのに，どうやってこの作業を実現するのか？　できる人などいるはずがない」というような感じになるのではないだろうか．

しかし代数をうまく使うことが問題を解く鍵となり，これは可能になる．わかってしまえば信じられないほど単純である．12 枚のコインを使って実際に試してみるとよい．

コインを 5 枚と 7 枚の 2 つのグループに分ける．次に，5 枚のグループのコインをすべてひっくり返すのだ．これで両グループの表のコインの枚数は同じになる．たったそれだけだ．

手品をしているように見えるかもしれない．いったい何が起こったのだろうか？　代数を使えば，これは簡単に説明できる．

最初に 5 枚の表のコインと 7 枚の裏のコインがあったものを，任意に 5 枚と 7 枚の 2 つのグループに分けたわけである．7 枚のコインのグループのうち h 枚が表であったとしよう．すると，5 枚のグループのうちの $5-h$ 枚が表のはずだ．これらをすべてひっくり返したときの表の枚数は $5-(5-h)=h$ 枚になる！

× まちがった検査結果 ×

1000 人の人がいると，そのうちの 1 人はある特別な病気にかかってしまうとする．ある人がこの病気にかかっているかどうかは，ある検査をして陽性反応が出れば，基本的には判定できる．しかしながら，その検査は完全ではなく，検査で陽性反応が出ても実際は病気にかかっていない人もまれに存在する．その割合は 1000 人が検査を受けた場合 10 人程度とする（つまり 0.01 の確率で，実際は病気にかかっていないのに，検査で陽性反応が出てしまう）．

では，検査で陽性反応が出た人のなかで，どのくらいの割合の人が実際に病気にかかっているといえるだろうか？

解答 1　1000 人のなかに 10 人，検査で陽性反応が出ても実際は病気にかかっていない人がいることはわかっている．また，実際に病気にかかっている人が 1 人いることもわかっている．ということは，検査で 11 人の人に陽性反応が出た時点で，そのなかに実際に病気にかかっている人が確実に 1 人いることになる．よって，検査で陽性反応が出た人のうち $\frac{1}{11}$ の人が実際に病気にかかっている．

解答 2　人数を増やして全部で 100,000 人としよう．すると，そのうちの 100 人の人がこの病気にかかっていることになる．したがって，この中の $100,000 - 100 = 99,900$ 人は病気にかかっていない．ここで，0.01（1%）の確率で実際は病気にかかっていないのに検査で陽性反応が出てしまうことを思い出すと，99,900 人の 1% の 999 人は検査で陽性反応が出るが実際には病気にかかっていない．よって，$100 + 999 = 1099$ の人は検査で陽性反応が出るはずだが，実際に病気にかかっている人はそのうちの 100 人である．したがって，検査で陽性反応が出た人のうち $\frac{100}{1099}$ の割合の人が実際に病気にかかっている．

またもや，2 つの解答はそれぞれ異なる答えを導き出した．どちらが誤った解答だろうか？

そう，解答 2 が正しい．もしも 1000 人全員の人が検査を受けたとすると，1 人が病気にかかっていて，999 人は病気にはかかっていない．健康な人のなかで $\frac{10}{1000}=\frac{1}{100}$ の人は検査で陽性反応が出てしまう．よって健康な 999 人のうち，$\frac{999}{100}=9.99$ 人が健康なのに陽性反応が出てしまう．解答 1 ではこの 9.99 の代わりに 10 としてしまったのだ．ここがまちがっている．$\frac{1}{100}$ という確率は健康な 999 人には関係するが，1000 人全員には関係しないのだ．

よって，全部で 1000 人とした解答 1 の場合に正しい計算を実行すると以下のようになり，解答 2 の答えと完全に一致する．

$$\frac{1}{1+\frac{999}{100}}=\frac{1}{\frac{1099}{100}}=\frac{100}{1099}$$

解答 2 で，100,000 人という大きな人数を使ったのは，単に小数を避けたかっただけである．

× 縞模様の旗を塗り分けるときのまちがい ×

ここでの問題は，6 段ある縞模様の旗に 4 色のみを用いて色をつけるとき，何種類の異なる旗を作り出せるだろうか，というものである．ただし，上下で隣り合った縞の領域は異なる色で塗られる約束とする．

解答 1　6 段の縞に，上から A, B, C, D, E, F と名前をつける．まず，A, C, E の縞に色づけすることにすると，隣り合う縞に関する要請を何も受けないから，どの 4 色でも塗り得る．つまり A，C，E には各 4 とおりの塗り分け方がある．

表 5.5

A	4	
B		2
C	4	
D		2
E	4	
F		3

その間のB，D，Fであるが，たとえばAとCの間のBにはAとCで使われていない2色のみしか使えないから，2とおりの塗りがある．Dもまったく同様である．ただしFはEで塗られていない3色が使用可能となる．まとめると，異なる塗り分け方の総数は$4 \times 2 \times 4 \times 2 \times 4 \times 3 = 768$とおりが答えとなる．これは正しそうな解答に見えるが，別の解法も考えられる．

解答 2　まずAにはどの4色も塗り得る．その下のBにはAで塗られていない3色が可能となり，またその下のCにはBで塗られていない段3色が可能となる．以下も同様であり，表5.6のようになる．

表 5.6

A	4	
B		3
C		3
D		3
E		3
F		3

まとめると，異なる塗り分け方の総数は$4 \times 3 \times 3 \times 3 \times 3 \times 3 = 972$とおりが答えとなる．

さてここでも，どちらも正しそうな2つの解き方が，異なる答えをはじき出してしまった．どちらの解答が正しいだろう？

予想していたかもしれないが，実は解答1が誤っている．最初にA，C，Eに色を塗る方法は各4とおりあるとしたところまでは正しいが，次のステップがまちがっているのだ．この解では A，C，E の各間には 2 とおりの塗り方しかないとしたが，本当にそうだろうか？　たとえば A と C が同じ色で塗られている場合を考えてみると，B には 3 とおりの塗り方がある．十分に注意しないと，いかにも正しそうな推論から誤った解答に至ることもあるのだ．

✕ まちがった作戦に乗らずにゲームに勝とう ✕

1 チームが 3 人からなるゲームを考えよう．3 名は円上に並んでいて，全員目隠しをされている．目隠しをしている間に各プレイヤーは帽子を 1 つ頭の上に与えられるのだが，ゲームを運営する人が公正なコインを 3 回トスしながら，3 名のプレイヤーの頭の上に灰色または白色の帽子を次のように置いていく．

もしコインの表が出たら，灰色の帽子が頭の上に置かれる．もしコインの裏が出たら，白色の帽子をプレイヤーの頭に置く．目隠しを取ったとき，各プレイヤーは自分以外の 2 名のプレイヤーの帽子は見られるが，自分自身のものは見えない．

各プレイヤーは，自分の頭の上の帽子が何色かを予想して発言するか，または「パスをします」と言う．3 名に発言させた後，少なくとも 1 人がパスをしないで帽子の色を当てにいっていて，かつ誤った予想をした者が 3 名のなかに誰もいなかったならば，このチームは勝利とする（そうでなければ敗北である）．各プレイヤーはお互いに相談することはできない．

このゲームに勝利するための最もよい作戦はどんなものだろうか？　次の 3 つの作戦（解答）のうち，勝利する確率が最も高いものはどれだろうか？

解答 1　ゲームに勝利するためには，正しく予想する人がチームのなかに必ず 1 人はいなければならない．よって，予想をする人が増えるほど，勝利するチャンスは増加するはずだ．したがって，最もよい作戦は，3 名とも（パスをせずに）自分の帽子の色を予想することだ．

解答 2　ゲームに敗北しないためには，誤った予想をする人が 1 人でもいることは許されない．予想をする人が増えるほど，そのうちの誰かが自分の帽子の色を誤って予想してしまう確率が増えるはずだ．しかし，チームの誰も予想をしないでパスをすると，ゲームに負けてしまう．したがってここでの最もよい作戦は，3 名のうち 1 名のみに帽子の色を予想させ，残りの 2 人にはパスをさせることだ．

解答 3　チームの 1 人，2 人，3 人が自分の帽子の色を予想することが可能である．予想をする人が増えるほど，正しい予想をしてゲームに勝利する確率は増えそうだが，逆に誰かがまちがった予想をする確率も上昇してしまう．反対に，予想をする人が減るほど，誤った予想をする確率は減少するが，同時に正しい予想をする確率も減少するだろう．そうならば，理想的な作戦はその中間をとることだ．よって最もよい作戦は，3 名のうち 2 名に各自の帽子の色を予想させ，残りの 1 人にはパスをさせることだ．

示された解答は 3 つとも異なり，結果もすべて違っている．どれが正しい解答なのだろうか？

3 人のプレイヤーに与えられる帽子の色の組み合わせの可能性をすべて考えてみよう．3 名のプレイヤーを A，B，C とすると，次の 8 とおりの場合が考えられる．

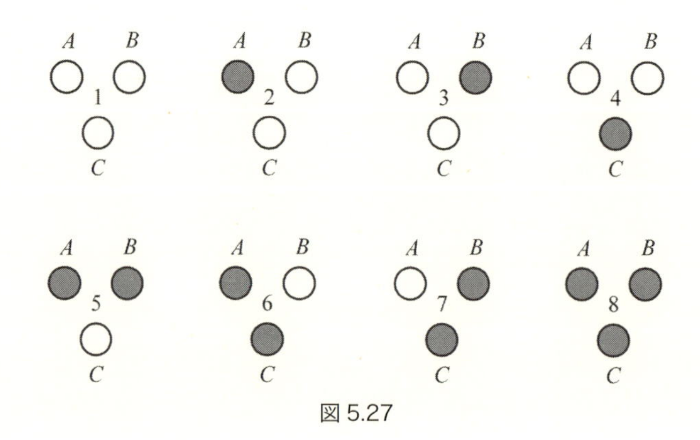

図 5.27

それぞれの解答の勝利の確率は以下のようになる.

解答1の勝利の確率　仮にプレイヤー A, B が各自の帽子の色を白色と予想し，プレイヤー C は灰色と予想したとしよう．この場合，図5.27の4がチームが勝利できる唯一の配置になる．よって，この作戦をとった場合，勝利する確率は $\frac{1}{8}$ (= 12.5%)になる.

解答2の勝利の確率　仮にプレイヤー B のみが自分の帽子の色を灰色と予想し，プレイヤー A と C はパスをしたとしよう．この場合，図5.27の3, 5, 7, 8がチームの勝利する配置になる．よって，この作戦を取った場合，勝利する確率は $\frac{4}{8}$ (= 50%)になる.

解答3の勝利の確率　仮にプレイヤー B が自分の帽子の色を白色と予想し，プレイヤー C は灰色と予想し，A はパスをしたとしよう．この場合，図5.27の4, 6がチームの勝利する配置になる．よって，この作戦をとった場合，勝利する確率は $\frac{2}{8}$ (= 25%)になる.

各プレイヤーがどの帽子の色を与えられるのかは独立な事象である.

解答1は最も勝利の確率が小さく，解答2は勝利する確率が最も大きい．このなかだけで見ると，解答2がこのゲームの最もよい作戦に見える．しかし，勝利の確率がもっと高くなるよい作戦が存在するのだ.

チームが勝利するために考えた，次の4番目の作戦を見てみよう．ポイントは，目隠しが外されたときにプレイヤー A と B はプレイヤー C の色を確認できることだ．そこで，C の帽子の色がもし白色ならプレイヤー A はすぐにパスをし，灰色ならば B がパスをするのを待っていると決めておく．プレイヤー B はそのまったく反対の行動をとればよい（すなわち，C の帽子の色がもし灰色ならプレイヤー B はすぐにパスをし，白色ならば A がパスをするのを待っている)．このようにすれば，A と B は，プレイヤー C に C の帽子の色についての情報を確実に与えることができる．こうして，C は自分の帽子の色についての正しい予想をすることができるのだ．この作戦をとれば，チームが勝利する確率は100%になり，最もよい作戦であることはまちがいない．

またしても，最初の段階で，一見合理的で聞こえのよい作戦に納得しそうになったが，もっと論理的な作戦が見つかった．

× 3 つのサイコロを投げたときの確率決定のまちがい ×

3 つのサイコロを同時に投げる．最初のトスでは，和が 11 になる場合 A を考える．2 回目のトスでは，和が 12 になる場合 B を考える．問題は，事象 A が起こる確率と事象 B が起こる確率は等しいだろうか，というものである．以下に 3 つの解答を紹介するので，どれが誤っていて，どれが正しいかを判定していただきたい．

解答 1　和が 11 になる場合と 12 になる場合をすべて書き上げてみれば，2 つの事象を明瞭に比較できるだろう．ここでサイコロの順序は重要ではないことに注意しよう．なぜなら加法には交換法則があるからだ．以下の表 5.7 によって，和が 11，12 いずれの場合も 6 とおりの異なる場合があることがわかる．つまり事象 A と B が起こる確率は同じである．

表 5.7

和が 11 になる場合	和が 12 になる場合
$1+4+6$	$1+5+6$
$1+5+5$	$2+4+6$
$2+3+6$	$2+5+5$
$2+4+5$	$3+3+6$
$3+3+5$	$3+4+5$
$3+4+4$	$4+4+4$

解答 2　図 5.28 と図 5.29 は，2 回の各トスで和が 11，12 になる場合を，順番も含めてすべて書き上げている〔記号 $\mathrm{P}(A)$ は事象 A が起こる確率を表す〕．

$$P(A) =$$

$$\underset{1\,4\,6}{\frac{1}{6}\cdot\frac{1}{6}\cdot\frac{1}{6}} + \underset{1\,5\,5}{\frac{1}{6}\cdot\frac{1}{6}\cdot\frac{1}{6}} + \underset{1\,6\,4}{\frac{1}{6}\cdot\frac{1}{6}\cdot\frac{1}{6}} + \underset{2\,3\,6}{\frac{1}{6}\cdot\frac{1}{6}\cdot\frac{1}{6}} + \underset{2\,4\,5}{\frac{1}{6}\cdot\frac{1}{6}\cdot\frac{1}{6}} + \underset{2\,5\,4}{\frac{1}{6}\cdot\frac{1}{6}\cdot\frac{1}{6}} + \underset{2\,6\,3}{\frac{1}{6}\cdot\frac{1}{6}\cdot\frac{1}{6}}$$

$$+ \underset{3\,2\,6}{\frac{1}{6}\cdot\frac{1}{6}\cdot\frac{1}{6}} + \underset{3\,3\,5}{\frac{1}{6}\cdot\frac{1}{6}\cdot\frac{1}{6}} + \underset{3\,4\,4}{\frac{1}{6}\cdot\frac{1}{6}\cdot\frac{1}{6}} + \underset{3\,5\,3}{\frac{1}{6}\cdot\frac{1}{6}\cdot\frac{1}{6}} + \underset{3\,6\,2}{\frac{1}{6}\cdot\frac{1}{6}\cdot\frac{1}{6}} + \underset{4\,1\,6}{\frac{1}{6}\cdot\frac{1}{6}\cdot\frac{1}{6}} + \underset{4\,2\,5}{\frac{1}{6}\cdot\frac{1}{6}\cdot\frac{1}{6}}$$

$$+ \underset{4\,3\,4}{\frac{1}{6}\cdot\frac{1}{6}\cdot\frac{1}{6}} + \underset{4\,4\,3}{\frac{1}{6}\cdot\frac{1}{6}\cdot\frac{1}{6}} + \underset{4\,5\,2}{\frac{1}{6}\cdot\frac{1}{6}\cdot\frac{1}{6}} + \underset{4\,6\,1}{\frac{1}{6}\cdot\frac{1}{6}\cdot\frac{1}{6}} + \underset{5\,1\,5}{\frac{1}{6}\cdot\frac{1}{6}\cdot\frac{1}{6}} + \underset{5\,2\,4}{\frac{1}{6}\cdot\frac{1}{6}\cdot\frac{1}{6}} + \underset{5\,3\,3}{\frac{1}{6}\cdot\frac{1}{6}\cdot\frac{1}{6}}$$

$$+ \underset{5\,4\,2}{\frac{1}{6}\cdot\frac{1}{6}\cdot\frac{1}{6}} + \underset{5\,5\,1}{\frac{1}{6}\cdot\frac{1}{6}\cdot\frac{1}{6}} + \underset{6\,1\,4}{\frac{1}{6}\cdot\frac{1}{6}\cdot\frac{1}{6}} + \underset{6\,2\,3}{\frac{1}{6}\cdot\frac{1}{6}\cdot\frac{1}{6}} + \underset{6\,3\,2}{\frac{1}{6}\cdot\frac{1}{6}\cdot\frac{1}{6}} + \underset{6\,4\,1}{\frac{1}{6}\cdot\frac{1}{6}\cdot\frac{1}{6}} = \frac{1}{8} = 0.125$$

図 5.28

$$P(B) =$$

$$\underset{1\,5\,6}{\frac{1}{6}\cdot\frac{1}{6}\cdot\frac{1}{6}} + \underset{1\,6\,5}{\frac{1}{6}\cdot\frac{1}{6}\cdot\frac{1}{6}} + \underset{2\,4\,6}{\frac{1}{6}\cdot\frac{1}{6}\cdot\frac{1}{6}} + \underset{2\,5\,5}{\frac{1}{6}\cdot\frac{1}{6}\cdot\frac{1}{6}} + \underset{2\,6\,4}{\frac{1}{6}\cdot\frac{1}{6}\cdot\frac{1}{6}} + \underset{3\,3\,6}{\frac{1}{6}\cdot\frac{1}{6}\cdot\frac{1}{6}} + \underset{3\,4\,5}{\frac{1}{6}\cdot\frac{1}{6}\cdot\frac{1}{6}}$$

$$+ \underset{3\,5\,4}{\frac{1}{6}\cdot\frac{1}{6}\cdot\frac{1}{6}} + \underset{3\,6\,3}{\frac{1}{6}\cdot\frac{1}{6}\cdot\frac{1}{6}} + \underset{4\,2\,6}{\frac{1}{6}\cdot\frac{1}{6}\cdot\frac{1}{6}} + \underset{4\,3\,5}{\frac{1}{6}\cdot\frac{1}{6}\cdot\frac{1}{6}} + \underset{4\,4\,4}{\frac{1}{6}\cdot\frac{1}{6}\cdot\frac{1}{6}} + \underset{4\,5\,3}{\frac{1}{6}\cdot\frac{1}{6}\cdot\frac{1}{6}} + \underset{4\,6\,2}{\frac{1}{6}\cdot\frac{1}{6}\cdot\frac{1}{6}}$$

$$+ \underset{5\,1\,6}{\frac{1}{6}\cdot\frac{1}{6}\cdot\frac{1}{6}} + \underset{5\,2\,5}{\frac{1}{6}\cdot\frac{1}{6}\cdot\frac{1}{6}} + \underset{5\,3\,4}{\frac{1}{6}\cdot\frac{1}{6}\cdot\frac{1}{6}} + \underset{5\,4\,3}{\frac{1}{6}\cdot\frac{1}{6}\cdot\frac{1}{6}} + \underset{5\,5\,2}{\frac{1}{6}\cdot\frac{1}{6}\cdot\frac{1}{6}} + \underset{5\,6\,1}{\frac{1}{6}\cdot\frac{1}{6}\cdot\frac{1}{6}} + \underset{6\,1\,5}{\frac{1}{6}\cdot\frac{1}{6}\cdot\frac{1}{6}}$$

$$+ \underset{6\,2\,4}{\frac{1}{6}\cdot\frac{1}{6}\cdot\frac{1}{6}} + \underset{6\,3\,3}{\frac{1}{6}\cdot\frac{1}{6}\cdot\frac{1}{6}} + \underset{6\,4\,2}{\frac{1}{6}\cdot\frac{1}{6}\cdot\frac{1}{6}} + \underset{6\,5\,1}{\frac{1}{6}\cdot\frac{1}{6}\cdot\frac{1}{6}} = \frac{25}{216} \approx 0.116$$

図 5.29

これらの表をまとめると，次の表 5.8 ができる．

表 5.8

和が 11 になる場合	和が 12 になる場合
1 + 4 + 6 が 6 回	1 + 5 + 6 が 6 回
1 + 5 + 5 が 3 回	2 + 4 + 6 が 6 回
2 + 3 + 6 が 6 回	2 + 5 + 5 が 3 回
2 + 4 + 5 が 6 回	3 + 3 + 6 が 3 回
3 + 3 + 5 が 3 回	3 + 4 + 5 が 6 回
3 + 4 + 4 が 3 回	4 + 4 + 4 が 1 回

合計すると和が 11 になる場合は 27 とおり，和が 12 になる場合は 25 とおりとなる．よって 2 つの確率を比較すると，和が 11 になる確率のほうが和が 12 になる確率よりもわずかに大きいが，ほとんど等しいともいえる．

解答 3　3 つのサイコロを投げた場合の和を書き出すと下のようになり，11 と 12 の占める位置がわかる．

3；4；5；6；7；8；9；10 ‖ **11**；**12**；13；14；15；16；17；18

このうち両端の，和が 3 と 18 になる場合は，$1+1+1=3$ と $6+6+6=18$ の各 1 とおりしかあり得ない．

3 つのサイコロの和が 4 と 17 になる場合は次のように各 3 とおりある．

$$4 = 1+1+2 = 1+2+1 = 2+1+1$$
$$17 = 6+6+5 = 6+5+6 = 5+6+6$$

一般的に，和がその数になる場合が何とおりあるかは，中心に対して線対称になっている．このことは，3 つのサイコロの目の和が 10 になる確率と 11 になる確率は等しいことを意味している（10 と 11 は表の中心部にある）．同様にして $P(9)=P(12)$，$P(4)=P(17)$ なども成り立つ．

これより，和が 11 になる確率と 12 になる確率は等しくないといえる．

さてまたしても，一見正しそうな 3 つの異なった結論を導く解答を得てしまった．さて，どれが正しく，どれがまちがっているのだろう？

まず解答 1 は明らかに誤っている．和が 11 と 12 になる場合がそれぞれちょうど 6 とおりあるところまでは正しいが，それぞれがどのくらいの確率で起こるかが重要で，実際にその確率は異なっているのだ．たとえば和が 12 になる場合の, 次の図 5.30 に示した 2 つの場合をよく見られたい．

P(“3 + 3 + 6”) =	$\frac{1}{6}\cdot\frac{1}{6}\cdot\frac{1}{6}+\frac{1}{6}\cdot\frac{1}{6}\cdot\frac{1}{6}+\frac{1}{6}\cdot\frac{1}{6}\cdot\frac{1}{6}=\frac{3}{216}$ ↑ ↑ ↑　↑ ↑ ↑　↑ ↑ ↑ **3 3 6　3 6 3　6 3 3**
P(“4 + 4 + 4”) =	$\frac{1}{6}\cdot\frac{1}{6}\cdot\frac{1}{6}=\frac{1}{216}$ ↑ ↑ ↑ **4 4 4**

図 5.30

そのほかの，和が 11 と 12 になる場合でも，それぞれが生じる確率を計算してみると以下のようになる．いくつかの場合には確率が等しくなっているが，すべてがそうではない．

$$P(1+4+6)=P(1+5+6)=\frac{6}{216}$$

$$P(2+4+5)=P(3+4+5)=\frac{6}{216}$$

$$P(1+5+5)=P(2+5+5)=\frac{3}{216}$$

$$P(3+3+5)=P(3+3+6)=\frac{3}{216}$$

$$P(2+3+6)=P(2+4+6)=\frac{6}{216}$$

$$P(3+4+4)=\frac{3}{216}\neq P(4+4+4)=\frac{1}{216}$$

和が 11 と 12 になる各 6 つの場合のうち，その 5 つずつはちょうど等しい確率になっているが，最後の 1 つずつの確率が等しくなく，P(3 + 4

$+\ 4) > P(4+4+4)$ となる．よって $P(11) > P(12)$ となるのだ．

解答 2 は正しく計算され，$0.1157\cdots \neq 0.125$ となっており，2 つの確率は等しくない．

解答 3 も（少し追究が足りないが）おおかた正しい．なぜなら 11 のほうが 12 よりもより中心に近いので，$P(11) > P(12)$ となるからだ．

× ハズレを引く確率を減らしてしまうまちがい ×

数えきれないほどたくさんのボールで満たされたゲームマシンがある．そのボールは，透明ではなく，5 個のボールごとに 1 つ 5 ドル札が入った当たりのボールがある．当たりが入っていないボールの中には，5 ドル札と同じ大きさの何も書いていない紙片が入っている．このなかから同時に 3 つのボールを選んだとき，3 つのどれにも 5 ドル札が入っていない確率 $P(E)$ はいくらだろうか？

解答 1　5 ドル札が入っていることを F，紙のみが入っていることを X で表そう．すると，$P(F) = \frac{1}{5}$，$P(X) = \frac{4}{5}$ が成り立つ．3 回の試行のいずれでも 5 ドル札を含むボールを引かない確率は次のように計算される．

$$P(E) = \underset{X}{\frac{4}{5}} \times \underset{X}{\frac{4}{5}} \times \underset{X}{\frac{4}{5}} = 0.512$$

解答 2　5 ドル札が入っているボールを●，紙片のみが入っているボールを○で表すことにしよう．すると，われわれは，○○○○●の組み合わせから同時に 3 つのボールを取ることになる．したがって，ボールの選び方は全部で $\binom{5}{3} = \frac{5\times4\times3}{1\times2\times3} = 10$ とおりあり得る．そのうち，○のみを選ぶ選び方は全部で $\binom{4}{3} = \frac{4\times3\times2}{1\times2\times3} = 4$ とおりある．

よって確率の定義から，紙が入っているボールのみをとる確率は $P(E) = \frac{4}{10} = 0.4$ となる．

さて，またもや，異なった結論を導きだす2つの解答を得てしまった．よって，どちらかがまちがっているはずだ

実は解答1が正しい．札入りのボールとそうでないボールはランダムに振り分けられているのだから，そのうちのどの5個にも同じ確率で5ドル札が入っているボールがあると考えてよい．その確率は $\frac{1}{5}$ で，背反事象の確率は $\frac{4}{5}$ である．

したがって，解答2はまちがっている．この解答は，ボールがちょうど5個だけあってその1つのみに5ドル札が入っている場合に正しい解答だ．今はもっともっとたくさんのボールがあるのだから，そのどの段階でも当たりのボールを取る確率は $\frac{1}{5}$ で，ハズレのボールを取る確率は $\frac{4}{5}$ となる．

ボールがちょうど5個の場合の確率は，解答2のほかにも次のようにして求められる．

$$\mathrm{P}(E) = \underset{X}{\frac{4}{5}} \times \underset{X}{\frac{3}{4}} \times \underset{X}{\frac{2}{3}} = 0.4$$

✕ 電話番号を忘れたときに修復できる確率は？ ✕

デビッドはある電話番号の最後の数字を忘れてしまった．正しい電話番号を知りたいのだが，2回だけ最後の数字を勘で修復するチャンスが与えられた．そのとき，彼が正しい電話番号に修復できる確率 $\mathrm{P}(E)$ はいくらだろうか？

解答1 電話番号に使える数字は0,1,2,3,4,5,6,7,8,9の10個である．これらの数字を使うデビッドの2回のトライを考えてみると，使う数字の組み合わせは全部で $10 \times 10 = 100$ 組ある（ただしこれには同じ数字をくり返すおろかなトライも含んでいる）．彼が電話番号を修復する際に，これらの組はすべて正しい確率で起こると考えてよいだろう．仮に正しい電話番号の最後の数字が1であるとしよう．上の組のうち1がどこか

に現れる組は全部で 19 組ある．最初のトライで修復に成功する場合の 10,11,12,13,14,15,16,17,18,19 の 10 組と，最初のトライでは失敗したが 2 回目のトライで修復に成功する 01,21,31,41,51,61,71,81,91 の 9 組である．

よって，2 回のトライで正しい最後の数 1 をダイヤルできる確率は $\frac{19}{100} = 0.19$ となる．

解答 2 電話番号に使える数字は 0,1,2,3,4,5,6,7,8,9 の 10 個である．これらの数字を使ってくり返しを含まない 2 回の賢明なトライを考えてみると，全部で $10 \times 9 = 90$ 組の場合がある．これらの組はすべて正しい確率で起こると考えてよいだろう．今，正しい電話番号の最後の数字が 1 であるとしよう．上の組のうち 1 がどこかに現れる組は全部で 18 組ある．最初のトライで修復に成功する場合の 10,12,13,14,15,16,17,18,19 の 9 組と，最初のトライでは失敗したが 2 回目のトライで修復に成功する 01,21,31,41,51,61,71,81,91 の 9 組である．

よって 2 回のトライで正しい最後の数 1 をダイヤルできる確率は $\frac{18}{90} = 0.2$ となる．

さてどちらが正しいか？　ご想像のとおり，解答 2 が正しい．わずか 1% の微差であるが，解答 1 は誤っている．

別解として，修復の各トライを順番に考えて計算しても，解答 2 が正しいことがはっきりするだろう．たとえば修復のチャンスが 3 回の場合に，修復に成功する確率が 0.3 になることは，以下のように計算すれば導かれる．

$$\mathrm{P}(E) = \frac{1}{10} + \frac{9}{10} \times \frac{1}{9} + \frac{9}{10} \times \frac{8}{9} \times \frac{1}{8} = 0.3$$

✕ 生まれる赤ちゃんの男女の確率を計算するおかしな方法 ✕

男の子が 1 人いる夫婦が，もう 1 人子どもをもちたいと考えている．では，2 番目の子どもが女の子になる確率 $\mathrm{P}(G)$ はどのくらいだろうか（簡単にするため，男の子が生まれる確率と女の子が生まれる確率は同じとし，双子以上の可能性はここではなしとしよう）．この問題に対する解答をいくつか示してみたい．

解答 1　男の子と女の子が生まれる確率は等しいのだから，もちろん確率は $\frac{1}{2}$ である．

解答 2　次は，女の子が生まれない確率に着目してみよう．男の子が生まれることを B，女の子が生まれることを G で表すことにすると，この夫婦に男の子だけが生まれ，女の子が生まれない確率 $\mathrm{P}(\overline{G})$ は

$$\mathrm{P}(\overline{G}) = \underset{B}{\frac{1}{2}} \times \underset{B}{\frac{1}{2}} = \frac{1}{4} = 0.25$$

となる．よって女の子が生まれる確率は，$\mathrm{P}(G) = 1 - \mathrm{P}(\overline{G}) = \frac{1}{4} = 0.75$ となる．

解答 3　今度は，男の子を B，女の子を G で表すことにすると，夫婦の子どもが 2 人である場合，その性別の可能性は BB，BG，GB の 3 とおりがある．その中に女の子が少なくとも 1 人いる場合として考えると，求める確率は $\frac{2}{3}$ となる．

解答 4　夫婦が子どもを 2 人もつ場合，2 人とも男の子，男の子と女の子 1 人ずつ，2 人ともの女の子の 3 つの可能性がある．問題の夫婦の場合，最後の可能性はないことはすでにわかっているのでそれは除去できる．残りの 2 つの場合のうち女の子がいる場合を考えれば，求める確率は $\frac{1}{2}$ となる．

解答 5　ここでは，1 件ずつ分けて考えよう．2 人の子どもが，男の子→女の子の順で生まれる場合と，女の子→男の子の順で生まれる場合を分けるのである．その確率の合計を計算すると，次のようになる．

$$P(G) = \underset{B}{\frac{1}{2}} \times \underset{G}{\frac{1}{2}} + \underset{G}{\frac{1}{2}} \times \underset{B}{\frac{1}{2}} = \frac{1}{2} = 0.5$$

思ったとおり，さまざまな解答ができあがってしまったが，どれが正しく，どれがまちがっているかをきちんと見てみよう．

まず，解答 2 と解答 3 は誤った考察をしており，答えも誤っている．解答 1 と 4 は，考え方は少し異なるが，どちらも正解を正しく導き出している．解答 5 は推論過程が誤っているのに，偶然正しい答えが出ている．

解答 5 は，問題をより単純にすることで誤った議論をおこなっているのに，要求されている確率の正しい答えが偶然出てしまう例である．実はこの解答 5 は，本質的に別の問題の解答を正しく与えている．その問題とは，2 人の子どもがいるときに，その性が異なっている確率はいくらだろうか，というものだ．この問題と最初に与えられた問題との違いは，すでに男の子が 1 人生まれていることがわかっている(最初の問題)か，わかっていないか(後の問題)である．

おわりに

数学における数えきれないほど多くのまちがいをめぐってきた旅を楽しんでいただけただろうか．まちがいのうち，あるものは単に滑稽としか言いようがないものだが，あるものは有名な数学者たちをしてより深い結果の発見へ向けての研究に誘うものであった．また，あるものは数学の力と美しさを読者に再認識させ，数学の公理や推論構造の堅強さを実感させるものだったのではないだろうか．まちがいから出発して驚くような成功につながった例も多く見てきた．

たとえば，よく知られているように，数学において0で割ることは決して許されていない．なぜなら，そうすることでばかげた結果に行きついてしまうからだ．この本では，推論の過程で実は0で割っているのにそれがうまく隠されていて，一見したところミスと判断できない実例をたくさん見てきた．また幾何学におけるまちがいのいくつかは，あるときは誤った作図にその原因があり，またあるときは正確さの欠如や定義のあいまいさ(たとえば「betweenness：間にある」とは何であるかを曖昧にした場合など)に起因していた．

しかしながら，数学におけるさまざまなまちがいや誤りをめぐってきたこの旅を通して，最も大切な科学のひとつである数学を，いっそう正しく認識していただけたのではないかと確信している．数学におけるまちがいをしっかりと理解することは，人をよい数学者にするために役立つだけではなく，よりよく「考える人」にするためにも役立つのだ．かつて，有名なドイツの数学者カール・フリードリッヒ・ガウスは，数学を「科学の女王」であると述べたが，今こそ，その言葉の意味がよくわかったのではないかと信じている．

訳者あとがき

本書は，Alfred S. Posamentier and Ingmar Lehman, *Magnificent Mistakes in Mathematics* の翻訳である．第 1 著者はフォーダム大学から Ph.D. を得ている数学教育の専門家で，現在も数学教育で大きな役割を担っている．第 2 著者も長年フンボルト大学で先導的に数学教育に携わっており，この本以外にも 2 人の共著は複数出版されている．

この本は,「誤りについての正しい数学書」と言えるかもしれない．普通,科学や数学に関する書物は, 正しい定理について延々と述べているだけで,まちがいを重視してスポットライトを当てることはほとんどと言っていいほどない．しかし，本書は，「はじめに」にもあるように，数学のさまざまな分野におけるさまざまなまちがいを話題として取り上げている．なかには単純なケアレスミスや思わず苦笑してしまうようなものもあるが，誰もがついやってしまう可能性があるけれども実は深刻な誤りであるという事例が多数紹介されている．

たとえば，よく知られているように，数学において 0 で割ることは決して許されていない．それは，そうすることでとんでもない結果に行きついてしまうからだ．この本では，数多くの実例を通して，0 で割ることがどうしていけないことなのかがくり返し説明される．また，幾何学におけるまちがいのいくつかは，あるときは誤った作図にその原因があり，またあるときは正確さの欠如や定義の曖昧さに起因することも視覚的にわかりやすく説明される．

まちがいには，有名な数学者たちをして，より深い結果の発見へ向けての研究に誘うものもある．またあるものは，数学の力と美しさを読む者に再認識させ，数学の公理や推論構造の堅強さを実感させる．数学のさまざまな分野における誤った予想から出発し，それが数学上の革命的な新発見につながっていった多くの事実も生き生きと描かれる．

この本で取り扱っている内容は数学の多岐の分野に渡り，読者のみなさんも「まちがい」を巡る楽しい冒険旅行をすることができることと思う．その扱いは多くの数学書にあるような体系的なものでもないし，網羅的なものでもない．初めて訪れる土地での新たな出会いがたくさんあり，訳者も翻訳中とても楽しかった．初めて出会う話題のなかで，驚きを何度も味わった．正直に言うと，話題のなかには最初の方を読んだだけで答え（ミスの原因）が想像できてしまうような話題も含まれてはいる．しかしそれを凌駕して，多くの人が誤ってしまう興味深い話題がたくさんちりばめられている．

第1章には，歴史上の偉大な数学者たちが打ち立ててきた（誤った）予想や深淵な定理，未解決問題も多く含まれる．それらはかなりレベルが高く，読者が正解の証明や誤りの原因を自分で確かめ計算することはほとんど不可能である．けれど数学（特に整数論）史上の重要な難問や誤りがたくさん紹介されているので，楽しく鑑賞してもらえればよいと思う．それに対して第2章から第5章までは，高校程度の数学の知識があれば，正解や誤りの原因を実際に手を動かしながら確認できると思う．読み手は自分で計算をしながら読み進めていくと格段に理解が深まるので，可能な限り紙と鉛筆を用意して実際に手を動かしながら読むことをお勧めしたい（もちろん読むだけでも十分におもしろい）．

くり返すが，この本には多くの人間が誤ってしまう興味深い話題があり余るほどたくさんちりばめられている．訳者が最も衝撃を覚えた話題をいくつか拾ってみよう．まず簡単な問題から，幾何学の章の，地球の赤道の周りに1メートルの長さの余裕をもたせたロープを張って地球をフックに吊るす話題（少し計算をすれば答えはすぐに出るのだが，それが直観に大きく反するのだ！）．同じく幾何学の章の，正四面体とピラミッド面の2つの面をくっつける話題（まちがいを指摘した学生さんの幾何的認識力と洞察力に感服した）．そして，確率論ではあまりに有名なモンティ・ホールの問題である（訳者は今までまったく知らず，当然のように多くの人と同じように誤った解答を最初に出してしまった）．かつて，多くの学者たちを含めいろいろな人々を巻き込んだ大論争がくり広げられたことをたいへん興味深く勉強した．正しい解答を自分で考え，誤った原因を探り出すことは，ちょっと悔しいけれどとても楽しい時間であった．あらためて数学の奥深さとすばらしさを再認識させられた．

なお，アメリカの文化や歴史になじみがないと，日本人には少しぴんと来ない部分も多少あった．本当はその説明なども必要であろうと何度も感じたが，原著を尊重し，数学的内容以外での補足説明はあえてしないようにした．ただし翻訳にあたっては，できるだけ読みやすく数学的内容が正確に伝わることを第一とし，かなり意訳した部分も多くある．

この本を翻訳するにあたり，化学同人の後藤南氏には並々ならぬお世話をいただいた．原稿が遅れがちな訳者を辛抱強く待って，絶えず多くの助言をいただいたことに感謝したい．

この本は，読者のみなさんの数学の知識や経験に応じて，さまざまな楽しみ方をしていただけると思う．数学が好きな方も苦手な方も，数学を日頃使っている方も，ふだんは数学に接する機会があまりない方も，それぞれに応じて驚きと感動を覚える発見が必ずあるはずだと信じている．

2015 年 7 月

堀江　太郎

p.232 問題の答え

問 1

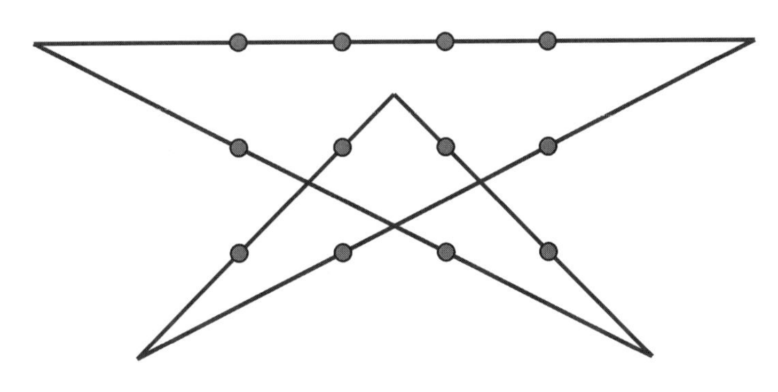

問 2

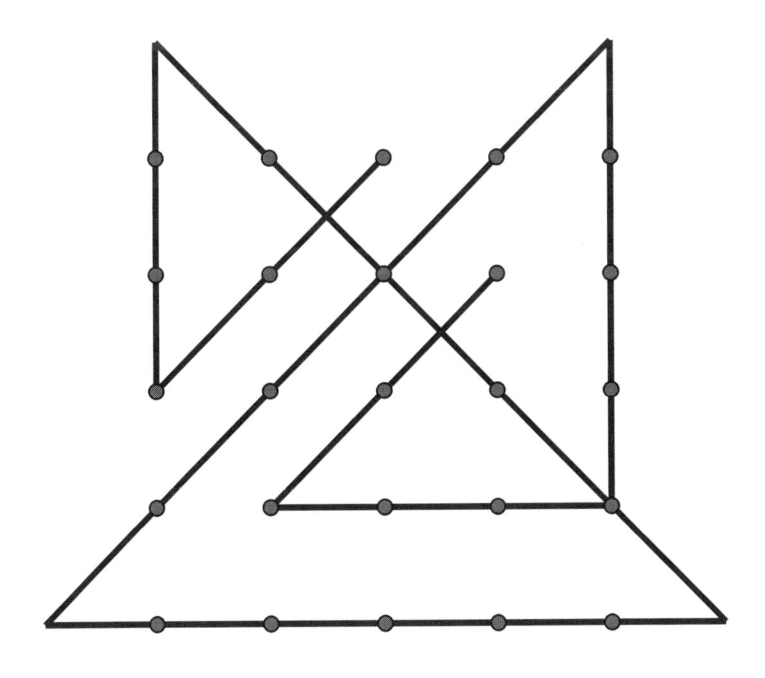

巻末訳注

◆ p.10 訳注 1

「betweenness」は,「〜の間にある, 〜の内側にある」という概念を公理化したもの. ユークリッド幾何学では欠如していた概念で, その欠陥を補うための幾何学の公理化の過程で, ヒルベルトやタルスキによって考え出された重要な概念のひとつ.

◆ p.28 訳注 2

この節の問題に対する, 現代の標準的な解答を示しておく. 等比級数

$$S = a + aq + aq^2 + aq^3 + aq^4 + aq^5 + \cdots\cdots$$

の和を求めるために, その第 n 部分和を

$$S_n = a + aq + aq^2 + aq^3 + \cdots + aq^{n-1}$$

とおく. 両辺に q を掛けると

$$qS_n = aq + aq^2 + aq^3 + \cdots + aq^n$$

となるから, 両辺を引き去れば

$$(1 - q)S_n = a - aq^n \qquad \therefore S_n = \frac{a(1-q^n)}{1-q}$$

ここで $n \to \infty$ とすると, $|q| < 1$ のときは $\lim_{n\to\infty} q^n = 0$ であるから等比級数の和は

$$S = \lim_{n\to\infty} S_n = \lim_{n\to\infty} \frac{a(1-q^n)}{1-q} = \frac{a}{1-q}$$

という有限の値に収束する. この節の最初の例の $a = 1$, $q = \frac{1}{2}$ の場合は,

$$s = 1 + \frac{1}{2} + \frac{1}{4} + \frac{1}{8} + \frac{1}{16} + \cdots = \lim_{n\to\infty} \frac{1-\left(\frac{1}{2}\right)^n}{1-\frac{1}{2}} = \frac{1}{1-\frac{1}{2}} = 2$$

というふうに求めるのが正しい.

しかし, $|q| > 1$ のときは q^n が発散してしまうので, 級数の和 $S = \lim_{n\to\infty} S_n$ も発散してしまう(有限の値には収束しない). ライプニッツはこの無限級数の「収束性」の部分を曖昧にしていたのだ.

この節の最初の例は収束する無限級数だから, 彼の議論は「ほぼ」正しいともいえるが, その手法は乱用できない. すなわち最後の例はそもそも収束しない無限級数だから, そこでの議論は現代の目で見ればめちゃくちゃであり, 当然ながらあり得ない結果に至ってしまった.

◆ p.126 訳注 3

テイラー展開　$\ln(1+x) = x - \frac{1}{2}x^2 + \frac{1}{3}x^3 - \frac{1}{4}x^4 + \cdots\cdots$

を用いればよいが，収束半径上の $x=1$ での値が今は必要なので，きちんとした議論がいる．等比数列の和の公式

$$\frac{1}{1+x} = 1 - x + x^2 - x^3 - x^4 + \cdots\cdots + (-1)^{n-1}x^{n-1} + \frac{(-1)^n x^n}{1+x}$$

の両辺を項別積分すると次のように計算できる．

$$\ln(1+x) = x - \frac{1}{2}x^2 + \frac{1}{3}x^3 - \frac{1}{4}x^4 + \cdots\cdots + \frac{(-1)^{n-1}}{n}x^n + R_n(x)$$

$$R_n(x) = \int_0^x \frac{(-1)^n x^n}{1+x}\,\mathrm{d}x$$

ここで $x=1$ とおくと

$$\ln 2 = 1 - \frac{1}{2} + \frac{1}{3} - \frac{1}{4} + \cdots\cdots + \frac{(-1)^{n-1}}{n} + R_n$$

となり，この式での誤差 $R_n = R_n(1)$ は以下のように評価される．

$$|R_n| = \int_0^1 \frac{x^n}{1+x}\,\mathrm{d}x \leqq \int_0^1 x^n \mathrm{d}x = \frac{1}{n+1} \to 0 \ (n \to \infty)$$

よって次の式が成り立つ．

$$\ln 2 = 1 - \frac{1}{2} + \frac{1}{3} - \frac{1}{4} + \cdots\cdots$$

◆ p.126 訳注 4

$$1 - \frac{1}{2} + \frac{1}{3} - \frac{1}{4} + \frac{1}{5} - \frac{1}{6} + \frac{1}{7} - \frac{1}{8} + \cdots\cdots = \ln 2$$

の両辺を $\frac{1}{2}$ 倍すると

$$\frac{1}{2} - \frac{1}{4} + \frac{1}{6} - \frac{1}{8} + \frac{1}{10} - \frac{1}{12} + \cdots\cdots = \frac{1}{2}\ln 2$$

となる．この式の左辺に 1 つおきに項 0 を挟むと（こうしても収束性や和は変わらない）

$$0 + \frac{1}{2} + 0 - \frac{1}{4} + 0 + \frac{1}{6} + 0 - \frac{1}{8} + \cdots\cdots = \frac{1}{2}\ln 2$$

となる．最初の式と最後の式を各項ごとに加えると

$$1 + 0 + \frac{1}{3} - \frac{1}{2} + \frac{1}{5} + 0 + \frac{1}{7} - \frac{1}{4} + \cdots\cdots = \ln 2 + \frac{1}{2}\ln 2$$

となり，最後に 0 となる項を取り去れば，求めるべき次の結果を得る．

$$1 + \frac{1}{3} - \frac{1}{2} + \frac{1}{5} + \frac{1}{7} - \frac{1}{4} + \frac{1}{9} + \frac{1}{11} - \frac{1}{6} + \cdots\cdots = \frac{3}{2}\ln 2$$

左辺の級数は，最初の級数の和の順番のみを変えた級数になっている．

注

◆はじめに

1. Alfred S. Posamentier and Ingmar Lehmann, *Pi: A Biography of the World's Most Mysterious Number*, with an afterword by Nobel laureate Herbert Hauptman (Amherst, NY: Prometheus Books, 2004), p.70ff.　邦訳『不思議な数πの伝記』(松浦俊輔 訳, 日経 BP 社).

◆第 1 章

1. このおもしろい比についてさらに知りたい方は次を参照したい. Alfred S. Posamentier and Ingmar Lehmann, *The Glorious Golden Ratio,* (Amherst, NY: Prometheus Books, 2012).
2. Complete collection of logarithmic and trigonometric tables by Adrian Black in *Arithmetica Logarithmica and Trigonometria artificialis*, (Leipzig 1794) 改訂増補版 .
3. Lutz Führer, "Geniale Ideen und ein lehrreicher Fehler des berühmten Herrn Galilei," *Mathematica didactica* 28, no.1 (2005): S.58–78.
4. ギリシャ語で, *brachistos* は「最短の」, *chronos* は「時間」の意.
5. Alexandre Koyre, *Leonardo, Galilei, Pascal—Die Anfänge der neuzeitlichen Naturwissenschaft* (Frankfurt am Main: Fischer, 1998), p.178.
6. Jakob Steiner, "Einige geometrische Sätze," *Journal reine angewandte Mathematik* 1 (1826): 38–52; "Einige geometrische Betrachtungen." *Journal reine angewandte Mathematik* 1 (1826): 161–184; and "Fortsetzung der geometrischen Betrachtungen," *Journal reine angewandte Mathematik* 1 (1826): 252–88.
7. H. Lob and H. W. Richmond, "On the Solutions of Malfatti's Problem for a Triangle." *Proceedings London Mathematical Society* 2, no.30 (1930): 287–301.
8. Michael Goldberg, "On the Original Malfatti Problem," *Mathematics Magazine* 40 (1967), 241–47.
9. マルファッティは自分で立てた問題の解釈をまちがえていた. Richard K. Guy, "The Lighthouse Theorem, Morley & Malfatti—A Budget of Paradoxes," *American Mathematics Monthly* 114, no.2 (2007): 97–141.
10. V. A. Zalgaller and G. A. Los, "The Solution of Malfatti's Problem," *Journal of Mathematical Sciences* 72 no.4 (1994): 3163–77.
11. M. Gardner, "Mathematical Games: Six Sensational Discoveries That Somehow or Another Have Escaped Public Attention" *Scientific American* 232 (April 1975): 127–31; and "Mathematical Games: On Tessellating the Plane with Convex Polygons," *Scientific American* 232 (July 1975), 112–17.
12. Kenneth Appel and Wolfgang Haken, "The Solution of the Four-Color-Map Problem," *Scientific American* 237, no.4 (1977): 108–21.
13. Preda Mihăilescu, "Primary Cyclotomic Units and a Proof of Catalan's Conjecture," *Journal Reine Angewandte Mathematik* 572 (2004): 167–95.

14. Alfred S. Posamentier and Ingmar Lehmann, *The Fabulous Fibonacci Numbers* (Amherst, NY: Prometheus Books, 2007). 邦訳『不思議な数列フィボナッチの秘密』(松浦俊輔 訳，日経 BP 社)
15. Tomás Oliveira e Silva, "Goldbach Conjecture Verification: Introduction," last updated November 22, 2012, http://www.ieeta.pt/~tos/goldbach.html (accessed April 15, 2013); and Alfred S. Posamentier and Ingmar Lehmann, *Mathematical Amazements and Surprises: Fascinating Figures and Noteworthy Numbers*, with an afterword by Nobel laureate Herbert Hauptman (Amherst, NY: Prometheus Books, 2009), p.226. 邦訳『偏愛的数学 I 驚異の数』『偏愛的数学 II 魅惑の図形』(坂井公 訳，岩波書店).
16. Tomás Oliveira e Silva, "Computational Verification of the $3x+1$ Conjecture," http://www.ieeta.pt/~tos/3x+1.html. あわせて次も参照したい．Tomás Oliveira e Silva, "Maximum Excursion and Stopping Time Record-Holders for the $3x+1$ Problem: Computational Results," *Mathematics of Computation* 68, no.225 (1999): 371–84.
17. Posamentier and Lehmann, *Mathematical Amazements and Surprises*, pp.111–26.
18. Martin Aigner and Günter M. Ziegler, *Proofs from THE BOOK* (Berlin: Springer, 1998), pp.7–12.
19. D. B. Gillies, "Three New Mersenne Primes and a Statistical Theory," *Mathematics Computing* 18 (1964): 93–97.
20. P. Ochem and M. Rao, "Odd Perfect Numbers Are Greater Than 10^{1500}," *Mathematics of Computation* (2011), http://www.lirmm.fr/~ochem/opn/opn.pdf.
21. Paulo Ribenboim, *The Little Book of Bigger Primes* 2nd ed. (New York: Springer, 2004) .
22. Posamentier and Lehmann, *Mathematical Amazements and Surprises*, p.10.
23. A. de Polignac, "Six Propositions Arithmologiques d'Eduites de Crible d'Eratosthène," *Nouvelles Annales de Mathèmatiques* 8 (1849), 423–29.
24. R. Crocker, "On the Sum of a Prime and Two Powers of Two," *Pacific Journal of Mathematics* 36 (1971): 103–107.
25. L. J. Lander and T. R. Parkin, "Counterexample to Euler's Conjecture on Sums of Like Powers," *Bulletin of the American Mathematical Society* 72 (1966): 1079; and Leon J. Lander, Thomas R. Parkin, John L. Selfridge, "A Survey of Equal Sums of Like Powers," *Mathematics of Computation* 21 (1967), 446–59.
26. Noam D. Elkies, "On $A^4+B^4+C^4=D^4$," *Mathematics of Computation* 51, (1988): 825–35.
27. Gaston Tarry, "Le Probléme de 36 Officiers," *Compte Rendu de l'Association Française pour l'Avancement de Science Naturel* 1 (Secrétariat de l'Association) (1900): 122–23.
28. H. F. Mac Neish, "Euler Squares," *Annals of Mathematics* 23 (1922), 221–227.
29. R. C. Bose and S. S. Shrikhande, "On the Falsity of Euler's Conjecture about the Nonexistence of Two Orthogonal Latin Squares of Order $4t+2$," *Proceedings of the National Academy of Science* 45 (1959): 734–37.
30. E. T. Parker, "Construction of Some Sets of Mutually Orthogonal Latin Squares," *Proceedings of the American Mathematical Society* 10 (1959): 946–49; and E. T. Parker, "Orthogonal Latin squares," *Proceedings of the National Academy of Science* USA 45

(1959): 859–62.
31. R. C. Bose, S. S. Shrikhande, and E. T. Parker, “Further Results on the Construction of Mutually Orthogonal Latin Squares and the Falsity of Euler’s Conjecture,” *Canadian Journal of Mathematics* 12 (1960): 189–203.
32. V. I. Ivanov, “On Properties of the Coefficients of the Irreducible Equation for the Partition of the Circle,” *Uspekhi Matematicheskikh Nauk* 9 (1941): 313–17.
33. Hans Ohanian, *Einstein’s Mistakes: The Human Failings of Genius*, 1st ed. (New York: W. W. Norton, 2008).

◆第２章

1. Mike Sutton, “Spinach, Iron, and Popeye: Ironic Lessons from Biochemistry and History on the Importance of Healthy Eating, Healthy Skepticism and Adequate Citation,” *Internet Journal of Criminology* (2010): 1–34, http://www.internetjournalofcriminology.com/Sutton_Spinach_Iron_and_Popeye_March_2010.pdf.
2. C. Stanley Ogilvy and John T. Anderson, *Excursions in Number Theory* (New York: Oxford University Press, 1966), p.86.
3. A. P. Darmoryad, *Mathematical Games and Pastimes*, (New York: Macmillan, 1964), p.35.
4. Raphael Robinson, “C. W. Trigg: E 69,” *American Mathematical Monthly* 41, no.5 (1934): 332.

◆第３章

1. 自然対数は，$e \approx 2.718$ を底とする対数である．一方，常用対数は 10 を底とする対数である．
2. 第 1 章で述べたライプニッツのまちがいと比較してみよう．
3. “Gleanings Far and Near,” *Mathematical Gazette* 33, no.2 (1949): 112.
4. A. G. Konforowitsch, *Logischen Katastrophen auf der Spur* (Leipzig: Fachbuchverlag, 1997), p.83.
5. Posamentier and Lehmann, *The Fabulous Fibonacci Numbers*, pp.78–81.

◆第４章

1. これらはミューラー・リヤー錯視とよばれ，ドイツの精神科医フランツ・ミューラー・リヤー(1857 ～ 1916)が 1889 年に発表した．
2. スウェーデンの郵便切手(25 オーレ，1982 年 2 月 16 日)
3. もっと多くの事例が次の本にある．Posamentier and Lehmann, *The Fabulous Fibonacci Numbers*, pp.140–43.
4. 三角形の角の２等分線が分割した対辺のそれぞれの長さは，隣り合う辺との比が同じになる．Posamentier and Lehmann, *The Secrets of Triangles* (Amherst, NY: Prometheus Books, 2012), p.43.
5. Berthold Schuppar and Hans Humenberger, “Drachenvierecke mit einer besonderen Eigenschaft,” *Math. Naturwiss. Unterricht* 60, no.3 (2007): 140–45.
6. 円周の長さ $= 2\pi r$ であり，高度な数学を使うと，標準のサイコロイドの長さは $8r$ とわかる．r は円の半径である．

7. この「古典的な」問題が最初に発表された記事は次のものである．“The Paradox Party. A Discussion of Some Queer Fallacies and Brain-Twisters” by Henry Ernest Dudeney. *Strand Magazine* 38, no.228, ed. George Newnes (Decmber 1909): 670–76.
8. もっと多くの事例や似たような議論については次を参照． Posamentier and Lehmann, *Pi: A Biography of the World's Most Mysterious Number*, pp.222–43, 305–308.
9. David A. James, Ian Richards, David E. Kullman, and Lyman C. Peck, “News and Letters,” *Mathematics Magazine* 54, no.3 (1981): pp.148–53. あるいは，1981 年 3 月 31 日の *Time* (p.51) や, 1981 年 4 月 6 日の *Newsweek* (p.84) や, 本書「はじめに」を参照.
10. Gustav Fölsch, “Haben Schüler einen sechsten Sinn?” *Praxis der Mathematik* 26, no.7 (1984): 211–15.

参考図書

Ball, W.W. Rouse. *Mathematical Recreations and Essays*. New York, Macmillan, 1960.

Barbeau, Edward J. *Mathematical Fallacies, Flaws, and Flimflam*. Washington, D.C.: Mathematical Association of America, 2000.

Bunch, Bryan H. *Mathematical Fallacies and Paradoxes*. New York: Van Nostrand Reinhold, 1982.

Campbell, Stephen K. *Flaws and Fallacies in Statistical Thinking*. Englewood Cliffs, NJ: Prentice-Hall, 1974.

Darmoryad, A. P. *Mathematical Games and Pastimes*. New York: Macmillan, 1964.

Dubnov, Ya. S. *Mistakes in Geometric Proofs*. Boston: D.C. Heath, 1963.

Dudeney, H. E. *Amusements in Mathematics*. New York, Dover, 1970.　邦訳『パズルの王様傑作集』(高木 茂男 訳，ダイヤモンド社).

Furdek, Atilla: *Fehler-Beschwörer—Typische Fehler beim Lösen von Mathematikaufgaben*. Norderstedt: Books on Demand, 2002.

Gardner, Martin, *Fads and Fallacies: In the Name of Science*. New York: Dover, 1957.　邦訳『奇妙な論理Ｉ・II』(市場泰男 訳，早川書房).

——. *Perplexing Puzzles and Tantalizing Teasers*. New York: Dover, 1988.

Havil, Julian. *Impossible?—Surprising Solutions to Counterintuitive Conundrums*. Princeton, NJ: Princeton University, 2008.　邦訳『世界でもっとも奇妙な数学パズル』(松浦俊輔 訳，青土社)

——. *Nonplussed!—Mathematical Proof of Impossible Ideas*. Princeton, NJ: Princeton University, 2007.　邦訳『反直観の数学パズル』(佐藤かおり・佐藤宏樹 訳，白揚社).

James, Ioan. *Remarkable Mathematicians*. Cambridge: Cambridge University, 2002.　邦訳『数学者列伝Ｉ・II・III』(蟹江幸博 訳，シュプリンガー・ジャパン)

Jargocki, Christopher P. *Science Brain-Twisters, Paradoxes*, and Fallacies. New York: Charles Scribner, 1976.　邦訳『科学・頭の体操』(芦ケ原伸之 訳，講談社).

Konforowitsch, Andrej G. *Logischen Katastrophen auf der Spur*. Leipzig: Fachbuchverlag, 1992.

Kracke, Helmut: *Mathe-musische Knobelisken*. Bonn: Dümmler, 1983

Lietzmann, Walther: *Wo steckt der Fehler?* Leipzig: Teubner, 1952

Madachy, Joseph. *Mathematics on Vacation*. New York: Charles Scribner, 1966.

Maxwell, E. A. *Fallacies in Mathematics*. London: Cambridge University Press, 1959.

Northrop, Eugene P. *Riddles in Mathematics*. Princeton, NJ: D. Van Nostrand, 1944.

O'Beirne, T. H. *Puzzles and Paradoxes*. New York: Oxford University, 1965.

Posamentier, Alfred S. *Advanced Euclidean Geometry*. Hoboken, NJ: Wiley, 2002.

——. *The Pythagorean Theorem: The Story of Its Power and Glory*. Afterword by Nobel laureate Herbert Hauptman. Amherst, NY: Prometheus Books, 2010.

Posamentier, Alfred. S. and Ingmar Lehmann, *Pi: A Biography of the World's Most Mysterious Number*, with an afterword by Nobel laureate Herbert Hauptman. Amherst

NY: Prometheus Books, 2004.　邦訳『不思議な数πの伝記』(松浦俊輔 訳, 日経 BP 社).
――― . *Mathematical Amazements and Surprises: Fascinating Figures and Noteworthy Numbers*. Afterword by Nobel laureate Herbert Hauptman. Amherst, NY: Prometheus Books, 2009.　邦訳『偏愛的数学 I 驚異の数』『偏愛的数学 II 魅惑の図形』(坂井公 訳, 岩波書店).
――― . *The Fabulous Fibonacci Numbers*. Amherst, NY: Prometheus Books, 2007.　邦訳『不思議な数列フィボナッチの秘密』(松浦俊輔 訳, 日経 BP 社).
Schumer, Peter D. *Mathematical Journeys*. Hoboken, NJ: Wiley, 2004.
White, William F. *A Scrapbook of Elementary Mathematics.* LaSalle, IL: Open Court, 1942.
Wurzel. *Zeitschrift für Mathematik* (Jana, Germany) 38 (2004) ～ 46 (2012).

索引

数字

欧文

ア　行

カ　行

サ　行

タ 行

ナ 行

ハ　行

マ 行

ヤ 行

ラ 行

ワ 行

■訳 者

堀江 太郎（ほりえ たろう）

埼玉県生まれ．京都大学理学部卒業．名古屋大学大学院理学研究科博士課程修了．現在，鈴鹿工業高等専門学校教養教育科准教授．博士（理学）．専門分野は整数論・保型形式．

数学まちがい大全集

誰もがみんなしくじっている！

2015年 8月10日 第1刷 発行
2015年10月30日 第2刷 発行

訳 者 堀江 太郎
発行者 曽根 良介
発行所 （株）化学同人

〒600-8074 京都市下京区仏光寺通柳馬場西入ル
編集部 TEL 075-352-3711 FAX 075-352-0371
営業部 TEL 075-352-3373 FAX 075-351-8301
振 替 01010-7-5702
E-mail webmaster@kagakudojin.co.jp
URL http://www.kagakudojin.co.jp

印刷・製本 （株）シナノパブリッシングプレス

検印廃止

ISBN978-4-7598-1618-1

乱丁・落丁本は送料小社負担にてお取りかえします